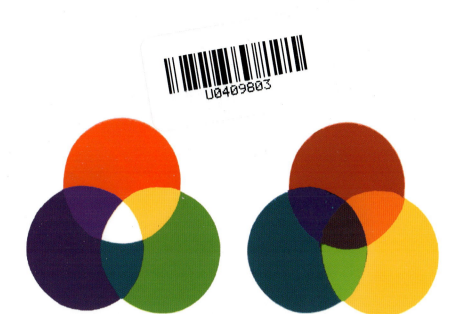

色光三原色（加光三原色）　　颜料三原色（减光三原色）

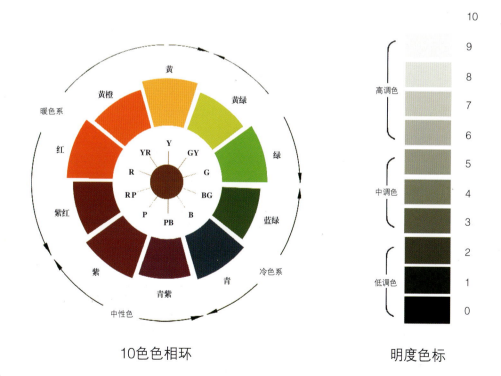

10色色相环　　　　　　　　　明度色标

附录一彩图1

24色色相环

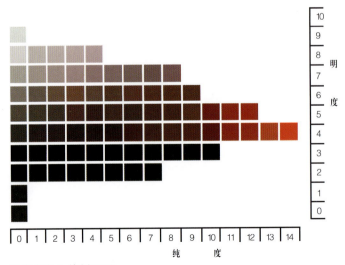

孟塞尔色立体剖面图

附录一 彩图2

面向21世纪设计专业系列教材

工业产品造型设计

杨 正 编著

武汉大学出版社

图书在版编目(CIP)数据

工业产品造型设计/杨正编著.—武汉：武汉大学出版社,2003.9
(2015.8重印)
(面向21世纪设计专业系列教材)
 ISBN 978-7-307-03857-8

Ⅰ.工… Ⅱ.杨… Ⅲ.工业产品—造型设计—高等学校—教材
Ⅳ.TB472

中国版本图书馆 CIP 数据核字(2003)第 003681 号

责任编辑：瞿扬清　　责任校对：黄添生　　版式设计：支　笛

出版发行：武汉大学出版社　　(430072　武昌　珞珈山)
（电子邮件：cbs22@whu.edu.cn　网址：www.wdp.com.cn）
印刷：湖北睿智印务有限公司
开本：720×1000　1/16　印张:21.25　字数:399千字　插页:1
版次:2003年9月第1版　　2015年8月第4次印刷
ISBN 978-7-307-03857-8/TB·11　　定价:30.00元

版权所有，不得翻印；凡购我社的图书，如有缺页、倒页、脱页等质量问题，请与当地图书销售部门联系调换。

面向 21 世纪设计专业系列教材

前 言

　　工业造型设计或工业设计,是一门最终形成于现代化工业时期,涉及技术和艺术两大领域的新兴交叉学科。作为一种现代设计的理论与方法,其研究内容不仅包括对产品功能、结构、材料、制造工艺以及产品的形态、色彩、表面处理、装饰工艺等,同时还包括与产品有关的社会的、经济的以及人的生理、心理等各方面因素。它综合运用现代设计的基本理论与技术手段,使现代工业产品尽可能地给使用者带来高效、舒适、美观的享受,最充分地满足人们的物质和精神需要。

　　工业造型设计不同于传统的工程设计,因为它在充分考虑提高产品结构性能指标的同时,还须充分考虑产品与社会、产品与市场以及产品与人的生理、心理相关的种种要素;它又不同于一般的艺术设计,因为它在强调现代工业产品形态艺术性的同时,还必须强调产品形态与功能、产品形态与生产相统一的经济价值。所以,工业造型设计是科学技术、美学艺术、市场经济有机统一的创造性活动。

　　工业产品的设计水平,往往是一个国家科学技术、文化素质水平的标志。在当今国际市场竞争的格局中,往往表现为一种文化的竞争,而文化竞争的背后,实质上是设计的竞争。因此,我们应该加快设计人才的培养,努力提高我国工业产品的设计水平,更新设计观念,不断发展新的设计理论与方法,全面提高我国工业产品的质量和综合竞争力。

　　本书是在参考了国内外有关资料并结合作者多年的工业造型设计教学与实践的基础上编写的。书中较全面地论述了工业产品造型设计的基础理论、基本方法和基本技能,尽量做到理论联系实际。本书为"面向 21 世纪设计专业系列教材",既可作为高等学校设计专业或机械类专业工业造型设计课程的教材,也可作为专门从事工业造型设计人员的参考用书。考虑到机械类专业学生的特点,在附录中增加了色彩构成基础和形态构成基础的内容。

　　由于编者水平有限,书中难免有缺点、错误,恳请读者指正。

编　者

2002 年 9 月于武昌珞珈山

目 录

第一章 概 论 ……………………………………………………… 1
第一节 工业设计的概念 ……………………………………… 1
一、工业设计的内涵及特点 …………………………………… 1
二、设计的概念 ………………………………………………… 4
三、工业设计 …………………………………………………… 4
四、工业产品 …………………………………………………… 5
第二节 工业产品设计的特征与原则 ………………………… 6
一、工业产品设计的特征 ……………………………………… 6
二、工业产品设计的原则 ……………………………………… 8
第三节 工业设计的历史和发展概况 ………………………… 10

第二章 工业产品造型设计程序 ………………………………… 26
第一节 产品需求与调查 ……………………………………… 26
一、调查对象与内容 …………………………………………… 26
二、调查汇总与界定 …………………………………………… 28
第二节 产品开发与设计 ……………………………………… 28
一、设计构思与优选 …………………………………………… 28
二、设计深化与发展 …………………………………………… 31
第三节 产品展示与签定 ……………………………………… 32
一、产品展示的内容与方法 …………………………………… 32
二、产品制造加工与标准化 …………………………………… 34
三、产品试验与鉴定 …………………………………………… 36

第三章 工业产品造型设计的原理 ……………………………… 39
第一节 系统化原理 …………………………………………… 39
一、系统化设计的理念 ………………………………………… 39
二、系统化设计目标的确定 …………………………………… 40
三、系统化设计方案的选择 …………………………………… 42

第二节 人性化原理 ·· 45
　一、人性化设计理念 ·· 45
　二、人的需求 ·· 46
　三、产品的适用性 ·· 47
第三节 可靠性原理 ·· 50
第四节 美学原理 ·· 53
第五节 经济性原理 ·· 55
　一、商品化设计理念 ·· 55
　二、价值工程 ·· 57

第四章　工业产品造型设计与制造技术 ···································· 61
第一节　工业产品造型设计与造型材料 ···································· 61
　一、产品造型设计与材料的关系 ·· 61
　二、造型材料的种类与基本性能 ·· 65
　三、造型材料的应用与发展 ·· 75
　四、工业造型材料的美学基础 ··· 77
　五、常用金属材料 ·· 84
　六、常用非金属材料 ··· 94
　七、造型材料的选择方法 ·· 103
第二节　工业产品造型设计与制造工艺 ···································· 113
　一、产品造型设计与制造工艺的关系 ··· 113
　二、铸造加工及其工艺性 ·· 118
　三、压力加工及其工艺性 ·· 127
　四、焊接技术及其工艺性 ·· 136
　五、机械加工及其工艺性 ·· 139
　六、产品造型与装配工艺性 ··· 146
　七、金属材料表面处理工艺 ··· 149
　八、造型设计与装饰工艺性 ··· 160

第五章　工业产品造型设计与造型艺术 ···································· 162
第一节　产品造型的形式法则 ··· 162
　一、统一与变化 ·· 162
　二、比例与尺度 ·· 167
　三、节奏与韵律 ·· 174
　四、对称与平衡 ·· 178

五、稳定与轻巧 ……………………………………… 181
　　六、调和与对比 ……………………………………… 185
　　七、过渡与呼应 ……………………………………… 187
　　八、主从与重点 ……………………………………… 188
　　九、比拟与联想 ……………………………………… 190
　第二节　工业产品造型要素 ……………………………… 191
　　一、体量 ……………………………………………… 191
　　二、形态 ……………………………………………… 191
　　三、线型 ……………………………………………… 193
　　四、方向与空间 ……………………………………… 197
　　五、色彩 ……………………………………………… 198
　　六、材质 ……………………………………………… 198
　第三节　工业产品的色彩设计 …………………………… 199
　　一、配色的一般规律 ………………………………… 200
　　二、工业产品色彩设计 ……………………………… 200
　第四节　工业产品的形态设计 …………………………… 203
　　一、形态的概念 ……………………………………… 203
　　二、产品形态设计的原理和方法 …………………… 209
　　三、新方案的评价与决策 …………………………… 228
　第五节　工业产品设计的时代性 ………………………… 232
　　一、时代性的概念 …………………………………… 232
　　二、影响工业产品造型演变的因素 ………………… 232
　　三、产品造型形式的现代感 ………………………… 236

第六章　当代工业产品造型设计的特点及发展方向 ……… 241
　第一节　人性化设计 ……………………………………… 241
　　一、人性化设计的概念 ……………………………… 241
　　二、人性化设计的形成 ……………………………… 245
　　三、人性化设计 ……………………………………… 246
　第二节　绿色设计 ………………………………………… 251
　　一、绿色设计的概念 ………………………………… 251
　　二、绿色设计的兴起 ………………………………… 252
　　三、保护环境与绿色设计 …………………………… 254
　　四、绿色设计的特征 ………………………………… 255
　　五、绿色设计的三"RE"原则 ……………………… 257
　　六、绿色产品的设计方法 …………………………… 260

附录一　色彩构成基础 ········· 264
第一节　为什么要进行色彩构成的研究与学习 ········· 264
第二节　色彩概述 ········· 264
　一、色彩的定义 ········· 264
　二、波、光、色 ········· 265
　三、色彩的认识与分类 ········· 266
第三节　色彩的基本性质 ········· 266
　一、色彩混合 ········· 266
　二、三原色 ········· 267
　三、色彩三要素 ········· 268
　四、色彩的表示方法 ········· 269
　五、色彩的调和与对比 ········· 276
第四节　色彩的功能 ········· 282
　一、色彩与视觉生理、心理的关系 ········· 282
　二、色彩的生理性功能 ········· 282
　三、色彩的心理性功能 ········· 285
　四、色彩的好恶 ········· 292

附录二　形态构成基础 ········· 294
第一节　概　述 ········· 294
第二节　平面形态要素 ········· 294
　一、基本形态要素：点 ········· 294
　二、基本形态要素：线 ········· 299
　三、基本形态要素：面或形 ········· 306
第三节　平面构成基础 ········· 310
　一、形态单元的构成关系 ········· 310
　二、平面形态的构成形式 ········· 315
第四节　立体形态构成基础 ········· 323
　一、概述 ········· 323
　二、立体构成的美学原则 ········· 324
　三、构成形态的艺术感染力 ········· 325
　四、立体形态构成的基本方法 ········· 326

参考文献 ········· 330

第一章 概 论

第一节 工业设计的概念

一、工业设计的内涵及特点

工业设计是一门最终形成于现代化工业时期，涉及艺术和科学两大领域的新兴交叉学科，它研究一切技术领域中有关美的问题，寻求实现"人 — 机（产品）— 环境"的统一和协调，旨在形成和谐的实物环境，最充分地满足人的物质和精神需要。

工业设计作为一门新兴的交叉学科，其自身所具有的社会效益和经济效益正日益受到各国政府及国民经济各行业的高度重视。在国外，许多工业化国家，有的通过立法形式强制推行，有的作为国家标准而颁布实施。而更多的公司企业则利用工业设计的方法和成果来提高现有产品的竞争力和进行新产品的开发。目前在发达的工业化国家，大到航天飞机、电站、大坝，小到剃须刀、垃圾箱，几乎没有一个设计行业不在运用工业设计的成果和方法。如20世纪30年代的美国利用工业设计在摆脱经济危机的过程中发挥了巨大的作用；第二次世界大战后的英国靠工业设计占领了世界市场；20世纪60年代的日本成功地运用工业设计于交通工具及家用电器等领域，而将其产品推向了全球，一跃成为了世界一流的设计大国。英国前首相撒切尔夫人就曾深刻地指出："工业设计对英国来说，在一定程度上比首相的工作还重要。"在我国，尽管工业设计起步较晚，但却发展迅猛，目前几乎所有的工科院校都开展了这方面的科研和教学工作。机电部等有关部委还制定了行业标准推广实施。而社会上对工业设计的需求极为迫切。特别在沿海一带经济相对发达的省份及城市，许多有远见卓识的工业企业投入了大量的资金和人力，对自身的企业及产品进行了大规模的工业设计现代化改造。工业设计由于其投入少、见效快以及自身所特有的实用性，能有效地改善产品的生产工艺、使用性能和操作环境，因而大大地提高了产品的综合竞争能力，这在当今的国内外环境中显得尤为重要。

工业设计现代化的变革和发展，主要表现在以下几个方面：第一，伴随现代科学技术体系和现代科学管理体系在当代企业的生成和发展,并且通过企业向整个社会渗透和扩散,现代工业设计已经突破了工业的第二产业范围,既涉及或深入第一产业、第三产业,又涉及或深入公共文化事业、环境保护事业等社会生活的各个领域;第二,就工业范围来说,现代工业设计尽管以工业产品设计为中心,却又不局限于工业产品设计,同时拓展了产品科研、生产、管理、营销及使用的时空环境设计和信息流程设计,并且把产品、环境、流程三大设计既相互区别又相互联系地有机组合起来;第三,现代工业设计全面地更新了产品设计的观念、思路、方式、方法及手段,以性能和使用的设计、更新和开发,带动材料和技术的设计、更新和开发;以使用方式的设计、更新和开发,带动实用功能的设计、更新和开发。不仅注重产品性质和功能的系列化,而且更加注重产品使用方式的简便和舒适;不仅注重产品整体形式的美化,而且更加注重产品整体组合适应人的生理—心理—审美结构,满足人的生理—心理—审美的需要。现代工业设计把工程技术设计和工业审美设计,交互作用、双向渗透、内在融合为一体;第四,借助微电子技术系统和人工智能系统,现代工业设计致力于精心设计和生产既批量化又个性化的创新产品,把产品技术形态的标准化和规范化与审美形态的独特化和多样化有机地结合起来,从根本上克服了手工业小生产的高耗、低产与工业化大生产统一、单调的传统局限性。所以,现代工业设计促使现代工业化大生产方式既合乎客观规律性之真,又合乎为人目的性之善,还合乎观赏愉悦性之美,真正发展成为人类自觉地、自为地、自由地认识和改造现实世界的实践力量。现代工业设计在本质上表现为高智力的科学技术、高品位的审美文化、高效益的经济价值相结合的真、善、美相统一的、人和物集约经营的当代企业生产力。在广度和深度两个方面,既有别于以往的工业设计,更不同于传统的工艺美术,现代工业设计不仅是发展生产力的生产力,而且是解放生产力的生产力,是改造今天、创造未来的当代最为先进的生产力之一。

20世纪70年代轰动整个世界的经济事件,就是日本国民经济的腾飞。其根本原因就在于日本政府从20世纪50年代引入工业设计以后,始终把工业设计现代化作为日本经济发展的战略导向和基本国策,从而使日本成为足以同美国及欧洲各经济强国相抗衡的经济大国。

20世纪80年代轰动整个世界的经济事件,就是亚洲"四小龙"的经济起飞,并从劳动密集型转向高新技术开发型。这些国家和地区在经济上的成功与大力引进、推广、实施现代工业设计是分不开的。如韩国自20世纪80年代以来,举国上下掀起了汲取日本设计经验,大力发展现代工业设计的浪潮,每年招收多达5 000人的大学本科设计专业的学生,以设计新颖美观、质量上乘而价格适中的韩国产品,在国际市场上令人刮目相看。香港特别行政区政府投入巨资成立了香港综合工艺学院及香港设计革新公司,培养专门设计人才,帮助企业界改进工业设计。台湾当局不仅设置了工业设计指导委员会,推广、发展、实施现代工业设计战略,而且投入 1.2 亿美元专款,资助和奖励在现代工业设计中取得重大成绩的企业和设计人员。人们都说,20 世纪 90 年代的市场竞争主要表现在文化竞争,而文化竞争的背后是设计竞争。只有设计领先,才能赢得市场。根据美国企业 1990 年统计,工业设计每投入 1 美元,产出增加 2 500 美元。又据日本的日立公司统计,每年工业设计创造的产值占全公司总产值的 51%,而技术改造所增加的产值只占总产值的 12%。

  我国的状况又是怎样呢？虽然近 20 年来,我国的经济发展取得了前所未有的、举世瞩目的辉煌业绩,但是经济仍然比较落后,而现代工业设计更是滞后。上海是我国经济比较发达、工业比较先进的地区,然而工业设计的落后却是惊人的,1992 年上海的一份调查报告显示,上海企业的领导中了解"工业设计"概念的人数仅占 18.6%；上海企业界把工业设计列为企业发展战略的不到11.3%；有现代工业设计创新意识的企业和依靠现代工业设计开发创新的产品分别低于 25.4% 和 25.6%。即使是名牌产品,也大多模仿国外设计,很少有自己的设计；即使是名牌企业,大多市场滑坡,效益较低。闻名海内外的华生电扇总厂,市场占有率已从过去的 95% 锐减为 5%。这样的状况,怎么能够满足全国人民日益增长的现实生活需要？又怎么能够提高企业经济效益、推动企业现代化发展、促进同国际市场接轨呢？

  我国企业发展中存在的主要问题,不外乎设计落后、装备陈旧、工艺粗糙、管理松懈,其中第一位的问题就是设计落后。近 10 多年来,我国经济改革和企业发展的丰硕成果举世瞩目,但是,工业设计薄弱、贫乏、滞后的状况并没有根本的改变。所以,必须下大决心,花大力气,加快工业设计改革开放的步伐。那么,什么是工业设计现代化改造呢？首先,现代工业设计以性能和使用的设计更新和开发领先。任何一个企业对于材料和技术的更新和开发,归根到底是为了产品和市场的更新和开发。这就要求在产品设计中,突出性能和使用的更新和开发,并且以此为依据,一方面广泛地选择和开发新材料和新技术,另一方面把新材料和新技术进一步转化为新的产品及新的使用价值。而我们一些企业在设计中,只是注意了材料和技术的更新和开发,仍然忽视了性能和使用的更新和开发。第二,现代工业设计以使用方式的设计更新和开发领先。商品生产和交换的根本目的,是为了满足人们的使用需要。使用价值不高的商品无人问津,使用方式不便的商品同样无人问津。这就要求在产品设计中,以使用方式的设计更新和开发,带动使用性能的设计更新和开发,而我们一些企业在设计中,只是注意了使用性能的更新和开发,仍然忽视了使用方式的更新和开发。第三,现代工业设计以审美功能的设计更新和开发领先。随着社会经济和审美观念的发展,人们对于各种产品不仅期望质量过硬和使用方便,而且期望赏心悦目和富有情趣。审美追求越来越占有主要地位。缺乏审美功能的商品,也就失去了市场竞争的能力。这就要求在产品设计中,立足于审美功能的更新和开发,以艺术之美沟通和联结科学之真与技术之善。而我们一些企业在设计中,只是注意了实用功能的更新和开发,仍然忽视了审美功能的更新和开发。

国内和国外、正面和反面的经验教训表明,国民经济的腾飞,特别是经济基础比较落后的国家和地区要想在经济发展中后来居上,十分重要的一点就是高度重视、大力开发、全面实施现代工业设计。

我们已经进入21世纪,21世纪是市场竞争取决于设计竞争的时代。无论美国、日本等经济发达国家,还是亚洲"四小龙"那样的新兴发展地区,都把现代工业设计的开发和更新,作为跨世纪的经济发展战略。世界最大规模、最高效益的国际性集团企业,纷纷提出了设计治厂的口号,都把现代工业设计视为加快企业发展步伐、提高企业经济效益的根本战略和有效途径。

二、设计的概念

将需求转变为现实的过程就是设计。它包括人们对某一物品从需求到计划构思、制作直至使用的整个环节。从设计的本意上讲,原始人寻找适当的石头和石器或制作陶器时,就已经有了设计意识的萌芽。Design(设计)一词源于希腊语,意思是指巧妙地、别出心裁地、有创意地设计。18世纪,机器广泛运用以前,设计(Design)一词仍具有其本来的含义。此后设计一词逐步地离开了其本义。现在我们所说的设计一词实际上仅指工程设计,即仅指产品的物质功能设计,而忽略了产品的其他功能,如产品的使用功能、人—机关系、安全性、舒适性、产品与环境的协调关系以及产品的精神功能及美观等。因此,工业设计不过是还设计以本来的含义。

三、工业设计

现代工业设计的概念,萌发于18世纪60年代工业革命后,到了1919年,德国格罗比乌斯领导的国立鲍豪斯学院成立,工业设计的发展进入了一个崭新的阶段。由于近代社会科学技术的飞速发展,人类的各种活动日益复杂和节奏加快,工业设计日益显示出它在人们各种活动中的重要作用。特别是20世纪第二次世界大战后,科学技术的三大突破(遗传工程、微电子技术、宇宙开发)带来了各种学科的飞跃发展。因而,也不断地改变着人们的工作方式、生活方式。人们对生产、工作和衣、食、住、行的设计活动,提出了更高的要求,因而使得工业设计在现代社会中的作用和意义越来越大,最终成为现代社会人们生活、生产、科研等活动中所必需的一切工业产品及环境设施设计的基本理论之一。

由于各国工业设计的研究范围及研究对象不甚相同,因而形成了广义的工业设计与狭义的工业设计两种概念。

1. 广义工业设计

广义工业设计主要涉及以下相关领域:

(1)空间设计或环境设计。主要是生活环境的环境规划与设计。包括:室内装饰、住宅、公共建筑、园林、道路、桥梁、城市规化。

(2)产品设计。是以立体的工业产品为主要对象的造型活动。又可分为家用器具,如炊具、餐具、家用电器等;产业机器,如机床、农机;交通工具,如汽车、火车、飞机、轮船;公共设施,如街灯、长椅、垃圾桶、学校或医院的各种设备;仪表仪器,如科教设备、办公用品及军用品等。

(3)视觉传达设计。指包装装潢、广告、海报、出版、展示等,是一种以平面为主的造型活动。

2. 狭义工业设计

即广义工业设计中的"产品设计"。也是本课程的主要讨论内容。

四、工业产品

工业产品造型设计,是对工业产品进行材料、结构、加工方法,以及工业产品的功能性、合理性、经济性、审美性的推敲和设计。即:以工业产品为对象,从美学、自然科学、经济学及工程技术等方面出发进行产品的三维空间的造型设计,称之为工业产品造型设计。

工业产品造型设计是一门以产品设计为主要对象的综合性学科。它是作为一种新的产品设计观和方法论而兴起和存在的,它探讨如何应用各种先进技术,达到产品的科学与艺术的高度统一,在现代工业产品的开发和更新换代中,寻求实现人—机—环境的和谐、统一的设计思想和方法。其目的在于更新和开发具有时代感的现代工业产品,以满足社会生产和人们的物质和精神的需要。

工业产品造型设计研究的对象是工业产品。工业产品与非工业产品的区别主要在于工业产品有其特定的产品特征,即:通过精确计算设计,并以工业化生产方式进行批量生产的规格化、标准化的产品,它必须同时具备科学性、艺术性和实用性。一般来说,不具备以上特征的产品不属于工业产品。因此,工业产品与其他工艺品的设计原则是不同的。对于工业产品,要求实用、创新、美观、经济。是精神功能与物质功能的完美结合。而对于工艺品,则强调其巧夺天工,独具匠心的设计技巧,体现的是其精神功能。

第二节 工业产品设计的特征与原则

一、工业产品设计的特征

1. 工业产品的三个基本要素及相互关系

任何一件工业产品都应包含三个基本要素,即物质功能、物质技术条件和实体艺术造型。物质功能是指产品的用途与功用,是产品造型的目的,产品赖以生存的根本所在,物质功能对产品的结构和造型起着主导的决定性的作用;物质技术条件是产品得以成为现实的物质基础,包括材料和制造工艺,它随着科学技术和工艺水平的不断发展而提高和完善;而实体艺术造型则是产品的物质功能和物质技术条件的综合体现。造型的艺术性是为了满足人们对产品的欣赏要求,即产品的精神功能,由产品的艺术造型予以体现。造型的科学性是为了满足人机工程学的要求,如产品的舒适与安全,操作方便,减轻精神负担和体力疲劳,由产品的科学造型予以体现。

产品三要素同时存在于一件产品中,它们相互依存、相互制约和相互渗透。新材料的运用改进了产品结构,使工业产品更加实用;新的加工工艺,如:喷丸、发蓝、电镀、刀痕等新工艺的运用,能更好地体现材料的质感;而大面积的弯曲玻璃工艺,能使汽车造型更加简练,视线更加开阔。同样,同一功能亦可有不同的造型。因此,在工业产品的造型上既要体现出时代的科技成果,又要体现出强烈的时代美感。

2. 工业产品的物质功能、精神功能与使用功能

任何工业产品都包括物质功能、精神功能与使用功能。其中物质功能是通过产品的工程技术设计来保证的。而使用功能是指产品具有的人—机协调性能。它体现出产品被使用时的方便及舒适的程度,对产品的物质功能影响很大。精神功能则是通过产品的造型设计予以体现。外观的形态、色彩、材质、装饰等都会给使用者的心理产生种种感受,或明朗、愉快、振作,或沉闷、压抑、不解。

3. 工业产品设计的特征

工业产品造型设计和其他艺术一样是通过一定的手段(形体),以其艺术形象来反映一定的思想内容和社会现象,以一种艺术的感染力,对人产生精神功能的作用。所以它在艺术规律上与其他艺术有内在的联系,有相同的共性。但两者是两个不同的对象,各有其自己的特征,概括起来,工业产品造型的主要特征是以下几点。

(1) 工业产品造型设计所反映的"社会现象",不像绘画、雕塑和文艺作品那样通过刻画和描写典型事件或典型人物的生活而反映现实,不能去重现生活或

憧憬未来。而是通过抽象的概括去反映一般的时代精神和社会物质文化生活的面貌，以及工业产品本身特定的内容、构造和情趣。它通过自身的物质外观形象，使人在心理状态上，产生某种作用，如愉快、兴奋、舒适、安全等。如造型美观大方的洗衣机、电冰箱；质地、肌理、色彩柔和、亲切典雅的仪器仪表；造型大方得体、操作方便、舒适宜人的机床等，都是通过其外观对人产生这种精神功能作用的。

(2) 工业产品造型设计具有物质产品和艺术作品的双重特征。说它是物质产品，是因为它具有使用价值和实用性，表现了物质功能的特征。说它是艺术品，是因为它本身的确是一种造型艺术，具有艺术的感染力，能满足人们的审美要求，表现了精神功能的特征。但是，它的艺术特征与一般的绘画艺术品不同，这些艺术品虽然与工业产品一样作为商品出售，但是没有给用户使用的物质功能，艺术品只有供欣赏的精神功能，是"无价的"；而工业产品一旦丧失了使用功能，精神功能也就随之丧失。从这个意义上说，"产品"与"作品"特征是存亡与共的。工业产品造型具有的双重特征，要求既实用，又美观，所以它既区别于纯技术的设计，又区别于纯美术的创作。

(3) 工业产品造型设计的创作是与科学技术、材料、结构、工艺和艺术内容紧密结合的。一般都要通过多专业多工艺的共同协作才能完成。同时，受到使用功能、材料、结构、工艺和经济等条件的制约。是功能、物质技术条件和艺术内容的综合表现。

(4) 工业产品造型设计要时尚，要合"潮流"，具有"时尚"的特征。因为它不具备一般艺术珍品那种独立持久的"无价的"艺术价值，所以往往是在使用价值还未丧失的时候，其艺术价值就已先消亡，即产品造型因"过时"，不时尚而被淘汰。这是市场上常见的现象。"时尚"的特征是很重要的，许多发达国家把产品的"时尚"往往看做是商品的前途和制造商兴衰荣败的大事。所以，这一特征要求设计者要了解"行情"，注意"时尚"，具有一种职业的敏感，要能够及时感受到或预感"时尚"的到来，不失时机地走在"潮流"的前面，保障产品在市场上的竞争能力。

总的来说，工业产品造型设计具有物质功能和精神功能，具有科学性、实用性、时代性和艺术性，这些特征既有各自的独立性，又是相互作用和相辅相成的，他们之间的关系可用（图1-1）来表示。

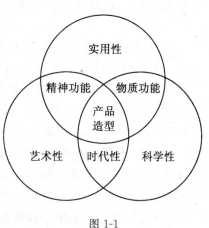

图 1-1

二、工业产品设计的原则

工业产品设计应遵循创新、实用、可靠、美观、经济的原则。

1. 创新

创新是产品造型设计的灵魂。设计本身就是人类为改造自然和社会而进行构思和计划,并将这种构思和计划通过一定的具体手段得以实现的创造活动。只要留意一下我们周围那些富有竞争力的工业产品就会发现,在它们所具备的构成竞争优势的各种因素中,最重要的莫过于创新性设计。电子钟表由于创造性地改变了表达功能和内容的方式,才对传统的机械钟表构成巨大威胁。正是对激光技术的大胆应用,才使激光唱片突破性地代替了传统的录音磁带而成为音响产品中的佼佼者。磁悬浮列车的诞生也是敢于想象和大胆创新的结果。当时要求列车时速达到500km,这已超过了车轮运转的极限速度。于是,设计师们就大胆地抛掉"有车必须有车轮"的传统观念,去掉了车轮而发明出滑动式磁悬浮列车。

创新设计为产品带来新的生命力,是使产品价值产生质的飞跃的决定性因素。尤其在激烈的市场竞争中,创新性设计是产品取得竞争优势的重要因素之一。因此,不断开发新产品,提高产品的社会价值也是企业得以发展的重要手段。

创新性设计也是为人类创造更舒适、更合理、更优美的生存环境的必要因素。看一看今天家庭主妇手中的吸尘器、办公室里的电脑设备、工厂里干活的机器人……每改进和创造一件新产品都会给人们的生活、工作、劳动带来变化,给社会带来进步,所以我们说,创新性设计是产品造型设计的基本原则。

2. 实用

实用指的是工业产品必须具备先进和完善的多种功能,并保证产品物质功能得到最大限度的发挥。一件产品是否实用,在很大程度上取决于使用方式是否合理,因此合理的使用方式是衡量产品功能与形式的基本标准。任何产品的功能都是根据人们的各种需要产生的,而任何一种产品的形式又是这种需要的具体体现。如根据纸张及服装裁剪需要,才有适合不同使用方式的各种形式的剪刀;因不同书写的需要,才会出现各种各样的毛笔、钢笔、铅笔等。所以产品的合理使用方式是以人的需要为依据的,是由产品的功能与形式的有机结合来实现的。尽管有些产品具有使用功能,可以使用,但就设计角度讲,不好用和不适用也是不成功的。产品的合理使用方式要求设计要合乎客观规律,功能和形式要合乎人的生理、心理特征。只有正确协调人与产品的关系,研究和解决产品功能与形式相对人的各种关系的最优化,才能使人更准确、迅速、舒适、有效地使用产品。如座椅的基本功能是供人坐,那么座椅的功能与形式统一的结果是使人坐着更舒适,否则,只考虑形式而忽略功能,是不可取的。只有充分考虑合理的使用方式,研究座椅为人带来舒适的各种可能性,才能设计出具有实用价值的座椅。再如,一台汽车收音机的设计,首先要考虑到司机在行驶中使用方便,否则,如果司机在行驶中很难找到按钮,那么无论音质多么好听,这个设计也是不成功的。因此,成功的设计不仅可以满足使用者的使用要求,甚至还能超过使用者的想象,给使用者带来意想不到的方便。近年来出现的可视电话、折叠自行车、一步成像的照相机等,都充分体现了产品的合理使用方式,具有良好的适用性。

3. 可靠

可靠是指产品整体系统设备、零部件、元器件的功能在一定时间内及一定条件下的稳定程度。它是衡量产品技术功能和实用功能的重要指标,也是人们信赖和接受产品的基本保障。产品的可靠性主要体现在使用过程中的安全性、稳定性及有效度。在产品设计和制造的整个过程中,只有充分重视产品可靠性的分析与研究,提高产品的可靠性程度,才能保证使用者安全、准确、有效地使用产品。

产品的可靠性是通过人的使用体现出来的,因此产品的可靠程度是以人的使用要求作为衡量标准的。如工业生产中的许多控制、操纵、显示设备的设计,首先须从人机工程学的角度出发,认真研究人的各种特性及人对设备的适应程度,以设计出与人的生理、心理相适应的设备功能与形式,保证人机系统的可靠性,减少各种事故的发生。

目前,尽管有许多工业产品功能和形式都很优良,但可靠性差,在使用过程中不能保持应有的稳定性和有效度,产品使用时间不长便要维修,甚至有些产品还隐藏一些不安全因素,这些都极大地影响了产品的使用质量,因此,保证产品的可靠性是产品造型设计中不容忽视的重要原则。

4. 美观

人类在创造物质文明的同时,也在创造着精神文明。产品不仅要满足人们的使用要求,同时也要满足人们对美的追求。

在相当长的一段时期内,每当人们谈及工业产品质量的时候,往往指产品的技术性能和理化性能等物质技术指标,而忽略了在产品"物"的形态里还包含着广泛的文化要素,包含着与人的生理、心理、视觉感受相关的种种要素。现代工业产品已经深入到人们生活、生产中的每一个角落,每一件产品都是传达一定信息的载体。这些信息就构成了视觉环境,而美与不美的环境气氛就构成了产品的精神功能。毋庸置疑,人们需要在美的环境里生活与劳动,优美的产品形态、色彩、肌理、气质等可使人赏心悦目、心情舒畅。现代汽车作为20世纪工业产品的典型,以其线条优美、色调柔和、表面光洁、组合紧凑、豪华舒适等特点极大地适应了人们的心理,并以其多种用途和卓越的性能充分满足了社会不同领域的需求。

产品造型设计的艺术性原则是建立在使用功能和物质技术条件基础之上的,应该有利于使用功能的发挥和完善,有利于新材料和新技术的表现。如果单纯追求形式美而破坏了产品的使用功能,那么即使有美的造型形象也成了无用之物。反之,如果单纯考虑产品的使用功能而忽略了其造型形象所给人的心理、生理影响及视觉效应,便会是单调、冷漠的工业产品,势必与人的感情距离越来越大,这样的产品在现代社会里也必定会被淘汰。因此,一种工业产品的综合质量包含着技术要素和文化要素,即同时体现产品的物质功能和精神功能,二者缺一不可。

5. 经济

用"创造工程学"和"价值工程"理论指导产品造型,以及材料和工艺恰如其分地运用等构成了产品的"经济"概念。或者说,以最低的成本费用和最短的周期设计制造出具有最高使用价值和最好美学价值的工业产品,以获得最大的经济效益,就是产品造型设计的经济性原则。

产品最终要成为商品供消费者购买和使用。人们购买商品的实质是购买产品的物质功能和精神功能,并按功能支付相应的金额。而对商品的不必要的和多余的功能,人们就不愿意支付金额购买,这样的功能也就无价值可言。因此,产品造型设计必须考虑消除多余功能,降低成本以提高产品价值。这不仅给消费者带来实惠,也为生产企业提高了经济效益。同时,产品的艺术造型是实用艺术的一部分,因而有着明显的商品性,因此,产品的造型设计对于产品的价格有很大的影响。在工业产品造型设计时,应运用价值工程的分析方法努力降低成本。

价值工程理论正是通过协调功能与成本之间的关系,把生产、消费及社会三者的利益结合起来,成为提高产品价值的有组织的设计活动,它是产品造型设计经济性原则的理论依据。

第三节 工业设计的历史和发展概况

人们在西方思想的早期渊源中,就能发现工业设计的萌芽。古希腊学者色诺芬曾在《苏格拉底言行回忆录》中记载有苏格拉底的如下一段话:

苏:"一切为人类服务的东西,由于它的经久耐用,所以既是美的,也是善的。"

"那么一只粪筐也是美的了?"

苏:"不错,只要它适合它的目的,正如一块不合适其目的金盾牌也是丑的一样"。

从这一段对话中,我们即可以深刻地体会到工业设计思想的精髓。不过这些思想由于在当时低下的生产技术条件下显得毫无价值,因为"工业"一词直到18世纪才在欧洲大陆出现。

作为人类为满足生存需求和精神需求的造物活动——设计,几乎与人类最初制造原始工具的行为同时产生。工业革命以前长达数千年的、以农业为主体的自然经济社会,是以土地作为其经济、生活、文化、家庭结构和政治制度的基础。自给自足,即将大部分生产产物作为满足自身的生活需求,只有极少部分用作交换是其经济的主要特点。由于在自然经济社会中地理条件、资源、材料、加工技术及市场的不发达等诸多因素的制约,设计的特征主要是以手工艺为主,设计与生产、销售合为一体。因此,对产品价值的评价也是以其包含的手工劳作程度的复杂与否作为标准。随着农业经济社会生产力的提高,贸易和商业有了一定的发展,都市的形成促进了市场作为社会中心的作用,在这一社会中,生产与消费相分离,设计逐渐与生产制作过程相脱离而形成自己的体系,工业社会的形成正是促使这一发展的根本原因。

工业革命是人类历史上继进入农业社会之后的第二次巨大变革,17世纪的英国资产阶级革命首先为它奠定了政治基础,从而开辟了18世纪中期至19世纪中期英国工业革命的道路。工业革命通过一系列的科学发明和技术进步,促使资本主义生产由手工作坊的生产阶段向机械化、大工业化的生产阶段过渡。生产力得到了空前的解放和提高,导致了整个社会政治、经济、文化结构和人类生活方式的巨大变革。

工业革命导致劳动生产率的巨大提高,千百个工厂生产的产品源源不断地涌向市场,市场的繁荣为企业带来了巨额利润,同时也促进了经济的不断增长,在机械化程度不断提高和劳动分工进一步专业化的情况下,生产过程被分解为多套工序,大批量生产过程的复杂程度,已远非简单的个人可以控制。因此,在这一过程中从事创造发明和技术设计的人员就与生产、制造产品的人员分离开来,也与销售产品的人员分离开来。可以说,分工是导致设计与生产分离,并使之成为一项专门学科的主要原因。

英国的产业革命给世界的工业生产带来了历史性的影响,其变化主要表现在:

(1) 由手工劳动发展到机械化生产。
(2) 由注重质量转变为注重效率,忽视产品外形设计。

(3) 由简单材料发展到材料的广泛运用。

(4) 从师徒相授发展到精确设计。

19世纪中下叶，由于机械化生产普遍降低了生产成本，新的材料和工艺技术可以用来模仿昂贵的材料和手工艺品，生产厂家企图把廉价的实用生活用品通过装饰及复杂化，以提高其附加价值，并迎合那个时期资产阶级消费阶层附庸风雅，靠拢贵族品味心理的需要，结果却是恶劣、丑陋的装饰风格的泛滥，产品造型显得俗不可耐，产品的形式与实际使用功能毫无联系之处，因而产生了巨大的裂痕。这种状况遭到了一批有识之士的谴责和不满。

但是，在工程和制造领域，却正在发生一场深刻的变革。产品的技术功能和实用效能成为最重要的评价因素，在机械制造和工程结构的设计上强调最为经济、简练的方式，因而产生了一种符合其实用功能内容和机械结构方式的、抽象的形式美感。它预示了一种工业化的、机械美学的风格。19世纪的工程师们创造了不少这样的杰作。从通达欧洲大陆的铁路和桥梁工程，到高耸的埃菲尔铁塔，都无不在体现着这一崭新的机械美学观。这种美学观强调功能与形式的统一，合理的、符合功能目的、经济和简练的形式是机械表达的审美标准。但在当时，这一观点还仅仅存在于少数建筑师们的前卫思想中，如德国建筑家哥德弗雷得·谢姆别尔(Gottfried Sempell)在1852年所写的《科学·工艺·美术》及后来写的《工艺与工业美术的式样》中就提出：美术必须与技术结合，要提倡设计美术。可惜当时德国四分五裂，没人重视他的观点。处于19世纪与20世纪之交的欧洲大陆，还沉迷在各种混合古典风格的历史主义、折中主义和矫揉造作的装饰之中而徘徊不前。

面对工业革命所带来的技术进步和机械化大生产的迅速发展，传统手工艺受到了严重的冲击，同时，它所惯用的形式和手段在机械制品面前也显得束手无策。由于采用了新式机器，厂家能够用过去生产一个做工精细的物品所消耗的工时和成本制造出成千上万个廉价的产品，企业主为了赚取高额利润拼命生产那些粗制滥造的产品，却对产品的设计和质量漠不关心。19世纪陷于死胡同的学院派艺术则龟缩在象牙塔里，回避社会现实问题。这种混乱状态在1851年英国举办的大英博览会上达到高峰。此博览会本意是宣扬英国工业化的成就，结果却适得其反，使许多人对机械化粗制滥造产生的混乱感到不满和反感。

18世纪，从英国开始的工业革命到19世纪的现代化工业产生，一个多世纪里，人们目睹风景区、工业区逐渐变得丑陋，各种粗制滥造、没有个性、千篇一律的工业产品成批量的生产，工人成了机器的附属，机器大批量地生产着丑陋的工业品并毒害着人们的心灵和审美情趣。处于这种日新月异的创造发明时期，这一现象自然引起了很多关心人类文明的艺术家、工程师和社会活动家的关注。

在工业设计的历史中产生了一大批具有代表性的人物和运动。如英国艺术家、诗人威廉·莫里斯(William. Morris)和他的导师、理论家约翰·罗斯金(John. Ruskin)。

1. 威廉·莫里斯和约翰·罗斯金(W. Morris,1834~1896；J. Ruskin)

莫里斯创立的团体不下五个,这些团体的目的是传播手工艺的理想,重新发现中世纪的"手工艺术"的体系,恢复从前手工艺人的朴实和正直。他创立了大量的艺术流派,力图探索、引入既实用又确实令人满意的形式的可能性。艺术和美不应局限在绘画和雕塑范围内,应把美的喜悦归还人民大众。他认为古代艺术成就已经达到了臻美的境界,而一切机械生产是一种绝对的恶,他肯定艺术家对社会所负的责任,强调人是产品的主人,技术应与艺术结合,艺术家应参与产品设计。从社会和美学的双重立场反对机器,主张用传统的手工艺产品代替粗制滥造的机制产品,错误地否定机械时代的机器生产所能产生的价值,但这毕竟是人类第一个涉及产品设计的运动。

2. 新艺术派(Art Nouveau 法语)

由于上述运动的影响,从 1900 年起,这一运动通过新艺术派(在德国称青年风格派；在奥地利称分离派运动；在意大利称风格解放派)在欧洲,特别是法国和比利时,形成了一场声势浩大的设计高潮。事实上新艺术派很快就超越了莫里斯和罗斯金的立场。他们主张:"勇敢而坦率地显示制造的过程","工业产品未必就是不美,经过合适的设计,工业产品也可以得到美观的外形"。其代表人物是比利时的凡德·威尔特。但这种运动从根本上来说是热情超过理智。

3. 保尔·苏利约,发展中的功能主义学说(1852~1925)

苏利约在《理论的美》(1904)最先提出了美和实用应该吻合,物品能够拥有一种理性美,它的形式就是其功能的明显表现。他说:"只有在工业产品中,一部机器、一种用具、一件工具中才能找到一件物品与其目的性完全而严格地相适应的某些例子。""机器是我们艺术的一种奇妙产品,人们始终没有对它的美给予正确的评价,一台机车、一辆汽车、一艘轮船、直到飞行器,这是人的天才在发展,与大师的一幅画或一座雕塑相比有着同样的思想、智慧、合目的性,简言之,即真正的艺术。"

但这种观点没有被当时崇尚唯美主义的人们所接受,直到 1929 年,才开始得到大西洋彼岸的共鸣。

4. 包豪斯(Bauhaus 德语)

1919 年在德国魏玛(Waimar)成立了以建筑家格罗皮乌斯为校长的造型学校。这是建筑师、工程师、艺术家的首次大规模联盟组织,并发表了著名的"包豪斯宣言"。第一次提出了"艺术和技术的新统一"。其目的是进行工业产品的艺术设计、推广新的工业生产工艺、改进建筑设计、培养工业设计人才。其教师阵容包括:瓦西里·康定斯基、约翰内斯·伊顿、保罗·克利等一大批欧洲最前卫的青年艺术家。

他们设计以家具为中心的各种日常用品,显示了既富于功能性又具有全新的造型,不仅仅是产品外形的装饰和美化,同时也更好地发挥产品的功能,他们认为必须把实用、美观、经济三者结合起来,使它们达到充分的和谐一致。

1933年德国纳粹上台后封闭了包豪斯。他们中的一些人逃往前苏联,后对前苏联的技术美学作出了巨大的贡献。另一些则亡命美国,对美国的设计教育及抽象主义艺术的发展产生了重大影响。

包豪斯虽然被迫解散,但其设计教育思想一直影响着20世纪各国的建筑及工业产品设计,因而被称作现代设计的摇篮。

5. 工业设计的成熟期(各国工业设计概况)

经过战后十几年的恢复、调整和发展,20世纪60年代各国经济进入普遍繁荣的阶段,工业设计也随之迅速发展。经济的繁荣带来了物质的丰富,人们不再满足于战后物资短缺时期那些实用简单的设计品,仅仅考虑功能的设计观念开始受到消费者欣赏水平的挑战。各国各公司在发展中形成了激烈的竞争局面,工业设计开始成为占领市场的策略之一,20世纪60~70年代的设计在经济繁荣的背景下变得丰富多彩。这个年代的科技发展带来了工业设计的革命。20世纪60年代末期,人类第一次登上月球实现了探索宇宙的愿望,也宣告了宇宙时代的来临,由此形成了工业设计上的"宇宙风格",如银灰色彩的运用,对宇宙飞行器造型的模仿等。20世纪70年代高新技术的发展则形成了"高科技"风格,如电子控制的家用电器,表现技术的钢架结构等等。自从1945年世界上第一部庞大的计算机诞生以来,计算机的微型化和普及率发展惊人,60年代已进入计算机时代,仅仅十几年的时间,计算机已经从30多吨重的庞然大物演变为小小的硅块集成电路板,计算机的微型化极大地刺激了工业设计的造型设计。

新材料的运用是20世纪60~70年代工业设计的又一特色,20世纪50年代开始运用的塑料,已在60年代的各种设计品中大量使用。色彩鲜艳、五光十色的塑料使设计品变得多彩斑斓,因此,60年代被冠以"塑料时代"。与此同时,各种复合材料也相继研制成功,如聚乙烯、聚丙烯、玻璃纤维等等,这些强度高、重量轻、韧性大、色彩漂亮的复合材料很快代替了木材、钢材等,成为电视机、电话机、家具、办公用品,甚至汽车等大型工业设计产品的主要材料。新材料的特点也促进了新工艺的运用,如模压、吹吸、一次成型等技术广泛应用,这些技术导致了产品外观设计的变化,也为大批量生产创造了有利的条件。

第二次世界大战后成长起来的新一代人的审美观念及艺术界不断涌现的新潮流、新运动也影响了20世纪60~70年代的设计风格,在60年代迅速成长起来的年轻人思想观念中,20世纪40~50年代讲究功能性的设计未免过于呆板、保守。他们追求现代、前卫、富有时代特点的新产品,这些思想导致了设计中的

"反设计"运动,成为20世纪60~70年代的又一大特色,自从包豪斯学院提出要打破艺术与设计之间的分界线以来,艺术与设计之间的联系已越来越紧密,很多著名的画家,雕塑家同时也是卓有成就的设计师,许多艺术品也是设计的产品,这尤其表现在平面设计上,艺术新潮流也引起了设计风格的变化。20世纪60年代流行的波普(POP)艺术、欧普(OP)艺术以及后来的装配艺术、环境艺术、机械艺术等都直接与设计有关。艺术家们经常借助工程师的发明和设计师们的设计作为他们艺术创造或宣传的媒体,设计师也借鉴艺术家们的形式和观念来设计他们的作品,如亨利·摩尔的现代雕塑激发了打字机和家具设计师们的灵感,米罗的现代绘画则增加了产品设计中的抽象成分。

20世纪60~70年代的国际工业设计形成了以欧洲、日本、美国为主的三大阵营。欧洲尤以意大利的设计最为突出,日本设计不仅在20世纪60~70年代形成了自己的民族特色,其发展速度之高很快就确立了在国际中的地位。日本的工业产品在很短的时间内就占领了欧美市场,引起了欧美的恐慌。美国设计虽然一直在发展之中,但已不占有优势地位。20世纪70年代后期,亚洲四小龙经济开始腾飞,工业设计也开始在这些国家受到重视,成为世界工业设计的潜在势力。

20世纪60~70年代的工业设计尤以大公司形成特点,特别是在20世纪60年代开始重视企业形象设计以来,系统的产品设计成为大公司的标志。当然,在这些大公司后面活跃着的仍然是那些富有才能的设计师们。

随着20世纪60~70年代产品设计的繁荣,工业设计带来的一些负面效果,如能源危机,资源浪费及环境的污染等开始引起人们的重视,促使设计师们认真考虑与工业设计有关的一些问题。美国著名的工业设计师及理论家维克多·佩帕尼克于1970年出版了在设计界引起强烈反响的著作《为现实生活的设计》(Design for the Real World),在书的前言中,他有些耸人听闻地写道:"有一些职业比工业设计更危险,但不多。"20世纪60~70年代是现代设计繁荣的年代,也是理论家和设计师把设计作为一种文化、一种生活方式来探讨的年代,设计师们开始在设计中注入了比我们在产品表面看到的多得多的内容。下面我们简单地介绍一下在工业设计领域中有代表性的国家。

(1) 英国 英国是工业设计思想的发源地,得到政府大规模支持。第二次世界大战尚未结束,英国政府就意识到战后英国将面临经济恐慌,英国资源短缺,主要靠加工成品出口,产品出口是英国国民经济的生命线,因此,其产品必须有竞争力。1944年底,英国首相发出命令筹建工业设计委员会,1945年6月初,国家工业设计委员会即告成立。

英国的工业设计教育计划从20世纪40年代开始一直持续到20世纪60年代初期,增强了全民对工业设计的意识,也推动了英国工业设计的发展。英国的设计教育以皇家艺术学院工业设计系和汽车设计系为代表,其前卫性的设计教育培养了许多优秀人才,在英国各大设计公司中发挥了积极作用。同时,各设计咨询公司除了面向本国企业外,更主要地为欧、美、日等国提供设计服务,使英国成为欧洲工业设计的中心之一,获得每年近20亿英镑的产值。潘塔格兰姆(Pentagram)是英国著名设计公司之一,其业务范围包括产品设计、环境设计和平面设计。他们为伦敦地铁公司设计了地铁车厢内部,为欧洲海峡隧道公司设计了机车等有影响的作品;"欧构"(Ogle)设计公司则以汽车设计为主,他们的设计除了小汽车和大型集装箱运输车外,还有小型飞机的内部装修和产品设计。

(2) 意大利和法国 受其传统美学思想影响很大,产品造型设计体现出强烈追求设计形式美的特色。意大利的经济发展在20世纪60年代达到了奇迹般的高峰,消费品的需求量急剧增加,国内市场不断扩大,为意大利的工业设计师们发挥提供了物质条件,促进了意大利设计的繁荣。20世纪60~70年代以米兰为中心的意大利工业设计以其独特的风格和勇于探索的前卫精神深受国际设计界的瞩目,这一特点的形成与设计师充分发挥个人才能密切相关。20世纪60年代的意大利设计深受当时流行的波普艺术的影响,盖当罗·比希(1939—)是一位多才多艺,广泛涉足于戏剧、电影、音乐及其他艺术的年轻设计师。他于1969年为C&B公司(Cassia and Bnsnetti)设计的UP系列椅子,带有纯艺术倾向,以圆形造型为主,敦厚舒适,线条圆润柔和,色彩鲜艳具有浓厚的女性趣味,被称为柔软的避难所。UP系列椅子运用聚氨脂新材料,并可以压缩和真空包装,是20世纪60年代流行的波普家具的典型代表,同年,由皮尔诺·卡迪、卡萨雷·鲍利尼、弗兰科·特奥多罗设计的名为"大口袋"的沙发椅与UP同类,但它更为随意舒适,已完全脱离了传统的椅子形式,造型尤如一个上大下小的口袋,里面装满了聚苯乙烯颗粒,外面则采用塑料包装。它可以随人体的各种姿势而变化,为波普家具的典型造型设计。

塑料的广泛运用是20世纪60年代家具设计的特点。大批量的生产与低廉的价格并没有使设计者们忽视其美学特征。意大利的设计师避开了塑料潜在的平庸特点,创造了高品位高质量的永恒产品。塑料家具不同寻常的造型及鲜艳的颜色反映了自由轻快的20世纪60年代生活风格。

20世纪60~70年代的意大利设计古典与现代、传统与激进并存,而且都达到了他们设计水平的高峰。意大利的灯具设计在国际市场上是众所周知的最成功的产品设计。20世纪70年代的意大利设计师对灯具设计倾注了极大的热情,他们还把灯具设计作为一种文化活动来操作。著名的设计师埃特·索特萨斯曾说:"灯不只是简单的照明,它告诉一个故事,给予一种意义,为喜剧性的生活舞台提供隐喻和式样,灯还述说建筑学的故事。"20世纪70年代的意大利灯具设计确实光芒四射,引人注目。

1977年设计的"Atollo"台灯都以其造型现代、功能突出、实用方便而赢得了国际声誉。它们不仅代表了工业设计的新观念,而且解决了各种类型的灯光有限照射的问题。其中"Tizio"尤其成功,它于1986年在美国就卖掉了15 000个,"Tizio"台灯的设计具有平衡感和雕塑感,在不同的距离和不同的亮度的条件下,不管是在桌子上还是在整个房间里,它都能够提供令人舒适的全部光线。

在世界各地的公寓、饭店及办公室都可以看到意大利设计师的设计的家具,他们制作的材料品种繁多,有塑料、金属、大理石等,使用的技术也各异,如倒注、粘合或抛光,但它们的共同之处是洁净、优雅、不矫饰,并具有无可争辩的特点。

汽车设计在意大利设计中一直占有重要地位,是每个时期表现人们审美趣味的代表产品,并且在阻止日本占领欧洲汽车市场中扮演了重要角色。意大利的汽车工业也培养了他们著名的汽车设计师。吉奥杰欧·乔治亚罗(1938—)则是当今国际上享有盛名的汽车设计师。他17岁进入菲亚特汽车式样设计中心,而后又在都灵美术学院和都灵工程技术学院学习了4年。他与埃德·曼托瓦尼等人组建了意大利设计公司(Italdesign),该公司为汽车工业提供投产前的服务。主要包括式样设计、模型结构和样机制作、可行性研究、车身和底盘工程设计、生产过程审查等内容,该公司的成功之作包括阿尔法苏德(Alfasud)小汽车(1971年),大众高尔夫小汽车(1974年)以及菲亚特"潘达"小汽车(1980年)等,其中尤以"阿尔法苏德"车著名。此车于1971年在都灵沙龙上首次展示,一直生产到1982年。乔治亚罗多才多艺,他还设计了尼康F3型照相机、精工手表和尼奇公司的"逻辑"缝纫机。意大利设计公司的成就引人瞩目,它体现了乔治亚罗在高技术产品和交通工具设计方面的卓越才华。

20世纪60～70年代意大利工业设计的成就与意大利设计师的天才和努力是分不开的,其中尤以贝里尼、索特萨斯和乔治亚罗为代表,他们不仅对意大利产品设计产生了重大的影响,他们的设计也奠定了意大利设计的国际地位。

埃特·索特萨斯(1917—)是20世纪最伟大的设计大师之一。他早年学习建筑,毕业于都灵理工学院。1947年,他为米兰三年展设计的椅子,把理性主义与有机形态相结合,很快确立了他在意大利设计界的地位。他在设计中把建筑、美学、技术及对社会的兴趣融于一体,大胆采用了胶合板、塑料及金属薄板等新材料,打破了功能主义束缚,创造了"有机设计"风格,受到国际界的广泛关注。1957年,索特萨斯开始与奥里维蒂公司合作,并一直是此公司雇佣的设计顾问。1959年,他为奥里维蒂公司设计了"埃拉9003型"电脑,在减小机体尺寸,改进电源插口和色彩的象征处理等方面,充分考虑到操作者的使用和系统的扩展等问题,其设计不仅具有技术性,也有雕塑感,充分发挥了技术与雕塑的潜力,因而大获成功。他在20世纪60年代为奥里维蒂公司设计的名为"情人节的礼物"的便携式打字机,外壳为鲜艳的红色塑料,明快小巧,几乎成为流行的畅销产品。索特萨斯是一位天才的设计师,他在设计中不断探索,风格多变。他曾经说:"设计对我而言……是一种探讨生活的方式。它是一种探讨社会、政治、爱情、食物,甚至设计本身的一种方式,归根结底,它是一种象征生活完美的乌托邦方式。"他的设计灵感来源于他对物质状态的思考、研究和旅行。

法国工业设计以建筑和家具著称。1977年开放的蓬皮杜中心是20世纪70年代工业风格的典型代表,此建筑外观像一个脚手架或工厂车间,钢架结构、电器设备、人行通道、供水管道系统一目了然,各种管道涂上鲜艳的油漆,成为20世纪80年代的流行风格。1979年,法国工业部和法国家具工业发展委员会创建了家具革新促进协会(VIA),目的是推动法国家具设计并使之商业化,法国家具设计展现出朝气蓬勃的新气象。20世纪80年代在巴黎出现的"创意"设计公司(Plan Creatif)由于其连续荣获欧洲及国际设计大奖,并中标欧洲大型项目的设计而引人注目。此外,巴黎工业设计学院由于其打破传统的前卫性设计教育也开创了法国工业设计的新局面。

(3) 德国 从艺术教育着手,提出了较完整的一套设计理论,并进行了广泛的实践。

德国设计进入20世纪60年代逐渐脱离功能主义的设计传统,开始往多元化的方向发展,设计成为推动和促进经济发展的动力,但德国设计仍强调秩序感、逻辑性、合理化以及科学性。轻便性和灵活性也开始在设计领域中受到重视。人们对具有轻巧的外观,可以轻松地从这里运到那里的物品越来越感兴趣,20世纪50年代设计师与企业的合作逐渐被设计师独立的工作所代替,设计师的个人才华不断在设计作品中展示出来。

20世纪20年代曾经在德国兴起的系统设计在20世纪60~70年代结出了硕果。系统设计的基本概念是以系统思维为基础,目的在于给予纷乱的世界以秩序,将客观物体置于相互影响和相互制约的关系之中。系统思维被当作当今高度发展的工业时代的先决条件,因为这样的思维可以使错综复杂的工业生产过程一目了然。设计中的系统由许多单元组成,这些单元聚合在一起可组成一个整体。设计品在系统体系中产生出新的功能,如可折叠性等,因此,直角是这种设计方法的基础。到20世纪70年代,几乎所有生产此类产品的公司都采用了积木式设计体系。系统设计具有组合性能,可以根据需要随意进行不同的组装,同时满足办公和居住的各种不同需要。系统设计对于建筑领域、产品设计领域以及视觉设计范畴产生了重要影响,启发并直接导致了从20世纪60年代开始兴起,20世纪70年代受到重视,20世纪80~90年代普及的企业整体形象设计。

20世纪60年代的德国设计组织以斯图加特设计中心、埃森工业形态研究院和达姆施塔特造型理事会为代表,三个设计组织的共同目标是促成德国产品设计的"出色造型"。随着时间的推移,"优质工作"成为德国设计工作的口号,20

世纪70年代以来重新成为提高德国出口的手段,在这些机构及设计师的努力下,"德国制造"始终意味着产品的耐用性,普遍的现实性,最新的工艺,实用的包装,可靠的供货以及周到的服务。20世纪60年代末期建立的柏林国际设计中心的目的则是设想如何更好地解决环境造型问题,在现代设计中表现出远见卓识。

德国设计总是与他们严谨的设计理论及理性的设计思维并行发展,设计师们不仅为国际设计界提供了许多优秀的设计产品,也为设计理论界提供了一整套设计思想,这些思想影响了国际设计的发展。

(4) 美国 从实践出发,然后才进行理论研究。重视产品外观的首先是企业家而非艺术家。第二次世界大战后美国经济的繁荣极大地刺激了工业设计的发展,也形成了美国战后夸大、豪华的设计风格。20世纪60年代,工业发展所带来的一些恶果业已昭然,如环境污染,资源浪费,交通事故等。特别是20世纪70年代的石油危机,促使美国设计界的有识之士开始对工业设计进行反思,从20世纪60年代起,一些人站出来严厉批评和抨击设计师、制造商和产品。拉尔菲·南德,美国"消费者联合会"委员之一,1965年出版了《任何速度都不安全》(Unsafe at any Speed)一书,攻击美国的汽车工业,认为那些装饰豪华的超大型汽车是"死亡陷阱"。1971年,设计师批评家维克多·佩帕里克,出版了从总体上批评设计和设计师的著作《为现实世界的设计》(Design for the Real World),不仅提出设计应考虑为大众服务,为残疾人服务,并应认真考虑如何使用地球的有限资源,同时提出设计要充分意识到保护环境这一问题。1980年,美国设计家帕特西·莫丽,把自己装扮成一个老年妇女,漫步于充斥着现代工业设计产品的纽约繁华街头,她发现这是非常危险和易受伤害的,她有关设计的演讲和文章,引起了美国设计界对"使用"和"可实用的"争论,以此为工业设计重新定向。

尽管美国工业设计在高速发展过后开始冷静下来,但设计仍在发展,并更多地融入了技术的发展和为人设计的思想。虽然到了20世纪70年代后期,人机工程学才在美国引起了更广泛的讨论,但20世纪60年代的美国制造业已开始态度真诚地把人放在首位,这一点尤其体现在公共交通工具上。1965年,联邦政府授权给设计师桑德伯格和费尼,为圣弗兰西斯科设计一大型公共交通系统。设计师在设计此系统时充分体现了对人机工程学的运用和为人设计的思想。该系统在20世纪70年代初期进入运行操作,成为另一些设计师设计的模型。20世纪70年代,随着大型飞机波音747的成功设计和生产,美国在大型交通工具的设计中,出现了一些完美的经典作品。20世纪60年代进入计算机时代,美国的电脑设计和生产发展非常迅速,经过十几年的努力,计算机很快由庞大变得小巧,从办公用品走进家庭。1968年,美国计算设备公司(Digital Equipment Corporation DEC)运用10年前由贝尔公司发明的微型集成电路块设计了首批微型计算机。1971年,美国著名的英特尔(Intel)公司首次生产了微型处理机,这种用一块单独的硅集成电路板制造的机器,成了首批可利用的商业性产品。继之又生产出口袋式便携计算机,紧接着是计算机手表,这种新型的数字式手表准确、易读,很快风靡全球。微型处理机的应用,使产品设计创造出早期"可思想"的洗衣机、汽车、缝纫机、烤箱和电子灶等,导致了产品的小型化、多功能,引起了工业设计中的革命。带电脑的家用电器已成为20世纪80~90年代的流行产品。20世纪70年代后期出现了个人电脑,但早期的个人电脑使用非常复杂,在使用之前得花许多时间来学习。美国的苹果计算机公司(Apple)在(方便使用的个人电脑PC)的研制设计方面做出了极大的贡献。1975年,两个加利福尼亚人史特维·吉泊斯和史特维·伍兹尼克,设计制作了Ⅰ型个人电脑。1977年,随着苹果Ⅰ型电脑的生产,成立了苹果电脑公司,并以色谱条纹组成的带一缺口的苹果图案作为公司的标志;针对20世纪70年代末期个人电脑极其复杂的操作程序,他们试图研制设计一种任何人打开即可使用的电脑,从而开始了麦金托什(Macintosh)电脑的开发。麦金托什电脑设计的原则是一切都从使用者出发,其重要的特征是"鼠标器"的创造。"鼠标器"像一个玩具汽车那样可以随意移动,操纵自如,这一工具极大地缩短了使用者与机器之间的距离,增加了人与机器的亲近感。吉泊斯的设计策略正是希望打通人与电脑亲近的通道,创造出一种"友善的使用工具"(User-friendly)。"Apple Mac"电脑的设计沟通了人与机器的联系,是高科技时代成功的设计范例。

IBM是"国际商用机器公司"(International Business Machines)的缩写,是美国最具影响的公司之一。第二次世界大战以后发展很快,在世界办公设备市场中占统治地位,20世纪50年代末期即确立了该公司的著名标志,是最早认识到视觉识别在产品设计上的重要性,明确树立产品与公司形象的公司之一。受"Olivetti"公司影响,IBM公司雇用著名的设计师艾略特·诺伊为设计师,1961年,诺伊为IBM公司设计了造型简洁、线条柔和流畅、使用方便的电子打字机,体现了现代、实用的设计思想,在打字机设计领域产生了广泛影响。他参与设计的改良型打字机,把传统的键盘式打字键改成球形打字键,为现代打字机所普遍采用。IBM公司还是20世纪70年代最早开发个人电脑的公司之一。

美国20世纪60~70年代的办公用品与家具设计以诺尔(Knoll)公司和米勒(Miller)公司为代表,他们的产品也代表了此时期美国办公用品设计的发展。诺尔公司是美国东海岸的主要家具生产厂家与设计中心,其创始人汉斯·诺尔(1919~1955年)生于德国斯图加特,早年受包豪斯教育影响,20世纪30年代末期定居美国并开设了家具公司。战后,诺尔公司集中了一大批设计人才,包括艾罗·沙里宁,意大利出生的设计师列尔托亚等。他们设计的家具畅销全球,现在仍在普遍使用,米勒公司成立于20世纪40年代,他们由一家小公司发展为美国最大的家具公司之一，这与他们尊重设计师的才能及坚信好的产品设计必定有市场的观念是分不开的。他们从不做市场调查，也不去了解市场行情，只是鼓励设计师设计自己想做的东西。米勒公司这一看似反其道而行之的设计观念取得了极大的成功。他们雇佣了 G. 罗德、查尔斯·伊姆斯、罗伯特·普罗佩斯特等著名设计师为设计人员。1964 年，普罗佩斯特设计了一种新型的办公室系统，在设计中留出大量可以调整的有机空间，称作"行动式办公室"，彻底改变了传统办公室整齐划一的呆板局面，是现代办公室设计的先驱。1971 年，他还改变了陈旧的医院内部设计，设计出称作"聚集结构系统"的新型医院内部设备，是一种可以灵活运用，自由组合的系统，产生了世界性的影响。

20 世纪 60 年代后的美国工业设计虽然不再在国际中占优势地位，但其产品设计仍是国际工业设计中的重要组成部分，美国的汽车工业、家用电器等产品设计都有不同程度的发展。20 世纪 30～40 年代就享有盛名的设计大师罗维仍活跃在美国设计界，20 世纪 60 年代末期，他为美国宇航局设计了阿波罗号宇宙飞船，在设计中他充分运用了人机工程学原理，详细地考虑了宇航员的生活特点，他科学而富有人情味的设计，使宇航员在茫茫宇宙孤独的航行中感到舒适、亲切、方便，为此，罗维受到了宇航员们真诚的致谢。

(5) 北欧四国　工业设计普及程度相当高，是西方国家中工业设计专业人员比例最高的国家。其工业设计产品在世界上享有很高的地位。北欧的设计仍然保持着他们自己的特色，温馨、高雅、具有人情味，既继承了斯堪的纳维亚的优秀传统，同时也不忽视技术的发展。

荷兰的工业设计以飞利浦公司为代表，此公司成立于 1891 年，是世界最大的公司之一，它成功的设计策略广为人知。20 世纪 50 年代以前，飞利浦公司并没有制定明确的设计策略，20 世纪 50 年代以后，建筑师雷尼·威尔斯曼，被任命领导无线电、电视、收录机和剃须刀的设计时才改变了这一状况。经过 14 年的实践，威尔斯曼引进了人机工程学并把此理论运用于设计之中，他还提出了所有的飞利浦产品都应有一个统一的识别标志，为确立公司在国际上的地位打下了坚实的基础。1966 年，挪威设计家肯努特·亚尼，担任了飞利浦公司设计领导人，他认为设计应具有市场功能，他对系统设计坚信不疑。1973 年，他策划出版了有关飞利浦公司的首本"企业风格"(Home Style)手册，试图通过此手册对公司的产品进行连贯性的描述，为公司树立良好的形象，此手册在世界上引起很大反响，不仅各公司竟相模仿，还为公共服务部门和政府部门所仿效。20 世纪 70 年代，飞利浦公司借鉴了日本企业的全球意识，其优良的设计和高技术的产品畅销世界。

丹麦 B&O(Bang and Olufson)公司在 20 世纪 60 年代后期至 70 年代生产出精美的立体声唱机、收音机和电视机，雅各布·乔森(1926—)于 1961 年至

1973年之间设计的Beosystems 1200型和Beogram 4000型立体声唱机,外壳设计采用黑色纹理的木头镶板、柔和光滑的铝和不锈钢,几何形的造型,表面整洁匀称,细部装饰精美,具有微妙的色彩和平衡感。此设计设法把旋钮装在里面,尽可能地用按钮和滑动调节的开关代替它们。虽然这些设计仍然是谨慎保守的,但引起了国际工业设计界的注意。芬兰设计师奥拉夫·贝克斯托姆(1922—)运用人机工程学和力学原理设计的O型系列剪刀,1967年由芬斯克斯(Fiskars)公司生产,具有雕塑感和有机特点,是美妙绝伦的经典设计作品。挪威1962年出品的由依格·雷尼设计的14型磁带录音机,造型结实、工整,注重材料、色彩及结构的处理,是一件完美的高度机械化的产品。蒂克尼特尼公司(Teknitaen)1962年出品的siera型电视机采用柚木外壳,把电视机屏幕放到最占主导地位的位置,其他附件则被压缩并降低其视觉功能,从而领导了大屏幕电视设计的潮流。北欧的设计因其独特的风格而在设计中占有重要地位,是国际设计界不可或缺的组成部分。

20世纪70年代的北欧工业设计还在医疗设备和残疾人用品等方面取得了杰出成就,其中瑞典人机设计小组的成绩尤为突出。该小组对残疾人用品设计有较多的研究,也取得了不少的成果。20世纪80年代,他们为瑞典Bahco公司设计的五金工具是设计师与企业领导层合作成功的范例。

(6) 日本 战后大力发展消费工业,由模仿而至创新。其产品风格适度,样式适中。日本在1953年成立了工业造型设计协会,其设计宗旨是尽可能满足最广泛的用户。在日本每个公司几乎都有专职的工业设计师,因而成为世界第一流的设计大国。

日本在20世纪50年代邀请许多欧美著名的工业设计师传授工业设计知识,派遣学生或通过旅行学习和搜集欧美的设计经验。由于日本政府和企业的重视和认真的学习,到了20世纪60年代,日本便开始以主人翁的姿态出现在国际工业设计界。1960年,在东京召开了一次世界性的设计会议,讨论各种有关工业设计的问题。1961年,日本工业设计协会参加了在意大利威尼斯举行的世界工业设计协会联合会会议,日本的设计进入国际范围。同年,日本还举办了机械工业设计讲习会,开始在日本设计界进行人机工程学的宣传与推广。1963年,日本工业设计协会派人参加了在巴黎举行的世界工业设计协会联合会大会,还在国内举办日本设计出口产品展览,日本的工业设计产品打入了国际市场。1965年,协会决定每年举行一次与工业设计有关的专题讨论会。1968年的专题是人机工程学,1969年的主题是人与工具,1971年则讨论都市生活问题,每年都围绕一个专题攻关。及时讨论并想办法解决工业设计中出现的问题,积极引导工业设计往正确的方向发展。从1966年底开始,日本已着手合作研究环境与工业之间的关系,向海外扩大产品的出口,由企业与设计机构连续派人到国外进行考察。伴随着20世纪60年代末期日本国民经济的飞速发展，消费水平的日益提高，日本设计已引起国际瞩目。在日本举办的国际性活动，如1964年的东京奥运会和1970年的万国博览会也极大地刺激了日本的工业设计，为日本的设计师提供了一展身手的好机会，尤其是1970年的万国博览会，因为以展示为主，聚集了一大批建筑师和设计师从事大到建筑，小到小件物品的设计，产生了许多优秀的设计作品。与此同时，日本对设计教育与宣传也极为重视，工业设计的概念通过宣传不仅在国民中有深刻印象，也使企业在竞争中获得了优势。日本从机构组织到学校，国民对工业设计的重视很快就取得了丰硕成果。20世纪60年代，日本设计已在国际中占有地位，1964年具有世界权威的美国《工业设计》杂志，瑞士的《造型》杂志都刊出了日本工业设计专集，系统地介绍日本工业设计的状况和成就。70年代，欧美的制造商已开始不无沮丧地分析日本的收录机、音响、收音机、电视机、照相机和摩托车，这不仅因为它们的高质量和精细程度，而且还因为它们的款式风格。欧美市场已明确地感受到了来自东方岛国的威胁。日本设计在广泛吸收别人经验的同时也已逐渐形成了具有自己民族特征的风格，这一特点尤其表现在日本的包装设计上，日本的包装设计无论从材料、图案、造型都具有浓郁的民族特色。

比起欧美设计通常表现为设计师的个人才能来，日本的设计更多的是集体的力量，日本设计界以驻厂工业设计师为主，各大企业、大厂家都有自己的工业设计班子。他们通常是针对某产品的设计汇集大家的智慧，以此与同类产品竞争。日本中小企业与设计事务所的合作也很活跃，拥有300多名专职设计师的GK设计事务所是这方面的代表。几十年来，GK由开始只拥有不到10名设计师的小公司发展壮大到今天日本最大的设计咨询公司，反映了高速增长的日本经济对工业设计的需求。GK的客户包括了日立、雅马哈等许多日本的著名企业，20世纪70年代，GK就对社会和环境问题进行了研究，到20世纪80年代，该公司又设立了一个新的部门来专门处理系统工程和电脑软硬件方面的问题。

在日本的大企业中，索尼公司自20世纪50年代以来就以其设计和创新赢得了国际工业界的赞赏。1961年，该公司设计部将广告管理和产品开发合为一体，很快建立起统一的高技术产品形象。索尼公司对于科技的发展极为关注，该公司的产品常常是科技发展的最新成果。索尼公司还注意分析市场的需求，当他们了解绝大多数人不想录制磁带，只放放音乐，索尼公司就于1978年设计创造了一种功能单一、使用简单、携带方便的盒式磁带放音机"Walkman"，这种小巧的便携式放音机马上风靡全球，尤其受到年轻人的青睐。随着技术的发展，索尼"Walkman"也增加了摇控、电脑自动操作等功能，设计也更现代化，至今畅销不衰。

1978年"Walkman"的生产被认为是日本设计的一个里程碑。索尼公司不断推出他们的最新研究成果,一直走在国际家用电器发展的最前列。1981年,他们推出了最新的组合式电视机系统,1982年又研究出世界第一台激光唱机,同时,索尼还是数字式磁带录音机的发明者。1985年以来,索尼公司设计部更加注重研究和开发工作,把这作为保持和占有市场竞争的重要手段,该公司把销售利润的百分之十用于新产品的研制和开发。1989年,索尼公司生产了一种用于淋浴室的收音机"Shower Radio",扩展了在任何地方都可以创造个人产品的设计思想。索尼公司的成就显示出他们在世界电子工业中的先锋地位和独创性。

家用电器是日本工业设计的一个主要内容,著名公司除索尼公司外,还有三洋(Sanyo)、夏普(Sharp)、松下(Panasonic)等,他们在电视机、音响、录像机等家电设备上都各有所长,但它们都具有精良的质量和高品质的外形设计。日本的照相机制造和设计也处于领先地位,虽然其品质不及德国和美国,但它们造型合理,使用方便,面向大众,价格便宜,在全球销量很大,著名的有理光、佳能、奥林帕斯等。日本的摩托车是工业设计的后起之秀,并很快打入国际市场,如铃木公司的各种铃木牌摩托车,GK公司设计的红叶牌摩托车等。日本的汽车制造和设计虽然起步远远晚于欧美,但发展很快,到六七十年代,欧美的制造商们已为大量涌入国际市场的日本汽车忧心忡忡,纷纷寻求对策,采取相应措施,但日本汽车仍以其良好的性能,低廉的价格及新颖的外型设计在国际汽车工业中占有重要席位,以至于欧美等国以增加关税阻止来自日本汽车的威胁,日本著名的汽车公司有三菱、丰田、本田等。

日本的工业设计不仅重视技术、市场,而在设计观念上还考虑与工业设计有关的种种问题,重视人们常常容易忽视的地方。凡去过日本的人,对他们在设计上的无微不至都留下了深刻印象,大到大型机械产品,小到一把裁纸刀、曲别针,他们都有独到的设计匠心,充分发挥了为人设计这一宗旨。他们关注儿童的成长,发起过为孩子进行的工业设计活动,使产品具有独特的功能和儿童喜爱的外形。日本工业设计界把家用电器设计作为生活的一部分来考虑,称工业设计为"生活的学者"。正如夏普公司设计中心主任所说:"许多成功的企业都将其战略重点从以技术为中心转为以使用者的需求为中心,这使工业设计师的作用得以重新确立,在过去只是希望设计师在产品创造中体现人的因素,而今,他们还需要对人类居住环境进行通盘考虑并设计出相应的生活方式。"

进入20世纪80年代的日本设计界更具全球眼光。1981年由日本政府、大阪地方当局、商界和企业界合作成立了日本设计基金会,其目的是组织国际设计双年大赛和大阪设计节,使日本成为国际设计新的中心和国际交流的中心。1983年举办的第一次设计竞赛吸引了53个国家共1367名参赛者。国际大奖授予了美国、瑞典、意大利和英国的著名设计公司,英国前首相撒切尔夫人因她对英国设计的重视获得了名誉奖的殊荣。这一系列活动促进了日本设计的国际化。日本设计独特的个性和民族风格也得到了国际工业设计界的确认和赞赏,日本在继欧美之后,已成为国际设计新的中心。

(7) 前苏联 前苏联自 1919 年成立了"工业艺术委员会"并开始工业设计的研究及设计实施。后于第二次世界大战时中断,在较长时期内处于停滞状态。1962 年前苏联成立了"全苏技术美学研究所"。1968 年部长会议要求把艺术设计列入工业生产的国家标准。目前,在前苏联,从大到矿山机械,小到电动剃须刀,几乎所有的产品最终都必须经过工业设计部门的审查。

(8) 中国 工业设计形成较晚,工业设计无论在理论上或实践上都很落后,解放后较长时期内不重视工业设计的理论研究及运用,产品几十年一贯制,即所谓傻、大、黑、粗。产品无竞争力,完全不能适应改革开放以来的新形式。为了尽快摆脱我国工业产品在市场竞争中"一等产品,二等造型(包装),三等价格"的被动局面,近年来,工业设计受到政府各部门的高度重视。推广和应用"工业产品造型设计"势在必行。因此,国家教委在专业设置上确立了"工业设计"专业。目前大多数高等院校都相继开设了工业设计课程或设置了工业设计专业。在我国尽管工业设计起步较晚,但却发展迅猛,目前几乎所有的工科院校都开展了这方面的科研和教学工作。机电部等有关部委还制定了行业标准推广实施。而社会上对工业设计的需求也更加迫切。特别在沿海一带经济相对发达的省份及城市,许多有远见卓识的工业企业投入了大量的资金和人力,对自身的企业及产品进行了大规模的工业设计现代化改造。

第二章 工业产品造型设计程序

第一节 产品需求与调查

一、调查对象与内容

产品设计首先是从需求开始的。不管造型设计的对象简单与否,都应该根据使用对象的要求和产品的功能、结构、工艺、造型形态及使用、维修等方面的情况,进行周密的调查。调查对象主要是用户市场和产品两方面。通常考虑的是:应设计、制造什么样的产品?该产品对社会和人们的生活会带来什么变化?是否具有物质功能和精神功能的价值?是否具有时代感?怎样做才能最大限度地达到上述要求?这不是指某一种因素的确定,而是包括社会的、经济的、技术的、艺术的诸因素的综合,要正确认识、分析诸因素的构成以及它们之间的关系。在调查的基础上,认真分析设计对象,查阅有关资料,再加上造型设计师的广博知识和经验,方能有效地设计产品。产品方面的调查内容,主要有以下几个方面。

1. 产品的实用性

任何一种工业产品,必须是具有实用价值的实物。例如,椅子是给人坐的,电视机是供人看的,空调设备是改善环境温度的,机床是加工机器零件的,它们都有各自的实用价值和目的。满足了这些目的,也就实现了产品的设计目标。所以有了设计目标和目的,就必须有针对性地选择对象进行调查,如应用的场合,已有的或类似的产品(可借鉴的)在结构、材料、功能及使用上的优缺点,市场的需求及用户反应等。

经过调查,依据有关材料进行分析综合,可以确定产品的功能及相应结构特点,在分析综合过程中,必须考虑人机工程学的内容和要求。另外,设计师还必须了解当代有关前沿学科的发展情况。例如,在确定产品结构设计时,必须了解材料的发展状况,因为新材料的应用可以开创与传统模式截然不同的新结构。此外,设计师还必须考虑产品的寿命、有无收藏价值及人们的购买能力等。

总之,调查既要有广泛性又要有针对性。调查的对象越明确,调查的内容越全面、深入,其综合结论越易达到实用性的目的,越易取得最佳的效果。

2. 产品的审美性

设计师绝不能仅仅满足于产品好用、耐用和价廉,还应在形态、色彩和风格上进行必要的艺术处理,令人赏心悦目。当然,审美性带有一定的主观性,人们的审美观也不尽相同,但在调查时应考虑大多数人公认的美。在处理这一问题时,要综合其时代性、民族性、国籍性及个性等因素,以表现出最恰当的美。

另外,工业产品造型设计不同于美术作品的创作,它具有较强的客观性,并受到实用性、技术性、经济性的制约。因此,设计师在考虑客观存在造型美的同时,可适当地进行个性创作,把审美性与实用性、技术性、经济性统一起来考虑。尤其在设计与人们生活密切相关并具有一定个性的产品或日用品时,还应考虑使用者的生理和心理因素。例如,对于装饰产品来说,其外表的美观,很可能成为功能的一个重要方面。在调查过程中,必须允分了解人的不同需求层次,使设计做到有的放矢。

3. 产品的创造性

设计师在进行产品设计时,必须有所创新。创新有两种形式:一种是属于整体结构的创新,另一种是在现有的产品范畴内作局部的创新。完全模仿别人的产品或者是同类产品的翻版,既无实际意义,也不符合造型设计的主旨。当然所谓创新也不可能与现有的东西完全不同,有些产品虽然在总体结构上类似,但在艺术造型构思方面有自己的独创,这样即使在同类产品中,也属造型新颖,也具有一定的竞争力,能够得到社会的承认或保护。造型设计切忌剽窃或伪造。

产品设计总是不断改进和完善的。同一类产品形成第一代、第二代、第三代,也是不断创新的必然,但这种不断改进或者说改型,都是通过充分调查研究以后得出的。在产品设计中,不能片面地强调独创性而设计离奇古怪的造型。有些优秀造型设计者是在平凡之中见新颖,从而赢得更多使用者的好感。一个真正具有独创性的产品,既体现它的实用性特点,又具有美观的造型。所以设计师必须深入实际,调查研究,掌握大量的素材和技术资料,为创造性设计打下坚实基础。

4. 产品的经济性

市场经济应该遵循的一条经济法则,就是以最低费用取得最佳效果。作为设计师,也必须遵守这条法则,尽可能以少的费用设计并生产出优良的产品。产品一般都是批量生产的,即使单件生产,也希望为使用者提供便宜的价格。当然,也不能一味地追求廉价而粗制滥造,那样不仅违背了产品设计的根本原则,而且产品在市场上也无竞争力。为此,必须调查市场状况、用户承受能力及类似产品的价格,进行优化设计。设计师必须通晓各种材料的性能及生产方式、方法等,在不损害造型美观和使用性能的前提下,尽量降低成本。这是市场经济规律对设计者提出的基本要求。

为了降低成本,设计师应尽量避免不必要的附加物及装饰。但是,有时为了提高其实用性和审美性而增加的费用,在使用者能承受的条件下,还是可以考虑的,这在调查中必须进行充分论证。通过对产品对象及造型设计内容的调查,积累了大量的信息和资料,便为下一步拟定方案和确定具体设计目标奠定了基础,调查是否广泛、深入和彻底,收集的资料是否完整、可靠,会直接影响产品开发的成效。

二、调查汇总与界定

根据产品造型设计内容和调查资料,就可进行汇总与界定。例如,构成产品的要求可按人的要素、机械要素和环境的要素分类,所以,工业产品设计中的问题也是由这三类因素构成的。在人的因素中包括产品使用者的要求、价值观、生活意识、生理机能等;在机械因素中包括设计对象的功能、机构、构造、形态等;在环境因素中包括产品的使用环境、社会环境(经济、市场、法规等)。

1. 分类汇总归纳

根据收集的材料与信息,按下列几个方面汇总整理:
(1) 产品的国内外发展动态及技术现状;
(2) 用户对产品的需求及价格观;
(3) 产品的结构功能特点及材料分析;
(4) 市场预测及经济分析;
(5) 制造产品的条件及使用环境;
(6) 产品的艺术造型;
(7) 生产该产品有关的法律、法规等。

2. 设计目标的设想

设计师充分利用汇总的调研资料及各种信息,运用自己的经验、知识、思维与想象力,确定设计目标,这是一个创造性的阶段。设计师运用各种表示方法,进行方案的构思,从而把设计的目标加以界定,并依此来安排下一阶段的工作。

第二节 产品开发与设计

产品的开发与设计是在充分调研和汇总的基础上进行的。在这一阶段有初步设计、完型设计和修改设计,中间要经过多次修改和评审。概括起来可按下列几个步骤进行。

一、设计构思与优选

造型设计的构思是指对产品造型产生新的创造性的想法。创造性的思维是人类所具有的最有效的生活手段。今天的物质条件,其中就包含着无数创造性构思得以实现的结果。在造型设计时,常常寄希望于未来种种的可能性,设计师可根据这些可能性寻求新的构思。人们的构思是无穷无尽的,可以是几个、十几个、上百个,从中加以优选,得出最佳方案。

1. 构思的内涵

构思是原来作为知识的某种想法向其他物品的转化。它与单纯的模仿、翻版截然不同,造型设计方案是经历反复地转化与发展得来的。

有人把观察、认识、分析、综合、组织、选择和决定称为构思方法的几种能力。在开发新产品的实践中,大都要经过这样的认识过程。在看到一种现象或新产品时,首先是认识理解它,然后以分析和批判的眼光做出肯定或否定的结论,再进一步地向前发展,表现了认识能力的应用过程。当然,也不能机械地应用上述几种能力,还要根据实际情况,凭自己的实践经验和能力来处理。这些认识能力彼此相互联系、相互补充,使人的思维想象不断深化。

在国外,有的设计师把设计方法论的构思方法归纳为理解、设想和画图三个过程的辩证统一,是符合实际工作情况的。通过严格的构思,可以获得比较理想的达到设计目标的方案。

现代工业产品造型设计的领域日益扩大,由于产品与市场有着最密切的关系,商品意识在产品设计的构思中占有重要的地位。为适应这一形势,设计师应善于学习,善于捕捉各种信息,调整和改善自己的知识结构。

2. 构思的方法

设计方法论的最终目的,是以一种正确的构思方法和工作方法进行设计,以耗费尽可能少的劳动量取得最令人满意的设计效果。构思的步骤,一般由抽象到具体,由个性到共性,由简单到复杂,由内容到形式。就产品设计的具体构思来说,考虑问题要经过由里(功能)及表(造型)、由表及里的反复过程。而在具体设计方法上,则要经过由总体(整机)到局部(零部件),再到整体的反复过程。造型设计是贯穿在整个产品设计工作的全过程中,每一阶段的设计都要与产品设计阶段的要求相吻合,两者的目的是一致的。

在实际工作中,一步就能创造出完全符合需求的产品是很少见的,常常会有某些反复和修正,常使设计有某种程度的反复循环。

国外研究设计方法论十分活跃,已经发展成为国际性活动。例如工业设计理论大师 E. Matchett 就发表了题为《造型设计的基本思考方法》,简称 FDM 构思方法。其要点如下:

(1) 思考的起点

造型设计者在遇到新的问题时,凭借自己在设计工作中的经验,列出所处理过的各种问题和方法,选择较优者作为解决问题的途径。针对问题的类型,选择适当的思考方式,然后集中精力和目标,力求问题的解决。

(2) 思考方法

设计者面临着设计中的诸多问题,可以应用下列的思考方式:

① 以纲要策略来思考。其基本要点是以三种能力来概括,即有预先决策的能力(一系列设计行动与思考方式的进行顺序),对已拟定的或已完成的设计计划有比较、分析的能力和具有拟定策略的能力。

② 从平行面来思考。造型设计师在执行设计计划时,能够客观地考虑其他设计师及同行间的设计思想和行为,并做出深入的分析、比较。从中可以看出,不是设计师的思想行为支配了他的同行,就是他受到同行的支配,关键在于思考方式的运用。这主要取决于设计师的预先决策能力,不要受到干扰而左右摇摆不定。

③ 从多角度来思考。这种思考的方法是直接集中在解决造型设计问题,而并非去发掘这些问题。确切地说,产品设计只不过是提供一种手段来完成一件事而已。例如为了解决问题,可提出下列几条思路:

需求——什么事必须要完成;

理由——为什么这件事必须要完成;

时间——在什么时候这件事必须完成;

地点——在哪里这件事必须完成;

方式——用什么方式或必须由谁来完成;

方法——这件事必须如何完成。

同样,为了完善一项设计,可对设计每一部分进行剔除、合并、标准化、修饰和简化,最后达到完善设计。

④ 以观念来思考。以观念来思考就是通过想像以图形(形象)表达,它能赋予设计师一种能力,以贯通上述思考方法与设计师脑海中的思维方式。以观念来思考的主要目的是使人了解设计意图和作用。

⑤ 发掘设计问题的思考。在设计中应用 FDM 的连贯性特点来发掘问题,并以适当的思考方式予以配合。其主要设计问题是:

研究设计问题情况;

暂时区别设计必须满足的需求;

区别和分析基本功能的要求;

探讨设计方案的选择原则,以此作为满足基本功能要求的基础;

概略地完成一项设计,使其能满足基本功能和高一级功能的要求;

检查这项设计的机能效果;

检查设计过程中所需用的材料和工作内涵;

检查各零部件的质量。

在设计中,上述的各种连贯顺序不必机械地硬性照搬,针对不同的设计和设计阶段,设计师有权取舍。为了培养设计师的观察力和想象力,使之能灵活运用各种构思方法和设计方法的技巧,设计方法论的学习与培养是十分重要和必需的。

二、设计深化与发展

造型设计深化与发展阶段,就是产品的初步设计开始。在综合设计构思以后,应进行一次评定和审查。评定的主要内容为:构思方案的可实现性、适时性、可行性及经济性。通过评定后,再进入设计深化与发展阶段。在这一阶段,设计师要尽力排除构思方案中一些不切实际的设想,找到可以满足各种条件的解决办法。有了设计方案的轮廓,在诸多构思方案中,收敛到在给定的条件下可实现的最佳方案。设计工作进程开始,面宽工作量大,随着设计的深化,范围逐渐缩小,最后得到较理想的设计方案。整个进程可以形象地表示如图2-1。

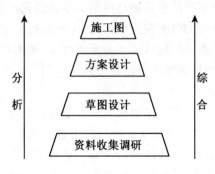

图 2-1

在此阶段,对于产品的技术、经济、形态等方面都有了初步的设计。特别是产品的技术设计和产品的形态设计应该密切结合起来。对于产品的技术经济指标、产品系统原理图、造型的初步形体方案图,甚至预想的效果图,也应明确提出,必要时可以做出方案模型。

在产品的设计中,并不是每项设计都要按上述步骤进行,有的步骤可以合并,有的可以简化或省略,但其基本内容都是需要的,而且是互相联系、互相穿插的,把构思深化转化为具体形态的手段,主要是形象草图、设计简图、示意图、效果图、工程图和模型等。造型设计的具体做法并不相同,有的具体,有的概括。如有的专家提出六步法,即收集资料、分析、展开、综合、评价及设计图。另一种是简单的三步法,即可能性探求、初步设计、详图设计。不管怎样的提法,设计的深化与发展是最基本、最重要的设计内容。在设计深化阶段,设计师的想象力最为活跃。他依靠自己的创造力,在头脑中想象着各种形象、问题和要素,以最高的要求,灵活运用头脑风暴法、检查提问法、类比法、输入输出法和形态分析等方法,将诸方案进行分析比较,最后决策选定最理想的设计方案。

在此阶段,不仅要遵循初步设计的各项要求,而且要把产品的可靠性、耐久性、宜人性、生产工艺、材料选择、外部协作及储运包装等一系列问题都要综合体现在设计图纸中。

另外,在设计深化与发展阶段,可能遇到一些新的问题,因为分析综合构思阶段的工作不可能十全十美,这是正常的,应做必要的修正与补充,直到比较理想为止。

第三节 产品展示与签定

一、产品展示的内容与方法

展示产品主要是用产品展示图与模型。设计师在产品设计中所涉及到的内容主要有三个方面,即形态(研究造型与内部结构、造型与人的关系)、技术(研究结构与实际加工的关系)和材料(选择与生产技术、使用功能相适用的材料)。在展示中,要用特殊的图形和模型全面清晰地把它们表示出来。

1. 造型设计展示图

展示图的目的是为了直观简明地表现造型设计的方案内容。深化和发展阶段,是产品设计最后决策方案的关键。按产品设计步骤的要求,一般应邀请有关专家、设计和加工制造人员,共同进行评审。它不是一份报告、几张图纸就能表达清楚的,尤其是有关产品造型设计,有许多形象化的设计,如果能采用直观、形象、细致的对比分析,对评定造型设计方案非常重要。为此,对产品造型设计方案的审定,应该用展示图的方式进行。

(1)展示图的目的与作用

展示图是用精练的文字说明,配以形象化的图片、资料,包括照片、设计简图、产品效果图、产品的总体布局与主要结构关系图等,使设计的主要内容全面清晰直观地表现出来。它的特点是能够将设计方案表达得全面、重点突出、清晰明了、形象直观、条理性强、引人注目。设计师利用展示图并配以其他结构图、模型等,十分方便而有效地把造型设计方案介绍得清楚透彻,同时,对方案的评述,也十分有针对性。所以,展示图是介绍造型设计方案和评定设计方案的一种非常有效的表现方法。

另外,展示图的绘制本身也是设计师在素质技能方面的显示。它集中了设计师的智慧和表现技能,如文字叙述的简练性、分析的条理性、观点论述的正确性等都与设计师的文化知识、经验有密切关系。

（2）展示图的基本内容

展示图包含的内容比较全面，但根据不同产品造型设计的特点，内容也不完全一样。其具有共性的主要内容如下：

① 展示图封面　展示图封面是以形象艺术手法来表现的，设计师可按一般封面设计的原则方法进行处理，构图形式可多种多样。任务与调查的主要内容为设计题目、设计要求、产品现状与需求调查（包括市场调查、用户调查、厂家调查、法规咨询、资料收集等）。

② 设计分析　产品设计方案分析包括功能分析、结构分析、工艺分析、材料分析、造型分析、宜人性分析、可靠性分析、寿命分析、使用对象分析、使用场合分析、成本分析及消费心理分析等。

③ 设计构思　设计构思包括功能构思、结构构思和造型构思。功能构思，就是根据产品的应用，利用产品创造原理与方法进行新功能的构想；结构构思，就是应用结构知识为实现功能构思找到合理的结构方案；造型构思，就是应用定量优化结构方法和造型形态变化方法，创造产品新颖、合理的造型形态。

④ 宜人性设计　针对构思方案进行人体操作和使用产品的动作分析、生理分析、舒适性分析、操作维修等的方便性分析。

除以上设计外，还有结构设计、造型设计效果图、装饰设计及造型材料与工艺选择等。总之，展示图的设计制作不受任何格式与形式的限制，不同产品表现设计方案的内容和侧重面也可以不同，尤其在表现形式上，要以获取最佳效果为目标。

2. 模型展示

展示图是以图的形式表现出来，缺乏立体感和充分的验证性。而模型则截然不同。其作用主要表现在下列三方面：

（1）把平面转化为立体模型可直观展示设计产品，进一步完善造型设计。产品造型的最后结果是立体造型，是三维空间的产品。各种设计图纸都是平面的二维空间，从二维到三维给人的感觉变化是极大的。平面造型不能完全解决对立体造型空间关系的认识，为更好地处理造型空间的关系，发现平面造型存在的问题，从而加以修改，完善设计，必须做出三维空间的立体模型。

（2）补充平面造型的不足。由于产品最终是一个立体形象，所以有许多东西在平面图纸上是很难表达清楚的。例如，结构上的凹凸与衔接、立体贯穿与线型过渡、体面的转折、色质效果等，只有通过实体模型，才能进行检验。

（3）辅助产品的加工制造。产品设计中许多参数的选定和模具制造也要借助模型。如汽车造型设计中也要通过模型的模拟试验，以得到空气动力的有关参数，供设计使用。又如航天航空飞行器及新型飞机，必须作"风洞"模型试验，以求得最佳参数。

工业产品造型设计的过程中,根据不同设计阶段的要求,可以制作各种不同用途的模型。

(1) 设计模型　设计模型用在产品造型设计的初期。它是在产品设计方案完成后,为了使形态的构思立体化,以设计草图为依据而制作的一种简单模型,可供进一步探讨、完善和改进造型构思方案使用。

对于设计模型的要求,主要是表现出产品形态结构的基本布局、比例关系和大体的线型风格。表达形式力求简单、概括,一般不要求加任何涂饰,材料最好选择易于制作且成本较低的,设计模型采用的比例大小不严格。

(2) 展示模型　在设计构思成熟、造型方案确定之后,为了使设计表现得更形象、更具有真实感而制作的在形态、色彩、质感方面与真正产品有着相同效果的模型。它为研究产品的人机关系、结构处理、制造工艺等提供实体形象。通过它可以得到产品形象的完整概念,为设计者、委托者、决策者提供评价和审定产品的实物依据。外观模型的比例要选得合适,如1:1;1:5;1:10等,制作外观模型材料可根据不同产品的情况而定。

(3) 试验模型　试验模型主要是作模拟试验用的。它是按照几何相似、结构相似和运动相似的理论制作的。其形状、比例、尺寸和材料要求均较严格,如飞机的"风洞"试验模型,舰船水池性能试验的模型。

(4) 产品样机模型　又称样品模型或生产模型。它是严格按照设计要求制造出来的实际产品样机,完全体现产品的物理性能、力学性能、使用功能、各种结构关系和功能关系。通过产品模型也可做一些必要的试验和检测,以进一步分析和完善产品的功能要求,提高产品的质量。

在制作产品模型时,要根据产品模型的用途、要求及模型本身的形状大小、结构特点来决定模型材料及制作方法。例如,设计初期构思的模型,宜选用黏土、油泥等,其原因是成本低、工艺简单、速度快,且改型容易。

对于需长期保存的,而且基本定型的产品模型,宜选用聚氯乙烯及玻璃钢等材料,虽然加工工艺较繁杂,但效果较好。

对于展示模型,宜选用石膏和塑料,用多种加工方法可获得形象逼真的效果。对于大型模型,可用木材及硬质骨架材料制作,以增加其刚度,也可以配以黏土等其他材料混做。对用于试验和检测模型,宜选用生产实际产品所用的材料。

二、产品制造加工与标准化

一个产品经过艺术造型设计、模型制作和必要的修改之后,经评审通过,即可投入产品试制。产品的种类繁多,产品不同,其制造加工过程也不同,现以机械产品为例加以说明。

1. 产品制造加工过程

(1) 把设计图纸转化为施工图(生产图)。产品设计图纸,称为白图(原图)。按国家标准规定,白图不能直接指导生产,而且也不便于保存。要将白图转化为现场施工指导图,首先把白图描成底图(一般为硫酸纸),再转化为现场施工图,统称为蓝图。简单产品的设计图可分为装配图和零件图,而复杂产品的设计图分为总装图、部件装配图、组件图及零件图。

在转化过程中,设计人员必须从产品设计图中,划分出标准件及非标准件两大类。标准件可直接由市场选购,不需另行制造加工;而非标准件又可划分出外购件或借用件。

加工制造的是既不能外购又不能借用的非标准件。下面所述的加工制造是针对非标准件而言,而标准件则需另列明细表。

(2) 零件的毛坯制造。零件的毛坯分铸造毛坯和锻造毛坯;铸件是先做木模,再翻砂铸造成型,它留有一定的加工余量,以便进行切削加工。锻件必须先在锻压车间锻造成毛坯,合格后方能进行下一步的切削加工。

(3) 制定加工工序,完成工装设计和加工。要保证零件加工质量,必须按照零件的结构特点和工艺要求,制定工序图。按加工工艺画出加工顺序、加工设备和技术要求的工序图。

(4) 按工艺要求,准备或设计制造工具、夹具和量具等,以保证每道工序零件的加工精度和测量精度。

(5) 各种零件按工序进行加工。对于切削加工的零件,一般在通用机床(车、铣、刨、磨、钻床等)上按加工图纸的技术要求进行不同工种的加工,经检验合格的成为产品。

(6) 产品的装配。产品的全部零件加工完毕并经检验部门检验合格,外购件、标准件备齐,按装配图的工艺要求和技术条件进行装配。若产品比较复杂,可先将组件、部件装配完毕,再按总装图的要求进行总装。

2. 产品标准化

标准化是一项重要的经济政策,一般产品都有其行业标准。因为标准化工作,对于保证和促进新产品的质量、合理开发新产品的品种、缩短新产品开发周期、保证产品的互换性、加强生产技术的协作配合、使用维修、降低生产的成本和提高生产率都具有十分重要的意义。标准化水平是衡量一个国家技术管理水平的尺度,也是现代化的一个重要标志。通常将标准化、通用化和系列化统称为"三化"。

标准化是指使用要求相同的产品和工程,按照统一的标准进行投产。标准化也是制定和实施技术标准的工作过程。

通用化是指在同一类型不同规格或不同类型的产品中,提高部分零件或组件彼此相互通用程度的工作。

系列化则指在同一类型产品中,根据生产和使用的技术要求,经过技术和经济分析,适当地加以归并和简化,将产品的主要参数和性能指标按照一定的规则分档,合理安排产品的品种规格以形成系列。所以,通用化和系列化均属于标准化的工作范畴。

产品的艺术造型是产品设计制造的组成部分。因此产品的标准化、通用化和系列化原则也是艺术造型必须遵循的原则。要通过艺术造型设计工作,更好地促进并体现产品"三化"的水平。由于造型设计应用了美学原则并具有艺术特性和很大的灵活性,而且随时代的发展变化对产品造型的艺术性评定也会有改变,因此造型设计中,可能出现与原有制定的标准或产品的系列化、通用化因素产生矛盾或不协调的情况,对此设计师应该通过艺术手段减弱不协调的因素,而使它达到统一和谐,尤其要通过艺术造型的手法使系列化的产品在线型风格、主体色彩、立体形态等方面形成该系列的独特风格,从外观造型方面加强和表现系列产品的内在和外在联系。

另外,在制定标准与系列时,在可能允许的情况下,不要做过于硬性和死板的规定,应留有余地,让产品艺术造型形象丰富多彩,这样有利于设计和制造出符合时代要求的新产品。总之,作为设计师,应该处理好产品艺术造型与标准化之间的关系,应该深入分析和掌握不同产品的艺术造型与"三化"间的内在联系,找出协调处理的基本规律和原则。这对于开发新产品、系列产品具有重要的意义。

产品标准化、通用化和系列化的另一形式,就是组件的模块化,如组合机床。对于造型设计者,也应该应用艺术造型的手法,把标准与造型的关系处理好。

三、产品试验与鉴定

1. **产品试验**

产品装配完毕,在出厂或投入使用前必须进行试验。一般应进行如下试验:

(1) 台架试验

台架试验是在实验室进行的。台架可设在装配车间,也可以单设。产品按装配工艺和技术条件装成后,在台架上反复进行调试运转,直至达到各项设计要求为止。此时,为了验证产品的性能,各运动件之间的磨合运转,可先在台架上进行一定时间的空负荷运行。在运行中,需用仪器、仪表测试和记录有关的数据,以说明该产品在空负荷状态下的性能指标。必要时亦可加载试验。产品一切运行正常,方可出厂。

(2) 用户使用

在通过台架上的磨合试验之后,可把产品交给用户进行现场负载使用。用户按实际工况进行操作使用,进一步考核产品的性能,这也算是一种试验。在使用期间的实际工况、时间、有无问题等,都要有所检测和记录。这样一方面为产品鉴定提供依据和证明,另一方面也进一步验证了产品的可靠性。例如,一台汽车发动机的性能检测,一方面须在试验室做台架试验,同时还必须装在汽车上连续行驶一定的公里数或小时数;一台医疗设备,除在试验室做运行、调试试验,还必须经过大医院临床规定病例的诊断证明,然后才能进行鉴定。

(3) 破坏性试验

破坏性试验主要是考核产品的可靠性及寿命。产品小批量试制阶段,有些产品必须做破坏性试验,以证明产品整体或关键零件、关键部位是否能经得起考验,从中发现薄弱环节。破坏性试验,必须在额定负载下,选择较恶劣的条件及环境长时间运行。这种试验,可以在实验室进行模拟,也可以选择在室外,直至产品发生故障或破坏为止。例如,一部新型汽车,必须进行破坏性试验。在国外有先进的实验室,在实验室内就可以用不同的速度模拟各种路况。若缺乏实验室的条件,就可到室外选择实际路况进行试验。在试验中,各段时间内的行车速度、载重量、路况等都要及时记录下来,必要时也可以录像,以便需要时再现。

2. 产品鉴定

产品经过一定时间的考核和使用之后,就可进行鉴定。

产品鉴定也是保证产品质量的重要环节。产品的质量决定于内外结构技术指标和美学功能等。不同产品的质量指标是不完全统一的。质量指标一般包括适用性、技术水平、可靠性、寿命、标准化、通用化、系列化、工艺性、经济性、艺术性和功能。

国外一些大的生产设计部门,对产品的鉴定内容、方法、步骤以及鉴定人员及组织形式等,都有严格的规定和要求。只有严格执行这种程序,才能保证产品质量。

在我国,对一般产品的鉴定程序和要求,已有了相应的规定,而从造型设计的角度来鉴定产品,尚未形成严格的规章制度。目前可按下列程序、步骤和内容要求进行鉴定:

(1) 鉴定前的准备工作

在产品鉴定以前,应该完成产品研制工作总结报告、产品技术工作报告、产品的检测、产品的试验、产品的检索(查新)、产品的用户使用报告、产品的标准化审查、产品的生产图纸及产品的经济分析等,以备主管部门及鉴定委员会审查。

(2) 向主管部门申请鉴定

将上述材料、产品任务书和申请报告书一并送上级主管部门审查批准。在报送上述材料的同时,附上鉴定委员会专家(建议推荐)的名单。

(3) 鉴定组织形式

根据产品的类别及功能结构和美学要求,聘请有关专家、学者、工程师、设计师、经济师等有关人员组成鉴定委员会。鉴定委员会应分资料审查组、产品测试组及造型审查组,以便分头进行具体工作。

(4) 鉴定的顺序与内容

整个鉴定工作由鉴定委员会执行。首先由研制设计者进行工作总结报告、产品技术报告及试验报告,尔后由有关部门介绍查新、检测、用户使用意见、标准化审查及经济性分析等。专家专项组分别对产品的全套生产图纸、提交大会审查的有关资料进行审查和分析,并写出评价结论。样机测试组根据产品的性能技术指标,到现场对样机进行测试,并给出评价结论。

(5) 鉴定结论

鉴定委员会听取三个专项组的审查和测试结论,并进行讨论、质疑,最后写出鉴定结论,包括产品功能结构特点、产品的原理、产品的外观及其所达到的国内外的技术水平。

第三章 工业产品造型设计的原理

第一节 系统化原理

一、系统化设计的理念

现代工业产品的系统化设计是把产品的开发设计、生产制造、市场销售三个方面作为一个统一的整体考虑,并运用系统工程的方法进行系统分析和系统综合,从而使产品的设计工作更有效、更合理地推进和展开。

传统的分析方法往往把事物(设计任务或产品系统)分解为许多独立的、互不相干的部分分别进行研究。由于是孤立、静止地分析问题,结论往往是有局限性的。系统工程的方法是从整体系统出发,在分析各组成部分之间的有机联系及系统与外界环境关系的基础上,通过综合评价,寻求解决问题的最佳方案。因此,它是一种比较全面的、科学的研究方法。

随着现代工业的不断发展,工业产品的开发设计与其生产体系、社会环境均有密切的关系。在产品设计过程中所涉及的生产设备、技术、材料及工艺等问题日趋增多;在产品功能和形态多样性的要求下,专业分工也日趋复杂;同时产品在市场上的需求趋势也随着人们生活水平的提高而不断变化。因此,针对众多的相关因素,运用系统分析和系统综合的方法,在产品定向开发的目标确定及产品定位设计的具体方案选择上,就可以做出较为客观的和正确的判断。

1. 产品定向开发

任何一件新产品的定向开发都要根据市场需求、社会环境的状况及企业本身的财力、物力、人力和技术条件确定。同时,产品开发又是一个专业群体的工作,绝非少数人或一个部门能够完成的,而是需要各部门(调查、管理、设计、生产、决策、销售等)协同工作。因此,围绕产品开发所做的各项工作及其相互间的关系都要做系统的计划和安排。只有在明确开发目标、开发条件、开发要求及工作关系的基础上,才能防止设计中的差错和片面性,避免人力、物力和时间的浪费。

2. 产品定位设计

当产品设计的目标确定之后,就要由设计部门根据各种资料进行产品的定位设计,亦即实施具体设计。在此阶段,工作的重点是对与产品有关的各种因素做详细分析,包括对产品结构、生产技术进行综合研究,以探求实现产品的最佳方案。

如果把产品作为一个系统对待,则该系统的因素包括功能、结构、材料、工艺、形态、色彩、表面装饰以及使用、维修、运输和环境影响等。这些因素互有联系、错综复杂,必须通过系统性的分析研究和综合优化,才能设计出符合人们需要和具有市场竞争力的产品。

二、系统化设计目标的确定

在开发一种新产品之前,先要进行需求分析、市场预测、可行性分析,确定设计参数和制约条件,最后作出详细的设计要求表,作为设计、评价和决策的依据。

1. 需求识别

任何产品的开发都是从某种需求的识别开始的。这种需求可能由用户提出,也可能由设计、经营人员分析得出。

认识一种需求的本身就是一个创造过程。需求识别是从社会,技术发展的实际出发,寻求所要解决的问题。因此,只有深入细致地观察社会、观察生活,只有不满足现状,才会感到有问题,才会去探索。

要注意发现潜在需求。许多知名的设计师都是在社会大多数人还没有意识到某种需求之前,就已经认识到了这种需求。在社会对电灯有明显需求之前,爱迪生研制电灯的工作已经进行了很长时间。日本近年来高级公寓渐增,但大多数缺少阳台,不便晾晒棉被,而高龄老人总希望棉被经常保持松软舒适。棉被烘干机的出现适应了这一潜在需求而获得畅销,其实它的构造与吹风机差不多。所以问题常常不是解决技术上的难题,而是产生新的构思。

要善于抓住问题的实质。为了把衣物洗干净,设计师设计了洗衣机。然而他们没停留在用洗衣粉洗净衣物这一表面形式上,而是抓住"使脏物脱离衣物"这一实质,才进而设计了真空洗衣机、超声波洗衣机及电磁洗衣机等。

所以新产品开发中最困难的不一定是科学技术问题,而是首先确定需要开发什么样的产品。

2. 调查研究

为了使产品开发与设计有充分的客观依据,必须进行调查研究,掌握可靠的信息。只有全面科学的调查研究,才是正确决策的前提和基础。

调查应包括以下内容:

(1) 市场调查

包括市场的现实需求、潜在需求及发展趋势,产品的销售对象及可能销售量,用户对产品的功能、用途、形态、色彩、使用维护、包装及价格等方面的要求,与之相竞争产品的种类、优缺点和市场占有情况,竞争企业的生产经营实力和状况等。

(2) 技术调查

包括实用科技成果、新材料、新工艺、新技术状况,专利情报、行业技术、经济情报,有关技术标准与法规,与之相竞争产品的技术特点分析,竞争企业的新产品开发动向等。

(3) 社会调查

面向企业生产的社会环境及目标市场所处的社会环境,包括有关技术经济政策(如产业发展政策、环境保护政策及安全法规等),产品的种类、规模及分布,社会风俗习惯、消费水平、消费心理、购买能力等。

通过综合调查,明确要设计的产品总的发展趋势,本企业在国内外同行业中的位置,从而作出决策。

3. 设计要求

在调查研究的基础上,提出产品开发的可行性报告,一般包括以下内容:

(1) 产品开发的必要性,开发产品的种类、寿命周期、技术水平、经济效益和社会效益分析,销售对象、销售情况预测。

(2) 用户对产品功能、用途、性能、形态、色彩、价格、使用维护等方面的要求,有关产品的国内外水平、发展趋势。

(3) 为了开发此产品需解决的设计、制造工艺、产品质量等方面的关键技术问题。

(4) 投资费用、开发进度及经济效益的估计和预算。

(5) 现有条件下开发的可能性及准备采取的有关措施。

经过可行性分析后,对准备进行开发的产品提出合理的设计要求和设计参数,并列成设计要求表。表中各项要求应尽可能数量化,并根据各项要求的重要程度分为必达要求、基本要求和附加要求。设计要求的参考项目和内容见表3-1。

表 3-1　　　　　　　　　　设计要求表的项目内容

功能	使用功能	人机环境协调：显示、操纵、控制、安全、环境要求、噪声、调整、维修、配换、使用的合理性	
	技术功能	运动参数：	运动形式、方向、速度
		动力参数：	功率、效率、作用力大小、方向、载荷性质
		性能参数：	寿命、可靠度、有效度、精度
	精神功能	形态、色彩、装饰、包装、环境效应、展示效果	
加工制造		材料要求：	材料选择、材料限制
		工艺要求：	加工工艺、检验条件及限制
		装配要求：	装配技术要求、地基及安装现场要求
经济性		尺　　寸：	（长、宽、高）、体积、重量要求及限制
		成　　本：	理想成本、最高允许成本
		生产率：	
期　限		设计完成日期、研制完成日期、供货日期	

三、系统化设计方案的选择

1. 产品设计系统

设计人员所设计的产品是以一定技术手段实现社会特定需求的人造系统。它是人—机—环境大系统中的一个子系统，也称为产品设计系统。与产品密切相关的、并给产品设计以一定约束的人的因素和环境条件因素称为产品设计系统的约束条件。

人的因素约束包括人的生理和心理要求，如协调的人机关系、安全性、可靠性、通用性及审美性等。

环境因素的约束包括技术条件、生产条件、经济条件、市场趋势、设计进度等。

产品设计系统是一种信息处理系统，输入的是设计要求和约束条件。设计师运用一定的知识和方法通过具体的设计手段，最后输出的是方案、图纸、文件等设计结果，如图 3-1 所示。随着信息和反馈信息的增加，通过设计师的合理处理，将使设计结果更加完善。

建立产品设计系统的目的是把一定的输入量转化为满足需求、符合特定目的的输出量。在完成输入到输出的转化过程中，系统所具有的工作能力和转化特性称为系统的功能。如电动机的功能是把电能转变为机械能，洗衣机的主要

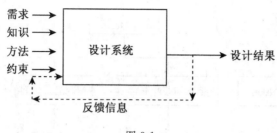

图 3-1

功能是把脏物洗干净。

产品设计系统的功能是依靠产品的工作原理、内部结构及相关的形态等因素实现的。产品的系统性设计不同于传统设计。它不是先从产品结构着手,而是以系统的功能出发,进行功能分析,抓住问题的本质,进而扩大实现产品功能的多种方案的范围。这就极大地提高了多方案选择和优化的可比性,从而获得新颖和较高水平的设计方案。

2. 功能分解

产品系统是由互相联系的不同层次的诸要素组成的。为了更好地寻求实现系统功能,可以将系统的总功能分解为比较简单的分功能。同时,为了使输入量和输出量的关系更为明确,转换所需的手段更为单一,一般分解到能直接找到解法的分功能(常称功能元)为止。通常按照解决问题的因果关系来分析分功能。例如对平口虎钳功能的分解:为了"夹紧工件",必须"施加压力",前者是实现的功能,后者就是必须的手段。如果沿着这样的思路继续分解,实现加压的方式又有多种,如液体加压、气体加压、螺旋加压等。这样把系统的功能和实现手段层层展开,就可以使产品系统更清晰明了,从而获得多种解答方案。

功能分解常用功能树的形式来表达。图 3-2 所示为自动泡茶器的功能树。

功能分解不仅是问题求解的手段,而且是获得认识事物的方法。许多工业产品只有在认清其分功能和求解手段之后,才能对其进行本质上的改造。如在螺纹连接中,其主要功能是连接,而实际上,它可以分解成三个分功能,即定位、夹紧和保持。把分功能分离开,具体分析,寻求实现分功能的各种手段,就可以分别设计出许多不同结构、不同形态的连接系列产品。

3. 分功能求解

分功能求解是在功能分解及最终确定分功能的基础上,进一步寻求实现分功能的基本手段、工作原理及其结构形式。

就设计师而言,分功能的求解过程是其对广泛科学技术知识的掌握能力与设计实践经验的综合体现。尤其在现代工业社会里要成功地开发一种产品,设计师不仅要掌握广泛的科学技术知识和具有一定的设计经验,同时还要具有及

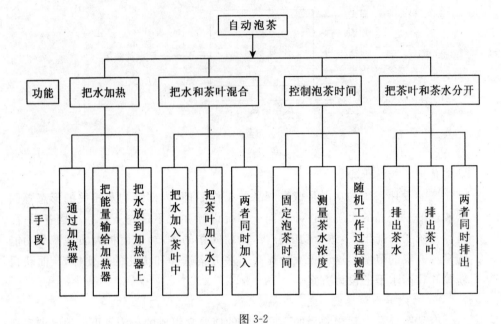

图 3-2

时地把现代科学技术成果向实用产品转化的能力,要掌握现代设计领域中的许多新理论和新方法。只有具备了扎实的设计基础和创造性的开发能力,在具体的设计中思路才会更广阔,求解方案才会更合理。

4. 方案综合与优化

方案综合与优化就是将系统中的各分功能进行合理组合,以得到多个方案,然后从中寻求最优秀的整体方案。

设计者可以将分功能(功能元)与分功能解列成矩阵形式,如表 3-2。表中第一列 A、B、…、N 为分功能,对应每个分功能的行是分功能的解,如 A_1、A_2、A_3、…、A_i。在每一分功能解中挑选一个,经过组合就可以形成一个包括全部分功能的系统方案。从理论上讲,可以组成系统方案的数量为各行解法个数的连乘积。

表 3-2　　　　　　　　　　系统方案矩阵

分功能	分功能可能的解法						
	1	2	3	…	i	j	k
A	A_1	A_2	A_3	…	A_i		
B	B_1	B_2	B_3	…	…	B_j	

续表

分功能	分功能可能的解法						
	1	2	3	...	i	j	k
...							
N	N_1	N_2	N_3	...			N_k

表3-3为一个液墨书写器的系统方案矩阵。这个矩阵的分功能解可以形成36(3×4×3)个系统方案。如：A_1—B_1—C_1，A_2—B_2—C_2，…。其中 A_3—B_3—C_3 为一种新型签字笔。

系统方案矩阵所产生的方案数目过大，难以进行评选。因此，要先剔除一部分不合理的方案，其中包括分功能解之间不相容的方案。如表3-3中的圆珠粘性墨 C_2 与毛细作用 B_2 是不相容的，因为粘滞力阻碍毛细作用。此外如 A_1—B_4—C_2 也是不相容的。对有关的设计要求、约束条件等不能满足的方案应去掉，如成本偏高、效率低、污染严重、不安全、加工困难、不适用等等。

表3-3　　　　　　　液墨书写器的系统方案矩阵

设计参数		可能的解法			
		1	2	3	4
A	墨库	刚性管	可折叠的笔	纤维物质	—
B	装填机构	部分真空	毛细作用	可更换的储液器	把墨注入储液器
C	笔尖墨液输出	裂缝笔尖毛细供液	圆珠——粘性墨	纤维物质的笔尖毛细供液	—

这样，通过筛选、优化，选择出较佳的少数几个方案供评价决策使用，以便确定出1~2个方案作为进一步设计的方案。

目前，产品的系统化设计方法已成为产品设计的有力工具，对提高产品的设计水平有重要作用。

第二节　人性化原理

一、人性化设计理念

产品的人性化设计是现代工业设计的大趋势。因为任何工业产品都是为人设计的,都是供人们使用的。产品的优劣最终是由产品与人之间的协调关系及协调程度来评定的。

在工业化发展的漫长时期内,人们曾忽略了在产品"物"的形态里还包含与人的生理、心理密切相关的多种因素,致使许多工业产品在设计中出现了种种不利于人的弊端,不久便被淘汰。于是致力于改善这种状况的人性化设计,伴随着人机工程学和设计美学的发展而成为当今最重要的设计观念。

人性化设计的理念在现代工业史上具有重要意义,它完成了从"人要适应机器和产品"到"机器和产品要适应人"的历史性转变。人性化设计以人为设计的中心,对工业机械或产品从使用、操作、安全、可靠、环境、心理感受等方面进行整体考虑和构思,并对人的生理、心理因素做科学的定性与定量分析和研究,从而提出人与产品、机器协调设计的理论依据。

美学和人机工程学是两门不同的学科,但在具体的产品设计中,又是紧密联系、相互交叉的。从一定意义上讲,它们的目的是相同的,那就是创造使用方便和舒适的产品。"使用方便"是就功能而言,而"舒适"则包含着审美因素,然而无论是"方便"还是"舒适",都是人的主观感受,是人对产品和机器的感性要求。这种感性要求虽然是表层的,但是给人在生理和心理上的影响,却是至关重要的。

同时,一切工业产品都是实用品,人在使用过程中不仅仅要求使用方便和舒适,还要求产品能发挥正常功能,且性能稳定、安全可靠、对环境有利。这是人对产品和机器的深层次要求,是理性的要求。

人性化设计的理念就是要把人的感性要求和理性要求融合到产品设计中去,使产品的功能和形态、结构和外观、材料工艺等众多因素都能充分适应人的要求,达到产品与人的完美协调。

二、人的需求

产品来自人的需求。各种不同的需求构成了产品设计的动力。人的需求包括生理的、心理的和智能的。

1. 生理需求

生理需求是人们生活、生产、劳动、工作当中必要的需求,不能满足这种需求,就会带来困难以致无法生活和工作。如生活中必需的厨具、餐饮具、灯具、家具等;工作中的各种工具、机器、设备等,这些产品都是为满足人的基本生理需求制造的,都是人类本身系统的再延伸。人们必须借助这些产品弥补自身的缺陷,完成不便完成的工作。如电话机是听觉能力的再延伸,自行车是人行走能力的再延伸等。

从人机工程学的角度出发,具有显示特性的机器设备或产品的设计,首先要满足人的视觉生理特性;具有操纵控制特性的机器设备和产品的设计,就要满足人的肢体运动及施力的生理条件。所以对于显示器的形式和布局,控制器的操纵力、运动行程、手柄形状、按钮大小等等,都要根据人的需求进行设计。

2. 心理需求

心理需求包括不同的审美意识所表现出来的所有审美需求,不同地位、不同层次的人所表现出来的自我实现的需求等。心理需求主要是满足人的精神、情绪及感知上的需求。它是在满足人的生理的基本需求基础上的更高一层的需求。如对某一产品而言,可以使用,可以完成需要做的工作,这就满足了基本生理需求。如果该产品不仅能用,而且好用,使人感到极大的舒适和方便,同时又美观、漂亮、豪华,能体现使用者的文化修养、社会地位和层次,那么它又满足了人的心理需求。

人的心理需求随着社会文化、国家经济及生活水平的不断提高而向着内容更广泛、层次更高级的方向发展。因此,人的心理需求在现代工业产品设计中的地位越来越重要。

3. 智能需求

智能需求是一种无形的,但对人却有重要意义的需求。它主要指信息、知识、理论、方法、技术等。这些也都是人类生活必需的内容。

以计算机为标志的高科技的出现,使人类历史上第一次出现脑力与智力解放的可能。现代高新技术的发展使人类对客观世界的认识和改造得以迅猛发展。只有掌握了先进的科学技术知识,人类才能实现为自己创造更合理的生存方式的意愿。随着人们物质与精神需求的增长,对科学技术知识的需求也显得日益突出和重要了。

三、产品的适用性

产品的适用性是从人机关系的角度研究产品和机器设备与人之间最适宜的相互作用的方式和方法,从而确定产品和机器设备最合理的使用方式。合理的使用方式是衡量产品功能与形式的主要标准。成功的设计产品会使人感到好用、适用、安全、可靠,会赢得市场,给企业带来效益;反之,产品将被淘汰。产品的合理使用方式要合乎自然与客观规律,要与人的生理、心理机能相协调。如便于使用、清洗的玻璃杯;使用方便、省力的各种工具;舒适的座椅;便于操纵的各种机器设备的控制器等。只有认真研究和解决产品与人相关的各种功能的最优化,才能使人更方便、准确、迅速、有效地使用产品。产品的合理使用方式作为人性化原理的重要内容,已成为现代工业产品设计的重要组成部分。其一般设计原则有以下几个方面:

1. 与身体尺度有关的设计

(1) 产品直接作用于人体的部分或部件的形式和尺度,应与人体的生理特点和尺度相协调。如人手直接拿、握的各种工具手柄、按钮的形状和尺度,应适合于人手的解剖生理要求。再如汽车方向盘的直径、自行车车把的宽窄,都应使人在扶、握过程中感到舒适、方便。座椅的设计要合乎人体腰椎的生理曲线等。

(2) 机器和设备中供人操作、控制的部分,应根据人体尺度设计其高度。如各种机床的操纵装置应配置在人手可及和姿势自然的位置上。要根据不同的工作姿势设计工作高度。桌、椅、家具的设计高度都要以人的身体尺度为依据。

(3) 工作空间要适合人体活动范围。特别是头、臂、手、腿和脚的活动应该有足够的空间。如汽车驾驶室的空间大小要适宜,要让司机的各种操作都感到舒适方便。

2. 与人的肌力、体力相关的设计

(1) 产品和机器设备的操纵力应在人生理用力的范围内,力的大小要适宜。如,家用暖水瓶盛水量的多少应选在适合人提起、搬动的用力范围;机器和设备的手柄、操纵杆的操纵力应与操作者的体力相适应,但是操纵力也不应太小,不然将使人操作的反馈信息减弱,也不利于操作,如按键的弹性力过小,使人不容易感知,则会引起误操作。

(2) 工作时的身体动作应自然,身体姿势与力的作用相协调,动作幅度、强度、速度和节奏要相互协调,避免机器设备给人带来过度的肌肉紧张和疲劳。

3. 与视觉有关的设计

(1) 机器设备中的显示装置、控制仪表等与人观察有关的设计应满足人的视觉特性。如与视觉分辨率有关的清晰度的设计,与色视觉有关的色彩设计,与视野、视距有关的布局设计等,都应有利于人能清晰、迅速、可靠地获得各种显示信息。

(2) 机器设备显示信息的变化频率、变化方向应与控制信息的变化频率和方向一致,这种协调性可以使人较为方便地观察和操纵,减少差错。

(3) 机器设备的色彩设计,要和机器设备本身的功能、使用环境相统一。如高温车间的设备不宜使用暖色调,使用冷色调就会使人感到舒适;重点部位、警示部位的颜色要醒目,利于辨认。由于色彩能使人联想而产生感觉,对于大型设备,上部用浅色,下部用深色,则可以增强设备的稳定感。此外,机器设备的合理配色还可以增强机器设备的美感,使人感到舒服。

(4) 环境照明应为人提供最佳的视觉感受。如亮度、颜色、光的分布等都要适宜肉眼的观察,不应有眩光和不合理的反射。

4. 与产品结构功能有关的设计

一般来说,产品的用途决定产品的物质功能,而产品的物质功能又决定产品形式。因此产品的功能设计应该体现出功能的科学性、先进性、操作的合理性及

使用的可靠性,这主要应包括以下几个方面:

(1) 适当的功能范围

现代产品发展方向逐步趋向于多功能、自动化,这同时也导致了产品的结构复杂,因而也使得产品设计复杂、制造困难、维修不便,同时,也提高了产品的制造成本。因此,在进行产品的设计时,必须对产品进行全面的分析,使其功能适当且完善,或将产品做系列化处理。值得一提的是,现代工业产品在进行功能设计时常采用仿生原理。我们知道,生物体是大自然造就的最合理的结构与形式,是自然选择的结果,是生物体本身对技术所作的最理想的解答。例如,拱形建筑物就是模仿了蛋壳的受力原理;雷达则是蝙蝠的声纳探测原理的具体应用。

(2) 优良的工作性能

工作性能包括产品的机械性能(如:强度、刚度、稳定性等)、物理性能(如:导电性、导热性等)、化学性能(如:腐蚀性、稳定性等),以及准确、牢固、耐久、高速、安全等各方面所能达到的程度。工业产品的工作性能一般较易为人所重视,因为它直接显示产品的内在质量。必须指出的是,工业产品的造型设计亦应与工业产品的工作性能相适应,比如,对于高精度、性能优良的产品,其外观应让人感到精密。如录像机、照相机等。

(3) 科学的使用功能

工业产品的物质功能只有通过人的使用才能体现。现代产品的高速、精密、高效等性能,在一定程度上导致了操作者精神和体力负担的加重,这就要求设计师在设计时必须考虑产品形态对人的生理、心理的影响。即操作时的舒适、安全、省力和高效已成为产品结构和造型设计是否科学和合理的标志。具体地讲,产品的适用性要求造型设计者在产品的结构功能设计时注意以下几方面的协调。

① 物与物的协调

物与物的协调首先是产品各零部件的形状、大小彼此之间配合的关系应该相互协调。这主要可通过工程技术设计来解决。其次是产品中各零部件间的和谐关系,使产品在外观上呈现出整体的统一、简洁、和谐。这主要由工业造型设计来完成。例如,在减速器设计中,其齿轮、轴以及箱体空间,通过合理的调整传动比,可使减速器体积减小。

② 人与物的协调

人与物的协调包括:身与物的协调,即产品造型设计应符合人机工程学的要求,使人在使用时感到轻便省力、舒适、安全。如:工作台的高度规定为1 060mm,就是根据人体工程学的原理而确定的。同样,桌椅高度、操作空间等都应具有合理的尺度。其次还包括心与物的协调,即产品造型设计对人的心理作用,使产品所产生的心理效应与产品的功能相协调,同时给人以美感、安全感、舒适感。在处理心与物的协调时,应注意区别不同的人对造型提出的不同要求。一般来说,使用对象不同,造型设计亦应有所区别。

③ 物与环境的协调

物与环境的协调是指工业产品与空间环境的协调关系。产品的使用环境是造型设计的考虑因素之一,在不同的环境中,产品应具有一定的差异造型,造型必须与具体环境中的气氛相协调。使人产生有利于工作、生产和生活的心理反应。如:会议室、图书馆、常采用灰色调的室内空间,使人感到安静沉着。对于固定不动的产品,应考虑与周围环境设备在"形、色、质"等方面的协调。而经常移动的产品,应考虑使产品在移动时具有相对的稳定性。如汽车、火车的水平矩形车身,给人以稳定的感觉;水平流线型装饰,又能给人以速度感。

第三节 可靠性原理

在规定条件下和规定时间内,产品完成规定功能的能力称为可靠性。产品的可靠性是衡量人们信赖和接受产品与否的基本标准。没有可靠性或可靠性过低的工业产品使用中因容易失效而经常出现故障,甚至带来不安全因素。因此,产品的可靠性及其可靠性设计与人机工程学一样,是现代工业产品设计中的重要环节之一。

1. 可靠性指标及其量值

(1) 可靠度

产品在规定条件下和规定时间内完成规定功能的概率定义为产品的可靠度 $R(t)$;失效的概率定义为产品的不可靠度 $F(t)$。它们都是时间的函数。可靠度与不可靠度为互逆事件,因此由概率定义得出:

$$R(t) + F(t) = 1$$

或

$$R(t) = 1 - F(t)$$

通常 $R(t) > 0.90$ 为可靠度的取值域。

(2) 失效率

它是指工作到某时刻尚未失效的产品在该时刻后单位时间内发生失效的概率,用 $\lambda(t)$ 表示。失效率的观测值为在某时刻后单位时间失效的产品数与工作到该时刻尚未失效的产品数之比。

(3) 平均无故障工作时间 MTBF

指对于可以修复的一个或多个产品在它使用寿命期内的某个观察期间、累计工作时间与故障次数之比。

(4) 有效度

指在某个观察期内,产品能工作的时间对能工作时间与不能工作时间之和的比,表示为:

$$A(t) = \frac{U}{U+D}$$

式中:$A(t)$——有效度;

　　U——产品能工作时间;

　　D——产品不能工作时间。

以上是可靠性的部分主要指标。这些指标从不同侧面反映了可靠性的水平。产品的可靠性指标必须根据产品的设计和使用要求确定。不同的产品可以选择不同的指标来度量其可靠性。例如,工程机械常采用有效度作为可靠性指标;数控系统经常采用 $MTBF$;汽车可以采用可靠度、$MTBF$ 或里程数作为可靠性指标。

选择产品可靠性指标后,必须确定这些指标的量值。量值定得过低,则不能满足使用要求,甚至完全失去使用价值,有的还会造成严重后果。如果指标的量值定得过高,从使用角度来讲虽然有利,但会造成额外的经济损失,延长工程周期。因此,科学地、合理地确定产品可靠性指标,对提高产品的可靠性具有十分重要的意义。通常可以采用参照同类产品的可靠性指标确定。如:对于工程机械,通常规定其有效度 $A(t) = 0.90$,机床数控系统一般可取 $MTBF = 3\,000h$;又如汽车通常规定公里数为目标量值,底盘为 $12 \times 10^4 km$,传动系为 $8.5 \times 10^4 km$,电气系统为 $5 \times 10^4 km$,附件为 $3 \times 10^4 km$。另外还可以由可靠性分析模型和可靠性预测方案预测产品的可靠性指标,再由预测值确定产品可靠性指标的量值。

2. 提高产品可靠性

产品不可靠是由于使用过程中产品失效引起的。一件具体产品是由各种零件和部件组成的,零部件失效会引起整个系统失效。但是,在组成产品的零部件的失效当中有主要的、致命的失效和次要的非致命的失效之分。产品的可靠性与产品零部件可靠性之间存在着定量关系。零部件可靠性是产品可靠性的基础。根据各零部件的重要程度把产品的可靠性合理地分配到各零部件上,通过保证零部件的可靠性,就可以保证产品的可靠性。这里值得注意的是:产品系统的可靠性水平取决于可靠性最低的关键环节,只有在关键环节上进行改进才能收效。如果盲目地去提高某些可靠性本来就富余的环节,不仅毫无意义,而且是一种浪费。

产品系统与其组成零部件环节之间的关系可以用系统的可靠性框图表示,这样便于我们分析和研究,从而寻求提高产品系统可靠性的途径。

(1) 串联系统

如果组成系统的所有单元中有一个单元失效,就会导致整个系统失效,该系统即为串联系统,其可靠性框图如图3-3所示。

串联系统是普通工业产品常用的一种系统形式,如齿轮减速器是由齿轮、轴、键、轴承、箱体、螺栓、螺母等零件组成。从功能关系来看,当其中任意一个零件失效,都会使减速器不能正常工作。

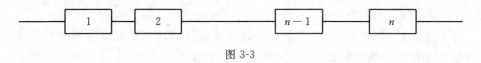

图 3-3

要使串联系统正常工作,必须是组成该系统的所有单元都能正常工作。设各单元的可靠度分别为 $R_1、R_2、\cdots、R_n$。如果各单元的失效互相独立,由 n 个单元组成的串联系统的可靠度则可根据概率的乘法定理按下式计算:

$$R_s = R_1 \cdot R_2 \cdot \cdots \cdot R_n = \prod_{i=1}^{n} R_i$$

由此可见,串联系统的可靠度 R_s 与串联单元的数量 n 及其每个单元的可靠度 R_i 有关。

由于 $0 \leqslant R_i \leqslant 1$,所以,$R_s$ 随单元数的增加而降低。系统的可靠度总是小于系统中任一单元的可靠度。因此,在串联系统中不应有特别薄弱的环节,应尽可能由等可靠度的单元组成,并简化设计,减少系统的零件数,这样有助于提高系统的可靠度。

(2) 并联系统

只有在构成系统的单元全部失效后,整个系统才不能工作,这种系统称为并联系统。该系统具有多个重复单元,只要有一个单元不失效,就能维持整个系统工作,所以也称为工作冗余系统,其可靠性框图如图3-4所示。

并联系统常用于较为重要的产品系统。如飞机的发动机系统有4台发动机,只要其中2台能够正常工作即可保证正常飞行,因此装4台发动机比装2台发动机有更高的可靠性。

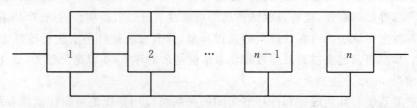

图 3-4

由 n 个单元组成的并联系统的不可靠度，可根据概率乘法定理按下式计算：

$$F_s = (1-R_1) \cdot (1-R_2) \cdot \cdots \cdot (1-R_n) = \prod_{i=1}^{n}(1-R_i)$$

所以并联系统的可靠度为：

$$R_s = 1 - F_s = 1 - \prod_{i=1}^{n}(1-R_i)$$

由于$(1-R_s)$为小于1的数值，所以并联系统的可靠度总是大于系统中任一单元的可靠度，并列单元越多，系统可靠度越大。

除以上串联和并联系统之外，还有旁联、混联等多种工作冗余系统。它们也都是根据不同的设计要求和使用要求而设计的。

为了提高系统的可靠性，应首先考虑的方法是简化设计，即在保证实现产品功能的前提下，尽量减少零部件的数量；努力提高零部件的可靠度，即在零部件的设计、制造、检验等过程中确保质量；降额使用，即在使用产品时使产品的工作功率、速度等低于额定值。当采取上述方法仍不能满足要求时，采用冗余系统是提高系统可靠度的有效方法。但同时也会使系统变得更加复杂，提高成本和维护费用，需要维修的可能性增大。因此，采用冗余系统时，一定要综合考虑，合理使用。具有一定可靠性的产品，不仅可提高产品的性能和使用寿命，同时也增强了产品的实用性，这在使用过程中对人的安全具有重要意义。

第四节 美学原理

按照美学原理和艺术造型设计的规律塑造产品，使之具有新颖、美观、精致的外观形象，是现代工业产品设计的主要特征之一。美的造型形态可以美化人们的生活、生产环境，陶冶人们的情操。它是实现产品合理使用方式的具体表现形式，因而可进一步满足人的生理、心理需求。此外，美的造型形态还可以提高产品的附加值，促进销售，为企业增加效益。

造型美的规律是人类在长期社会实践及对美的创造活动中，以人的心理、生理及精神需求为基础，不断探索、归纳、总结出来的，它随着时代的演变、科学技术的发展及社会文化、艺术和文明的发展而不断发展和创新。

美学原理在产品设计中的运用，必须结合产品本身的功能特点和使用要求，充分考虑产品生产制造过程中的可行性、经济性，才能创造出既有实用价值又有美学价值的现代工业产品。

工业产品的造型美，是产品整体体现出来的全部美感的综合。它主要包括产品的形式美、结构美、工艺美、材质美及产品体现出的强烈的时代感和浓郁的民族风格。造型美与形式美不同，它不仅包括形式美，而且把形式美的感觉因素、心理因素建立在功能、构造、材料及其加工生产技术等物质基础上。这里我们应避免把造型美与形式美混淆。不能把工业造型设计理解为产品的装潢设计（或工艺美术设计）。正确理解工业造型设计的含义，既反对不讲功能不计成本的纯形式主义，又反对功能好、成本低就是美的纯功能主义。美是一种综合、流动、相对的概念。因而产品的造型美也就没有统一、绝对的标准。但一般讨论造型美主要从以下几方面展开。

1. 形式美

形式美（外观美）是造型美的重要组成部分，是产品视觉形态的外在属性。影响形式美的主要因素有形态构成、色彩构成和材料（材质、肌理）构成。

(1) 形态构成

形态构成是形式美的首要条件，在各种造型艺术中形态结构基本上可分为三大类，即摹仿、写实的形态结构；变形、写意的形态结构和抽象的形态结构。摹仿、写实的形态结构是依据客观对象经过选择而再现。强调作品的形似。变形、写意的形态结构则是从自然形态中，经过概括等加工手法演变而来，减弱了视觉形象的具体性和精确性，增强摄取对象神似的基本特征。而抽象的形态结构是依靠点、线、面等造型要素，强调它们在空间的组合、排列成形体的特征，具有抽象、简洁、和谐、智慧的特性。

其中抽象的形态构成较适合于表达功能复杂、科技性强的现代工业产品，也符合现代社会人们的审美观念，是现代工业产品造型的基本形态。

(2) 色彩构成

色彩能使人产生各种感受，这些感受大致可分两类，即功能性的感受和感情性的感受。功能性的感受是人对色彩的生理性反应。包括人对色彩的轻重、软硬、冷暖、进退等的感觉，它们是人类在长期的生活经验中形成，并带有自然遗传的共性感觉。例如：人们看到红色会感到温暖，看到蓝色会感到凉爽。而感情性的感受则与人们的联想有关。应该指出的是由于联想有具体联想与抽象联想以及各种因素造成的各人之间联想的差异性，就使得这种感情性的感受丰富多彩。

色彩的选择与配置是一个既深又广的课题，它包括色彩基本理论，配色规律，视觉对各种色彩反映所产生的生理、心理感受等。

(3) 材料构成（肌理）

材质恰如其分的运用，能充分体现出材质与产品功能的协调。新材料的合理运用，可以改善产品结构，从而改变整个产品的造型。如尼龙齿轮的运用，由于省去了润滑及密封，使得许多传动机构变得简洁、紧凑。又如，大面积弯曲玻璃的运用，使得汽车造型更加简练，视线更加开阔。新工艺的运用，如：喷丸、发蓝、滚花、抛光、电镀、精细切削、皮纹等，有时更能体现出材料的质感和肌理美。因此，产品设计应注意新材料的合理运用和材料的制造工艺。

2. 时代性

人们的审美情趣，随着时代的发展而改变。同时，也随着科学技术、文化水平的提高而前进。因此，造型设计师无论在产品形态上，还是在色彩设计、材料质地的应用上，都应使产品体现出强烈的时代感。

3. 社会性

设计师还必须注意到，社会上各种人群的要求爱好是不一样的。如：不同的性别、年龄、职业、收入、地位、风俗等因素，都会产生不同的审美观。

4. 民族风格

世界上每一个民族都由于各自的政治、经济、科学、地理及民族气质等因素，在历史上逐渐形成每个民族所特有的风格。工业设计涉及造型艺术，因而也能体现一定的民族风格。如汽车的造型设计就充分地体现了不同民族的设计风格。

工业产品的美是通过抽象的形式来表现的，民族风格应以较为含蓄的表现方式体现于产品造型之中，切忌硬贴。

5. 形态的知觉与心理

一方面由于人的形态视觉存在着大小、角度、对比、运动、分割、反转等错觉和透视变形，使得形态的客观存在与人的主观感受不完全一致，产生判断错误，导致主客观不一致而产生错视。因此，设计者必须掌握视觉的规律。另一方面，不同的心理状态会产生不同的心理法则。人们认识一个形态的内容和意义，往往由观看者的精神准备、注意状态、兴趣和关心程度以及过去的记忆或经验所支配，从而构成一系列形态的心理法则，成为创造赏心悦目形态的依据。

第五节 经济性原理

一、商品化设计理念

产品最终要成为商品，要进入市场流通，因此必然要受到市场经济规律的制约。尤其在商品市场激烈竞争的情况下，一个企业能否生存与发展，在某种意义上讲，主要取决于两个方面：一是它所生产的产品是否为社会所需，真正为社会所接受；二是它能否从中获得利润。这两方面的关键是产品本身。企业要通过产品的设计开发与不断更新来满足社会的需要，要通过产品技术的、经济的、艺术的多方面综合设计及各种促销手段获得利润。因此，企业的命运是与所生产的产品（商品）的命运连在一起的。商品化设计的理念是为了加快产品更新速度，提高产品设计价值，制定有效的营销策略。

1. 加快产品更新速度

任何一种产品的市场生存周期都是有限的。随着现代科学技术和设计方法的普及与发展,随着消费者生活水平的提高和价值观念的变化,加之市场的激烈竞争,产品的市场生存周期变得愈来愈短,变化速度也日趋加快。因此,企业要根据自身的人力、财力、物力及市场的需求和变化状况,及时开发适销对路的产品,并选择时机投放市场,这也是使产品迅速转化为商品、及时占领市场的重要手段之一。

2. 提高产品设计价值

产品设计价值是通过产品的综合设计质量以满足人们需求和愿望的能力,即通过消费者的满意程度来体现的。换言之,一种产品能否赢得市场,能否获得利润,其成功的焦点是消费者的需求。开发新产品存在着风险,但它又是企业赢利的基本前提。如果设计一开始就从消费者的实际需求出发,设计定位准确,就可以有效地减少这种风险。由此可见,提高产品设计价值的关键是"设计"与"需求"之间的有机统一。只有"需求"才是"设计"的出发点。人的需求是多方面的,包括对产品合理使用功能的需求、造型形式的审美需求和象征需求等。同时,不同地区、不同时期、不同性别、不同年龄、不同层次的需求也有一定的差异。这些需求的共性因素又都是差异性因素,由此构成了产品定位设计的基础条件。就一个企业或一个设计师而言,只有深入地了解市场,掌握人的需求目标(明显需求和潜在需求),才能准确地进行定位设计,从而提高产品的设计价值。

3. 制定有效的营销策略

产品的营销策略是根据市场消费特征制定的决策方针、销售计划及实施手段,主要应考虑以下几种因素:

(1) 销售对象

销售对象包括不同销售地区及不同层次的消费者。因此要因地、因人制宜,对不同市场投入不同的产品,要考虑市场与文化环境、社会环境的关系,制定出重点销售的目标和计划。

(2) 销售时机

它指销售策略的时间因素。任何一种商品在市场上生存的周期都要经过初入期、成长期、成熟期及衰亡期;在不同的时期应有不同的销售对策,应缩短初入期,延长成长期和成熟期,减缓衰亡期,并在各个期间把握不同的销售时机、价格、销路及售后服务等,从而有效地促进产品销售。

(3) 竞争因素

要充分了解和掌握同行业、同类产品的情况,其中包括行业企业的经济实力、技术力量、产品的销售计划、配售渠道、价格及产品的设计质量、性能的优缺点等多方面情况,这样才能有效地制定切实可行的营销策略。

二、价值工程

价值工程是在技术与经济相结合的基础上,以研究产品功能与成本费用为主要内容,以提高产品价值为目的的一种现代设计方案。它广泛地应用于产品的研究、开发、设计、生产、经营、管理等各领域中,起着提高企业经济效益的重要作用。

1. 价值分析

(1) 价值

产品的价值是指产品对人、社会、生产企业的整体效用。对人的效用是人在使用产品的过程中满足生理和心理需求的程度;对社会的效用是在实现社会物质文明与精神文明建设中对社会资源的节约程度;对企业的效用是对企业最终目标——提高经济效益的实现程度。

价值是产品功能与获得该功能的全部费用之比。价值作为一种观念,作为人们对产品的一种认识和评价,是随时间的推移和社会发展而变化的。对企业而言,传统的观念认为能够体现产品价值的主要因素是满足使用者必要功能的程度,产品制造成本和服务成本。即价值是必要功能与制造成本(包括服务成本)之比,而忽略了使用者对产品价值评定的一面。站在使用者的立场上,产品的价值体现在人对所需要的功能的(包括物质的和精神的)满意程度及购置产品和使用产品的成本费用,即价值是需要功能与产品寿命周期成本之比。因此,单纯从企业角度来判断产品的价值是片面的。现代产品的价值观念是企业必须从使用者的需要出发,在考虑产品功能如何全面满足使用需求的同时,对实现这些功能的全面投入(包括在生产者范围内发生的和在使用者范围内发生的)都加以考虑,才能使产品的功能在整个寿命周期内可靠地实现。

(2) 功能

即产品相对使用者所具有的功用、作用、用途及工作能力。从价值工程的观点看,人们购买产品(商品)的实质是购买产品的功能。产品本身只是实现功能的媒体。同理,设计产品实质上是通过有形的产品设计出人们所需要的功能。鉴于此,人们从传统的以产品结构为中心的研究转向以功能为中心的研究,使功能成为设计的出发点和依据。产品结构本身只不过是实施特定功能的一种手段,但不是惟一的。例如,手表的功能是显示时间,但实现这一功能的手段是多种多样的,有机械结构、电子结构;有指针显示、数字显示等。这样从现有产品结构的思考中摆脱出来,着眼于功能研究,进行功能定义和功能分析,就可以极大地拓宽设计思路,设计出具有高价值的产品。

按其性质,产品的功能主要分为物质功能和精神功能。物质功能与使用、技术、经济有关。一件产品要能为使用者服务,要能使用,并在使用中使人感到性能可靠、经济实用才行。精神功能主要表现在与人的生理、心理方面有关的功能。产品的形态、色彩、表面装饰等外在形式应使人感到赏心悦目，心情舒畅，使用方便，舒适。

按使用者对产品功能的需求，可分为必要功能和不必要功能。必要功能是指为满足使用者需求必须具备的功能；不必要功能是指产品具备的与使用者需求无关的功能，有时也称为多余功能或过剩功能。一件产品的功能是否必要是以使用者的要求为准则的。因此，要根据使用者的实际需求进行功能分析，确定必要功能，消除不必要功能。因为人们不会支付金钱去购买多余功能，多余功能也就无价值可言了。

按照功能的重要程度，可分为基本功能和辅助功能。基本功能是与产品主要目的直接相关的功能，是产品存在的理由，亦即产品最基本的用途。如：灯的基本功能是照明；电视机的基本功能是显示图像。如果灯不亮、电视机不能显示图像，就失去了存在的价值。辅助功能是为了更好地实现基本功能、更有利于基本功能的发挥而具备的功能。如手表的基本功能是计时，若增加夜光照明，有助于夜间看清时间，这就是辅助功能。在现代工业产品的设计中，辅助功能具有重要作用。在一定条件下，它可以增强产品的精神功能，创造更合理、更人性化的使用形式，提高产品的使用价值。

(3) 成本

成本即实现特定功能过程中投入全部资源的总和，其中包括设计、生产、销售过程中的费用及使用、维修、保养过程中的费用。

就企业和使用者的共同利益而言，降低产品的总费用成本，是提高产品价值的重要途径。降低成本的传统方法是在产品设计之后，利用降低加工制造费用、减少废品以及无浪费管理等手段来实现的，因此降低成本有一定限度。而价值工程是从产品的功能研究开始，探索设计过程中降低成本的多种途径。经调查统计，产品成本总费用的 70%～80% 是在设计过程中决定的，因此，设计过程中的每一环节都可提供降低成本的途径。价值工程从产品设计入手，提供了提高产品价值的新途径。如通过功能分析，可以消除多余功能和过剩功能，简化结构，降低零部件的数目，或采用替代材料，提高产品的可靠性等，从而设计出功能合理、成本更低的产品。经过价值工程研究的产品，成本一般可降低 25%～40%。

2. 提高产品价值的途径

从价值工程学的角度出发，产品的价值与产品功能和成本之间存在以下关系：

$$价值(V) = \frac{功能(F)}{成本(C)}$$

由此可见,提高产品价值的基本途径包含提高产品功能或降低产品成本两个方面。这里,成本是包括产品设计、制造、储存、运输、使用、维修、报废处理等整个生命周期的总费用,因此降低成本也是在产品生命周期的每一个环节之中进行的。在设计制造环节中,通过对多种设计方案的优化选择,去掉多余功能,选择代用材料,合理安排工艺流程等,都能降低制造成本;在流通环节中,充分运用现代管理手段,减少产品流通过程中的多余费用;在使用过程中,努力提高产品的可靠性,使产品经久耐用、维修方便,也能降低使用成本。当产品的成本费用降低到一定程度时,只有提高设计质量,创造出具有更新、更好的功能,才能进一步提高产品的价值。

功能包括产品的技术功能、使用功能、美学功能和象征功能。提高产品功能要充分运用功能分析、功能评价的科学方法,以人的实际需要为依据,在考虑市场和消费水平的情况下,使功能的设计更合理化、科学化,更能满足人的需要。

具体地讲,提高产品价值主要有5种基本途径,见表3-4。

表3-4   提高产品价值的途径

途径\项目	功能(F)	成本(C)	价值(V)
1	↑	→	↑
2	→	↓	↑
3	↑	↓	↑↑
4	↑↑	↑	↑
5	↓	↓↓	↑

(1) 功能提高,成本不变,可使价值提高。
(2) 功能不变,成本降低,其价值提高。
(3) 功能提高,成本降低,其价值大大提高。
(4) 功能大大提高,成本略有提高,其价值也提高。
(5) 功能略有降低(功能降低不应影响使用),成本大大降低,其价值也提高。

3. 提高产品价值的措施

(1) 方案优选

在设计中,关键是要创造出能满足使用者要求的功能,产生最佳设计方案。产品所要实现的功能是确定的,而实现目标的方法和形式是不确定的,因此,设计构思范围越宽,可供选择的方案越多,得到最佳方案的概率就越大。

设计方案和构思产生于建立在以现代科学技术知识、经验、信息等为基础的创造性设计之中。就设计师而言，不仅要具备一定的创造能力和综合设计能力，还须掌握系统分析、综合比较、定量与定性优化的现代设计方法。

(2) 材料优选

材料是产品的物质基础，选择材料首先要满足产品本身的性能要求，其次应以降低成本为原则。如果可以选用低价材料，就不选用高价材料。降低材料成本的另一条重要措施是采用节约材料的结构。如薄壁加筋结构可以大大提高构件的强度和刚度，减轻重量，节约材料，降低成本。

(3) 简洁性设计

在产品功能不变的前提下，力求结构、形态及使用方式的简洁化。结构简洁可以减少零部件的数量，使产品的故障率下降，利于维修，提高产品的可靠性；形态简洁可以降低加工工艺的难度，简化工序，有利于保证质量，降低加工成本；使用方式的简洁可以提高产品的适用性和方便性，也相应提高了产品的使用功能。

(4) 标准化设计

在设计中要根据有关标准，尽量采用标准件、通用件。标准化设计可以提高产品组件的互换性，也可以降低成本。

(5) 加快设计速度

即从节约和减少设计时间方面降低设计成本。在设计中尽可能采用计算机辅助设计(CAD)和计算机辅助制造(CAM)系统，这样可更多地节约设计时间，提高产品生产效率，缩短产品开发周期。

采用系列设计也是减少设计时间的一种方法。首先设计一种典型方案，然后利用相似设计原理及模块化设计原理，就可以较快地得到不同参数和不同尺寸的多个系列方案。系列方案越多，减少设计时间的效果也越显著。

第四章 工业产品造型设计与制造技术

工业产品造型设计是在研究人机协调的基础上,运用艺术规律和科学技术手段,来设计和塑造产品形态的一种创造活动。与工业产品造型设计有关的技术因素包括:产品的功能、材料、结构及制造工艺等。产品的功能是设计的目的,而材料、结构及制造工艺是保证实现功能的条件。

由于大工业生产的发展和人类物质文明的进步,使人们对产品的需求更高了,不但要求工业产品具有完善的、科学的使用功能,同时还要求产品的造型形态应具有一定的审美性和宜人性。

工业产品的审美不同于绘画、雕塑等艺术美的表现,产品的艺术形象应强烈地显示出科学技术的工业属性,它是通过现代工业技术来表达的。因为任何一种产品要创造美的造型形态,都要通过相应材料造型及特定的工艺措施来实现;这里讲的工艺包括制造工艺和装饰工艺,制造工艺是产品造型得以实现的手段,装饰工艺则是完善造型的条件。目前装饰工艺技术已成为一项科学的、艺术的手段,在工业造型设计领域里被广泛应用和推广,并且越来越显出它对提高现代工业产品外观质量和审美情趣方面的重要影响和作用。

第一节 工业产品造型设计与造型材料

一、产品造型设计与材料的关系

广义地讲,材料是指人们思想意识之外的所有物质,是社会发展和进步的标志。具体地讲,材料是指能为人类制造有用器材的物质,人类在生活和生产中,总是不断有效地利用各种各样的材料来制作器具、不断改变着他们周围的环境,丰富人类的生活。因此,材料在人类生活中一直占据着相当重要的地位,而生活中使用的材料及其性质也直接反映了人类社会的文明水平。

从原始时代起,人类使用材料时就注意到各种材料的基本特性,并经过无数次的失败和成功,积累和丰富了对材料的认识和加工技术,尽量针对不同的材料予以不同的形态设计。科学技术的发展使现代新型材料不断出现和广泛应用,对工业造型设计有着极大的推动作用。所以,历史学家根据材料在人类社会中的应用,将人类生活的时代划分为石器时代、陶器时代、铜器时代、铁器时代,现今人类正跨进人工合成材料的新时代。了解材料与产品造型发展之间的关系,掌握其规律,将有利于在产品造型设计中更好地把握材料和应用材料。

远在石器时代,原始人类就使用某种适当的石头,如用棱角尖锐的石头作为狩猎的武器。这是人类最早利用石头的自然形态造型,目的是为了生存和生活。当人类逐步地摆脱了对自然界的依赖,懂得使用研磨、砍凿的石头代替早先的自然形态的石头,制成锋利且形状规整的石头匕首、枪尖和斧子等,并以此作为工具和自卫的武器。尽管简陋和粗糙,但加工的形状都是人们所希望和需要的,这是人类发展史上划时代的大事,是人类利用工具按照人们需要的形状加工材料的第一步。

公元前4000年,人类开始用火加热制造陶器。在陶器发明之前,人类对工具的造型都是只改变材料的形状,而没有改变材料的性质。发明制陶术的意义,在于人类能够制造新的造型材料,这是人类社会的一大进步。最初烧成的陶器是多孔的,到公元前2000年发明了釉陶,使陶器变得既光亮又不透水。更为重要的是在陶器烧成前人们必须经过一定的造型设计过程,这也是对器物造型的发展。具体到造型的各部分处理,虽然首先考虑的是使用的合理和方便,但同时也是按朴素的审美原则进行创造的,所以,原始社会的陶器造型不仅具有实用价值,而且具有一定的审美价值。它的实用与审美是统一的。可以这样说,原始社会陶器的产生,实质上是一种创造性的探求,是人类最早关于造型方面知识和经验的积累。

炼铜技术是在制陶术的基础上发展起来的。人类利用青铜的熔点较低、硬度高、便于铸造等特性,使铜的冶炼技术得到发展,我国的青铜冶炼在夏代(公元前2140～1711年)以前就开始了,到殷、西周时期已发展到较高水平,普遍用于制造各种工具、食器、兵器和装饰品。例如,河南安阳晚商遗址出土的司母戊鼎重达875kg,外形尺寸为133cm×78cm×110cm,是迄今世界上最古老的大型青铜器;湖北隋县出土的战国青铜编钟是我国古代文化艺术高度发达的见证,制作精细,雄伟壮丽。由于青铜材料的性能和铸造技术的特点,使青铜器的造型能更深入地进行刻画,其造型更富于变化,出现了许多新颖图案,造型艺术达到了较高水平。这一切既反映出当时的生产工艺水平和造型风格,也反映出当时的社会文化、生活环境和生活方式。到了铁器时代,由于铁矿丰富,分布较广,铁的硬度和韧性较高,加工性能好,成本低,出现了以铁为主的一系列金属材料。铁因此被广泛用来制作各种器具、器皿、生产工具和武器等,使人类生产力获得了巨大的发展,并由此给社会带来深刻变化。在这一时期,通过对材料性能、工艺和使用特性的长时间研究,在材料制造上发展了材料的实用性和美学的艺术性,从而逐步实现了实用和审美的结合,功能和形式的统一。进入18世纪英国产业革命时期,发展了以煤炼铁的技术,人们获得了大量廉价的钢铁,制造技术和机械生产的社会化程度有了很快发展,这使大批量制造各种性能优良,外观造型较复杂的机器和工业产品成为可能。随着蒸汽机的发明,使工业发展获得了强大而廉价的动力,这个重大突破,促进了近代工业的迅速发展,进一步为机器大工业生产准备了物质技术条件,即由初期依赖手工业生产的产品转向以机器为手段的大批量生产同一类产品。此时的设计已由手工设计逐步转向工业设计。设计过程中对材料的研究也发生了变化,以研究单个工艺品的材料转向以研究批量生产产品的工业材料为主要内容。因为设计的产品在生产过程中必须考虑材料用以批量生产的可能性和加工成型的方法。

从以上材料与造型关系的概略回顾,不难看出无论是手工业时代的手工产品设计,还是工业时代的工业产品设计,它们都要用新材料、新技术、新工艺去创造满足人们生活需要的产品,每一次新材料的出现又会给产品设计带来新的飞跃。20世纪60年代是高分子材料和染料工业发展的鼎盛时代,形成了当时人们对红、绿、黄等流行色的狂热爱好,促使人们憧憬美好的未来,从而改变了人们对于社会环境、生活方式和价值的观念。新型工业造型材料的广泛应用,同样扩大了产品的造型款式。像复合材料出现后,逐步实现了材料的可设计性,可以按照工业产品的功能特点和产品造型的要求选择或设计材料,扩大了产品造型的自由度和可能性。所以,新材料、新技术的不断发展和推广应用,必将促进工业产品造型设计发生较大变化,甚至产生产品造型设计观念性的变革。

总之,材料早已成为人类赖以生存和生活的不可缺少的重要组成部分,是人类物质文明的基础和支柱,它支撑着其他新技术的发展。因此,人类社会的发展,科学和物质文化的进步也总是与新材料的出现、使用和变化紧紧地联系在一起,并反映出人类在认识自然、改造自然等方面的能力。从人们长时间对材料性能、工艺、使用特性等得到的经验性基础知识,转变到对材料内部结构进行的基础科学研究;从对材料的科学认识,转变到在社会生活和生产中对材料的设计和实际应用,恰好表明造型设计已经成为材料通过技术手段满足社会需要的纽带,这也符合造型设计通过材料实现为人类造福的宗旨。

任何产品,不管是工业品还是生活用品,都是采用一定材料制成的,材料的应用随着社会和科学技术的进步而从低级到高级发展变化。原始时代,人类的祖先利用俯拾皆是的石块、树枝、兽骨和鱼刺制造简陋的工具,从事原始生产。在人们发现铜、铁的冶炼技术后,利用铜、铁制造的工具、刀剑也就比较锋利了。

当今世界先进科学的发展也与材料密切相关。没有半导体材料,就不会有无线电;没有放射性材料,就不会有原子弹、氢弹等核武器。各种产品都有一定的几何造型,一定的造型就有相应的材料制造。各种新型材料的出现必将推动产品造型的发展。

现代造型设计要求符合产品的通用化、标准化和系列化,显示尖端科学要求的高级功能美,符合人机工程学要求的舒适美,反映科学标准的精确美,体现先进工艺手段的工艺美,适应现代光学要求的色彩美。同时,其尺度要符合新数理逻辑理论的尺度比例美,通过造型来标志力学最新成就的结构美,表现新宇宙观的单纯和谐美,以及应用最新材料所体现出的材质美。这些要求的实现,都必须应用相应的材料,并从工艺结构等方面进行综合考虑。

产品造型结构是受材料制约的,采用不同的材料,可做出不同的特殊结构,因而可达到不同的造型效果及经济效益。如我们坐的椅子,要求坐着感觉舒适,便于休息。工作座椅也要适合人的工作姿势,才能减少疲劳,提高工作效率。在早些时候,由于材料的限制,椅子大多是用木料做的,其结构比较复杂和笨重。如图 4-1 所示。

随着科学技术的进步,新型材料脱颖而出。用金属材料作骨架,以海绵及人造革作椅面和靠背的现代办公座椅(图 4-2),外观漂亮,结构精巧,坐着舒服。椅腿下面装有万向轮,可随意移动、旋转。

图 4-1

图 4-2

一般来说,在造型设计构思方案时,首先要考虑选用材料的类型和可能的结构形式,再按照材料与结构的特点去塑造它的形象。但在设计机器时,大多数情况下必须首先根据机器的工作原理、功能和规格,设计出所需的结构形状,再去选择适当的材料,并根据材料的强度指标对所设计的结构进行强度、刚度等验算,然后根据计算结果再调整结构尺寸的大小。这样的设计主要是从实用方面进行的,而没有考虑机器外观形态美。以前我国设计制造的许多机器产品性能优良,精度高,但外观造型呆板,在市场竞争中吃尽了苦头。因此,这就要求我们今后不但要在设计和制造工艺上,而且还应在装饰工艺上和新型材料的研究、开发及应用上多下功夫。

二、造型材料的种类与基本性能

1. 造型材料的种类

造型材料成千上万,品种繁多,功能、性质各异,在浩瀚的材料世界中有各种不同的分类方法,但大体上可以把材料分为金属材料和非金属材料两大类。现在普遍应用的造型材料主要有以下几类:

(1) 金属材料

金属材料是工业产品应用最普遍、最重要的一种材料,各种机器设备大多用金属材料制造。金属材料又分为黑色金属和有色金属。

① 黑色金属

黑色金属就是通常所说的钢铁及其合金。主要有铸铁、普通碳素钢、优质碳素钢、碳素工具钢、合金结构钢、铸钢、特殊合金钢等。钢铁的主要成分是铁(Fe)和碳(C),此外还有极少量的锰(Mn)、硅(Si)及磷(P)、硫(S)等元素。锰、硅等元素的存在对钢铁材料有益,可提高钢材的力学性能。而磷、硫等元素的存在会给材料带来不良影响,这两种元素含量越高,钢铁材料就越脆。故炼钢时应严格控制其含量。碳在钢铁中的含量多少对材料性质影响极为明显。含碳量低于 2.0% 时称为钢,含碳量为 2.5%～4.0% 时称为铸铁。含碳量高于 4.0% 时不能应用。

(a) 铸铁

根据碳在铸铁中存在形式的不同,铸铁可分为灰口铸铁、白口铸铁、球墨铸铁和可锻铸铁。灰口铸铁中的碳大部分以游离状态存在。灰口铸铁有良好的铸造性能,优良的切削加工性能及较好的耐磨性和减振性,加之价格较低,故应用非常广泛。球墨铸铁中的碳以球状石墨形式存在,这种铸铁强度较高,可代替钢材使用。可锻铸铁是将白口铸铁进行石墨化退火,使其中的 Fe_3C 在固态下分解形成团絮状的石墨而获得。由于其石墨呈团絮状,对机体的切割作用小,故其强度、塑性及韧性均比灰口铸铁高。

(b) 碳素钢

含碳量低于 2.0%,不含或只含极少量其他合金元素的钢称为碳素钢。常用的有普通碳素钢、优质碳素钢和碳素工具钢及铸钢。含碳量小于 0.25% 时为低碳钢;含碳量为 0.25%～0.55% 时为中碳钢;含碳量大于 0.55% 时为高碳钢。含碳量大于 1.3% 的钢,因其性能变差,一般很少应用。

(c) 合金钢

在碳钢中特意加入一种或几种其他合金元素的钢称为合金钢。合金钢的力学性能优于碳素钢,特殊合金钢有特殊的性能及特殊用途。合金钢中合金元素总含量小于3.5%者为低合金钢;合金元素总含量为3.5%～10%者为中合金钢;合金元素总含量大于10%者为高合金钢。

② 有色金属

有色金属用得最多的是铜合金、铝及铝合金等。如黄铜、铸造黄铜、铸造青铜、白铜、硬铝、铸铝合金等。有色金属外表华贵,又具有某些特殊性能,所以在装饰造型中普遍应用。

(2) 非金属材料

非金属材料又分无机材料和有机材料。无机材料有陶瓷、搪瓷、玻璃、石膏等。有机材料主要有木材、合成纤维、塑料、橡胶、高强度复合材料等。其中最常用的非金属材料是木材和塑料。

木材种类很多,如红松、白松、落叶松、杉木、榆木、桦木、杨木、水曲柳等。各种木料性质不同,用途也各异。红松软硬适中,不易变形;落叶松质地较硬,强度较大;桦木质硬而脆,杨木质地较软。

塑料种类也很多,如各种树脂、尼龙、聚氯乙烯、有机玻璃等。工程塑料在现代工业产品造型中应用极为普遍。塑料品种繁多,性能各异,能自由成型是一个很大的优点。塑料大致可分为热固性和热塑性两种。热固性塑料一旦固化之后,即使再加热也不再软化,也不溶于溶剂。其强度较高,可制造齿轮等机械零件。用工程塑料制造的齿轮寿命长,尤其在啮合过程中噪音低。热塑性塑料加热即软化,冷却即固化,这两个过程可以反复进行。因此,不合格的产品及残旧产品的材料还可以循环利用。现在有的复合塑料比钢材的强度还高;利用发泡技术制取的塑料像羽毛一样轻;新型的有机玻璃像石英玻璃一样透明。塑料成型后,不用修饰加工,外表面就很光亮和美观;塑料几乎可以和任何颜料亲和,所以可以做成所需要的任何颜色的塑料。塑料经过修饰和二次加工,如涂装、电镀、热压印等,可获得丰富多彩的装饰和各种肌理效果。

2. 造型材料的基本性能

材料的性能是一种参量,用于表征材料在给定外界条件下的性质。参量也就是定量地表述其材料性能的参数。多数材料的性能都有量纲,通过量纲的分析,可以加深对某种性能的理解。例如,材料的冲击韧性 a_k 的单位是 kJ/cm^2 或 J/cm^2。即在给定的 U 形缺口试样的条件下,冲击断口处的单位截面积(cm^2)所消耗的功(kJ 或 J)。而在不同的外界条件下,相同的材料也会有不同的性能。所谓"相同的材料"是指不仅成分相同,而且通过相同的工艺,具有相同的组织结构。例如,材料的强度这个力学性能,如不注明外界条件,其含义是不确定的、含糊的。又如"断裂强度"的临界条件是断裂,它表征断裂时的力学性能,但是有不少外界条件可以影响断裂行为：① 温度升高到熔点以上的 40%～50%；② 反复的交变载荷；③ 特定的化学介质等。对应这三种情况，分别有蠕变断裂强度、疲劳断裂强度和应力腐蚀断裂强度。这三种强度都与外界条件有关，它们分别突出了热学、力学及化学条件的影响。这三种情况的断裂机制不同，表明了材料的三种性能。再例如，含 30% 锌的黄铜在室温下抗拉强度是 313MPa，从工程观点来看，这个叙述就足够确切。因为人们可以理解这个性能的外界条件是空气、室温、拉伸载荷、工业标准规定的拉伸速度。

材料的选择是以性能为依据的，材料的性能又受到外界条件（即使用条件）的制约。造型设计人员在设计工业产品，确定材料所必须具有的性能时，就必须考察材料所处的外界条件。

材料的基本性能可分为使用性能和工艺性能。使用性能是指材料在使用条件下表现出的性能，如力学性能、物理性能和化学性能等；工艺性能则是指材料在加工过程中表现出的性能，如切削加工性能、铸造性能、压力加工性能、焊接性能、热处理性能等。为使造型设计人员能初步了解材料的基本性能，下面将材料的基本性能按金属材料和非金属材料两大类作简要介绍。

(1) 金属材料的性能

① 金属材料的力学性能

在金属材料的力学性能中，材料的强度、硬度、弹性、塑性、韧性等力学性能最为重要。

强度 金属材料在静载荷下抵抗外力产生塑性变形和破坏作用的能力，称为强度。由于外力作用的方式不同，材料所表现出的强度也不同，主要有：抗拉强度 σ_b、屈服强度 σ_s、抗压强度 σ_{bc}、抗弯强度 σ_{bb}。通常使用较多的强度指标主要有两个，即抗拉强度 σ_b 和屈服强度 σ_s。它们是将标准拉伸试样在试验机上拉伸试验后测出的。试验时，试样两端所受的拉力缓慢增加，试样逐渐发生拉伸变形，中间局部变细，直至拉断为止。

抗拉强度 σ_b 是试样拉断前的最大拉应力，通常用 $\sigma_b = \dfrac{P_b}{F_0}$(MPa) 来表示。式中 P_b 为试样拉断前的最大拉力，单位为 N；F_0 为试样原始横截面积，单位为 mm^2。抗拉强度表示均匀变形时的抗力指标。

屈服强度 σ_s 是材料开始发生明显塑性变形时的应力，通常用 $\sigma_s = \dfrac{P_s}{F_0}$(MPa) 来表示。式中 P_s 为材料开始发生明显塑性变形时的拉力，单位为 N；F_0 为试样原始横截面积，单位为 mm^2。屈服强度是工程技术上非常重要的性能指标之一，是设计结构和零件时选用材料的主要依据。

塑性 这是金属材料在外力作用下产生永久变形而不破坏的能力。常用的塑性指标是断面收缩率ψ和延长率δ,这两个指标均用百分数(%)表示。断面收缩率ψ是试样拉断后断口面积与原横截面积之比的百分数;延长率δ是试样拉断后,在标距内总伸长量与原标距长度之比的百分数。

弹性 金属材料在外力作用下产生变形,当外力去除后又恢复到原来形状和大小的一种特性。在弹性变形范围内,材料所受的外力与变形量成正比。常用的弹性指标有弹性极限P_e和弹性模量ε。

弹性极限P_e是材料在弹性变形范围内所能承受的最大应力,用公式$\sigma_e=\frac{P_e}{F_0}$(MPa)来表示。式中,P_e为弹性变形范围内的最大拉力(N);F_0为试样原始横截面积(mm^2)。

弹性模量ε是指材料承受外力时抵抗弹性变形的能力。弹性模量用公式$\varepsilon=\frac{\sigma_e}{\varepsilon}$(MPa)来表示。式中$\sigma_e$为弹性极限,$\varepsilon$为相对变形量。弹性模量是工程技术上衡量材料刚度的指标,ε值越大,材料在弹性范围内能够承受的外力越大。换句话说,刚度越大,则材料在一定应力下产生的弹性变形越小。

硬度 它是指材料表面抵抗塑性变形或破裂的能力。硬度值的物理意义随试验方法的不同而不一样,在应用最广泛的压入法试验中,硬度表示材料表面抵抗其他物体压入的能力。

因硬度试验设备简单,操作方便,不需特制试样,因此在实际生产中被普遍采用。硬度指标按试验方法不同可以分为,布氏硬度(HB)、洛氏硬度(HR)、维氏硬度(HV)、肖氏硬度(HS),工程上常用的有布氏硬度(HB)和洛氏硬度(HR)。

冲击韧性 这是在冲击负荷作用下,金属材料抵抗变形和断裂的能力。冲击韧性以冲击值a_k表示。冲击值$a_k=\frac{A_K}{F}$(kJ/cm^2:或J/cm^2)式中,A_k为冲击试样被破坏时所消耗的功。单位为J;F为冲击试样断口处的截面积(cm^2)。冲击值a_k越大,冲击韧性越好。冲击韧性的大小除了取决于材料本身以外,还受环境温度、试样尺寸、缺口形状和加载速度等因素的影响。所以,在分析冲击试验结果时,一定要注意试验条件及试样的形式。不同形式试样的冲击值,不能相互换算和直接比较。

疲劳强度 它是指金属材料承受无限次交变载荷作用而不发生断裂破坏的最大应力,用σ_N表示,单位为MPa。

所谓交变载荷是指载荷的大小和方向作周期性变化的载荷。如材料被反复弯曲所出现的拉、压交变载荷等。而所谓无限次循环周期,实际上是不可能进行无限次试验的。一般对各种材料规定一个应力循环基数,超过这个交变载荷循环周期基数的应力作为疲劳强度,称疲劳极限,用 σ_{-1} 表示。按照国家标准,钢铁的循环基数为 10^7,而有色金属材料的循环基数为 10^8。

② 金属材料的物理、化学性能

金属材料的物理、化学性能主要有以下几类参数,它们是选择和使用材料的依据。

密度 密度是材料单位体积内所含的质量,即物质的质量与体积之比。密度通常用符号 ρ 来表示。

熔点 金属材料由固态转为液态的温度称熔点。通常金属材料可分为低熔点金属(熔点低于 700℃)和难熔金属两大类。

导热系数 维持单位温度梯度(即温度差)时,单位时间内流经物体单位面积的热量,称为导热系数或导热率,用符号 λ 表示。它是衡量金属材料导热性能的一个主要指标。

线膨胀系数 它是指温度每升高 1℃ 时,金属材料的长度增量与原长度的比值。线膨胀系数不是一个固定不变的数值,它随温度的升高而增加,钢的线膨胀系数一般在 $(10\sim20)\times10^{-6}$ 范围之内。体膨胀系数一般等于线膨胀系数的 3 倍。

导电性 金属材料传导电流的能力称导电性。通常用电阻率、电导率来衡量导电性的好坏。电阻率是计算和衡量金属材料在常温下(20℃)电阻值大小的性能指标。电阻率大,表示材料的导电性能差,电阻率是表征金属电学性质的物理常数,由金属的本性所决定,与其形状及大小无关。

电导率是电阻率的倒数,电导率大的材料导电性能好。在金属中,银的导电性最好,铜和铝的导电性次之。合金材料的导电性一般比纯金属差。

磁性 磁性是指金属材料在磁场中被磁化而呈现磁性强弱的性能。按磁化程度,金属材料分为:

铁磁性材料——在外加磁场中,能被强烈磁化,如铁、钴、镍等。

顺磁性材料——在外加磁场中,只是被微弱磁化,如锰、铬、钼等。

抗磁性材料——能够抗拒或减弱外加磁场磁化作用的材料,如铜、金、银、铅、锌等。

铁磁材料包括软磁材料和硬磁材料。软磁材料在外磁场去除后,剩磁容易被消除;在反复磁化和退磁时,电能消耗小,材料也不易发热,如硅钢片。硬磁材料则相反,即使外加磁场去除后,材料本身仍留有很高的磁性,并且不易消除,如永久磁铁。

常用的磁性指标包括:磁导率、磁感应强度、矫顽力等。

耐磨性 耐磨性的好坏常以磨损量作为衡量的指标。磨损量是用试样在规定的试验条件下,经过一定时间或一定距离的摩擦之后,以试样被磨去的重量或体积来表示。磨损量越小,说明这种材料的耐磨性越好。

耐腐蚀性 这是指金属材料抵抗周围介质腐蚀破坏的能力。对于不锈钢、耐酸钢、耐蚀铸铁、耐热钢、耐热铸铁及建筑、桥梁用的普通低合金钢等材料,耐蚀性是衡量这些材料性能优劣的主要质量指标。

抗氧化性 抗氧化性是指金属材料在室温或高温下,抵抗氧化作用的能力。抗氧化性是高温材料的一项重要性能指标。

③ 金属材料的工艺性能

金属材料的工艺性能是指材料在加工过程中被加工的难易程度。材料的工艺性能直接影响到制造零件的加工工艺和质量,也是选择金属材料时必须考虑的重要因素之一。

铸造性 铸造性是指利用金属的可熔性将其熔化后,注入铸型制成铸件的难易程度。铸造性包括金属液体的流动性和收缩性等。一般说来,共晶成分的合金其铸造性较好。金属材料中,铸铁、铝硅合金等具有良好的铸造性。

可锻性 它是指金属材料在锻造过程中承受压力加工而具有的塑性变形能力,可锻性好的金属材料易于锻造成型而不会发生破裂。

切削加工性 这是表示对材料进行切削加工的难易程度,它可用切削抗力的大小,加工的表面质量、排屑的难易程度以及切削刀具的使用寿命等来衡量。一般来说,材料太硬,切削加工性不好;软的、粘的材料排屑困难,也不易切削。在金属材料中添加使切屑形成不连续的断屑的合金元素,可使材料的切削加工性得以改善,如易切削钢和易切削黄铜等。

焊接性 它是指材料被焊接的难易性质。通常,低碳钢有良好的焊接性,高碳钢、高合金钢、铸铁和铝合金的焊接性较差,中碳钢则介于两者之间。

热处理工艺性 衡量金属材料热处理工艺性的指标有:淬硬性、淬透性、淬火变形与淬裂,表面氧化与脱碳,过热与过烧,回火稳定性与回火脆性等。

(2)非金属材料的性能

非金属材料的基本性能包括物理性能、力学性能、与水有关和与热有关的性能以及耐久性。

① 非金属材料的物理性能

非金属材料的物理性能主要包括容重、密度、孔隙、材料胀缩等,它们是衡量材料质量和形态的主要指标。

容重 材料在自然状态下包括孔隙或空隙在内的单位体积质量叫容重,单位为 kg/m^3。材料的容重通常是指在干燥状态下的材料质量。材料在自然状态下,常含有水分,会影响其质量和体积变化,所以对所测定的材料容重,必须注明其含水状态。

密度 材料在绝对密实状态下单位体积的质量叫密度,单位为 kg/m^3。

孔隙　可用孔隙率作为衡量孔隙的指标。孔隙率是指材料内部空隙体积占材料总体积的百分比,孔隙率用下式计算:

$$P = \frac{V_0 - V}{V_0} \times 100\% = \left(1 - \frac{V}{V_0}\right) \times 100\%$$

式中:P——孔隙率;
　　V_0——材料在自然状态下的体积;
　　V——材料在绝对密实状态下的体积。

容重、密度、孔隙率是非金属材料基本的物理性能,能反映出材料的密实程度,对材料的其他性能影响很大。

材料的胀缩　它是由于大气中温度、湿度的变化或其他介质的作用引起的。材料在使用过程中,其胀缩常受到制品结构的限制,会造成制品开裂和变形。

材料的胀缩主要包括湿胀干缩、热胀冷缩和碳化收缩等。碳化收缩指硅酸盐类材料在大气中受二氧化碳的作用而碳化,产生体积收缩。这种收缩会使制品表面产生微裂纹,并会随着碳化作用的深入而发展,从而影响制品的功能。

② 非金属材料的力学性能

非金属材料的力学性能主要是强度和变形。其强度和变形的概念与金属材料基本相同,这里着重介绍不同之处。

强度　非金属材料特别是脆性材料如陶瓷、玻璃等,在相当低的应变值时就可发生断裂。所以,陶瓷等材料的应力——应变行为不能用拉伸试验确定,最常用的试验方法是弯曲试验。而高聚合物的应力——应变行为常常是用拉伸试验测定的。高聚合物的品种繁多,其力学性能变化范围也很广。

变形　非金属材料的变形除弹性变形、塑性变形和弹性模量的概念与金属材料相同外,主要还有徐变(或称蠕变)和松弛,它们对材料的使用影响较大。

材料在恒定载荷的作用下,随时间的延长而变形不断增长的现象称为徐变(或蠕变)。徐变的发展与材料本身的性质和载荷的大小以及温度、湿度等因素有关。材料的徐变性能决定材料在长期载荷下工作的性能,对材料的使用有很大影响。

与徐变相反,松弛是总的变形量不变,但塑性变形增大,弹性变形减小,载荷与应力逐渐降低的现象。

③ 非金属材料与水相关的性能

材料在使用过程中都会与水接触,而水对材料性能有很大影响,尤其对强度、抗腐蚀、耐久性等影响更大。非金属材料与水有关的性能主要有:亲水性、吸水性、耐水性和抗渗性等。

亲水性　如果材料在空气中与水接触,材料分子与水分子之间的附着力大于水分子之间的内聚力,则水就能湿润材料的表面。这时材料、水和空气三相的交点处,沿水滴表面所引的切线与材料表面夹角 $\theta<90°$,θ 叫湿润角,这种材料叫亲水性材料。如果材料分子与水分子之间的附着力小于水分子之间的内聚力,则材料不能被湿润,这种材料叫憎水性材料。

吸水性 这是指材料吸收水分的能力。干燥的亲水性材料在空气中能吸收水分,因此一些非金属材料常含有一定的水分,所含水分的多少常以含水率表示。含水率是材料中所含水的质量与干燥材料质量之比。

当材料吸水达到饱和状态时的含水率叫吸水率。材料的吸水性与其孔隙率和孔隙特征有关。材料吸水后对材料的各种性能将产生不利的影响。

耐水性 它是指材料长期在水的作用下,其强度不显著降低的性能。材料的耐水性用软化系数 $K_p = \dfrac{R_w}{R_d}$ 表示。式中,K_p 为软化系数;R_w 为材料在含水饱和状态下的抗压强度;R_d 为材料在干燥状态下的抗压强度。

材料的软化系数在 $0\sim1$ 之间,其值越小,材料强度降低越大。K_p 在 $0.75\sim0.85$ 之间的材料被认为是耐水的,可用于水中和受潮严重的结构中。

抗渗性 这是指材料抵抗压力水渗透的性能。我国常用抗渗标号来表示材料的抗渗性。如 S_8 表示材料在 $0.8MPa$ 以下的水压不渗水。

④ 非金属材料与热有关的性能

非金属材料与热有关的性能主要有导热性、热容、耐热性、耐燃性、耐火性等。

导热性 非金属材料的导热性与金属材料的导热系数相同。

热容 它是指材料在加热时能吸收热量,冷却时能放出热量的性质。任何一种材料,每升高一度所需要的热量称为该物体的热容 C,单位为 J/K;单位质量材料每升高一度所需要的热量称为比热容 c,单位为 $J/(kg\cdot K)$。

耐热性 它是指材料长期在热环境下抵抗热破坏的能力。除有机材料耐热性差之外,一般材料都有一定的耐热性,但在高温下,大多数材料都会有不同程度的破坏,熔化,甚至着火燃烧。

耐燃性 这是指材料对火焰和高温的抵抗性能。根据材料耐燃能力,可分为不燃材料、难燃材料和易燃材料。

耐火性 它是指材料长期抵抗高热而不熔化的性能,或称耐熔性。耐火材料还应在高温下不变形、能承载。耐火材料按耐火度又分为耐火材料、难熔材料和易熔材料三种。

⑤ 非金属材料的耐久性

材料的耐久性是指材料在使用过程中,长期受到载荷的作用及大气和其他介质、环境的影响,能正常工作、不破坏、不失去原有性能的性质。影响材料耐久性的因素有物理作用、化学作用和生物作用。因此,材料在使用中必须从各方面采取措施以增加其耐久性,如减少破坏因素的作用,提高材料本身的抵抗力,增加保护层等。

3. 造型材料应具备的特征性能

工业造型材料除了材料的一般性能,如力学、物理、化学性能必须符合产品功能要求外,还需具备工业造型设计的特征性能。工业造型材料独有的特征,是随着工业造型设计不断发展而被人们逐渐认识的,同时材料科学及加工技术的不断发展,亦促进了工业造型设计所涉及材料范围的不断扩大。工业造型材料的特征与构成产品或物体的形状及外观特征有关,与人们的生活习惯、工作环境以及人们的生活水平、文化修养也有密切关系。因此,工业造型设计师必须把握工业造型材料的性能及产品的服务范围和对象,才能在造型设计中更好地选择和运用好各种材料,提高工业造型设计的效果。工业造型材料的特征性能主要包括:感觉物性、加工成型性、表面工艺性及环境耐候性等。

(1) 感觉物性

所谓感觉物性就是通过人的感觉器官对材料作出的综合印象。这种综合印象包括人的感觉系统因生理刺激对材料作出的反映,或者由人的知觉系统从材料表面得出的信息,这种感觉包括有自然质感和人为质感。材料的感觉物性难以测量,有的异质同感,有的同质异感,只能是相对比较而言。由于人们的经历、文化和修养、生活环境和地区、风俗和习惯的差异等,对感觉物性也只能作出相对的判断和评价。

在产品设计中对材料感觉物性的认识非常重要,如何合理运用和设计材料的感觉物性,将会给产品造型带来新的特色。例如木材具有温暖感,利用木材的天然纹理和芳香气味制作的产品给人以自然柔和、舒适的感觉。天然大理石、花岗岩给人以稳重、庄严、雄伟、堂皇的感觉,多用于大厦、纪念碑、高档建筑等,其给人的感觉也是完全不同的。例如,铝合金材料表面分别进行腐蚀、氧化、抛光、喷砂等处理后,均可产生不同的感觉和装饰效果。而不同材料,如金属和塑料经过表面沉积处理也会产生完全相同的视觉印象,因而使产品设计的选材更富多样性。

(2) 加工成型性

工业设计师的职责是进行产品设计,而产品则是通过对特定材料的加工成型而付诸实现的。工业造型材料必须是容易加工和容易成型的材料,必须具备优异的加工成型性,所以说加工成型性是衡量工艺造型材料的重要因素之一,对于不同的材料,其加工成型性是不同的。

青铜铸造成型的古代钟鼎、佛像,形体多样、形态逼真、工艺精细,体现了我国古代造型技术的高超。但是青铜只能用铸造法成型,属于加工成型性不好的材料,因此在工业造型设计中的应用受到很大的局限。

钢铁材料的加工工艺性能优良,而且造型方法很多,如可铸造、可焊接、可切削加工、可锻压等。能够依照设计者的构思实现工业品的多种造型,被广泛应用于工业产品造型设计中,制造出各种各样的工业产品和日用品。

木材至今仍然是一种优良的造型材料,用途极广。这主要是木材具有易锯、易刨、易打孔、易组合、易表面处理等加工成型特性,加之木材表面的纹理能给人以纯朴、自然、舒适的感觉。

工程塑料制品的品种和数量日益增多,这不仅是由于工业塑料的原料易得,性能优良(如重量轻、绝缘性好、耐腐蚀等),表面富有装饰效果和不同质感,还因为工程塑料的可塑性特别强,几乎可以采用任何方法自由加工成型,塑造出几何形体非常复杂的产品,容易体现设计者的构思要求。因而它已成为当代工业设计中不可缺少的重要造型材料。

(3) 表面工艺性

工业造型材料必须具备优良的表面工艺性或称面饰工艺性。任何设计都不能直接使用基本材料和毛坯,应通过一系列的表面处理,改变材料表面状态。其目的除了得到防腐蚀、防化学变化、防污染,提高产品的使用寿命外,还可以提高材料的表面美化装饰效果,提高产品的价值。不同的材料有不同的表面处理工艺,从而赋予材料表面多种外观特征。根据材料本身的性质和产品的使用环境,正确选择表面处理和表面装饰工艺是提高产品外观质量的重要途径。

材料表面加工方法很多,如表面精整加工、表面层的改质处理、表面被覆装饰(如表面涂装、表面镀层、表面着色等),通过表面处理和装饰都能给产品以新的魅力。

(4) 环境耐候性

环境耐候性是指工业造型材料适应于环境条件,经得起环境因素变化的能力。即不因外界因素的影响和侵袭而发生化学变化,以致引起材料内部结构改变而出现褪色、粉化、腐蚀甚至破坏的能力。充分了解材料本身所具有的这种性质,合理选用和保护材料是设计中应注意的问题。

通常情况下,外装材料与内装材料的对环境耐候性的要求是不相同的。外装材料主要指用于室外产品的材料。因产品长期暴露于大气中,受到物理、化学的作用,如一年四季的日晒、雨淋、风沙、冰雪的侵蚀,以及微生物、紫外线的破坏作用,尤其是高原沙漠、热带、亚热带、严寒地区、海洋等地区的气候变化无常,因此,必须对材料提出更高的要求。目前对于外装工业造型材料,除根据产品的使用条件选择耐候性好的材料外,大都还需要在材料表面增加一层耐候涂层或复合涂层。

对于不同的使用环境,不仅要合理选择材料,而且要有相应的表面处理方法。例如,着色铝是一种极好的工业造型材料,但铝着色的方法很多,有阳极氧化、有机染色及电解铝着色等方法,其着色的性能差别较大。有机染色铝的色彩鲜艳夺目,但是经日光照射,受紫外线的作用易褪色。电解着色铝是采用离子变色体膜孔镶嵌的结果,紫外线照射影响不大,宜作为室外着色金属装饰板材,经长期使用不易褪色。室内的灯具、餐具、机器设备的装饰板等,则可用有机染料着色铝制品。再譬如,室外用的塑料柜、塑料箱之类的透明防护设备,就不能选用易脆、易老化的聚氯乙烯,可选用经久耐用的聚酯塑料;室外工作的汽车、船舶、工程机械等大多是以钢铁为主要造型材料,但必须在基体材料表面被覆一层或多层保护层(如涂料、电镀等),以防止基体材料的腐蚀,提高材料的耐候性。

三、造型材料的应用与发展

在人类发展史上,人们在制备和利用各种材料的过程中,已经从对材料表面的观察和技术经验的积累,发展到对材料由表面的观察深入到对材料本质的带普遍规律的认识和理论指导,进而出现了20世纪50年代所形成的关于材料成分、结构、工艺和它们的性能与用途之间有关知识的开发和应用的科学,即材料科学与材料工程。在社会生产和生活中不仅合理有效地使用材料,扩大材料的用途和使用寿命,而且还不断地为新技术的发展提供新的材料。与此同时新材料的出现、应用又给产品造型提出新的设计要求。因此对新材料应用与发展的展望,也有利于促进产品造型设计的不断发展和创新。

近年来,材料的发展主要有以下几个方面:

1. 基础材料向高质量、低成本方向发展

一种材料的发展一般要经过五个阶段,即孕育期、成长期、成熟期、饱和期和衰退期。如钢铁材料已进入成熟期,根据多方预测,到20世纪末,世界钢产量仍然呈不断上升趋势,在可以预见的未来,钢铁材料在工业用材中仍占主导地位。我国经济稳定高速的发展需要大量钢铁等基础材料,每年需要约1亿吨钢材,因此钢铁材料的发展将仍是我国工业现代化的重要因素。

补充钢铁材料的不足,除适量进口和节约材料外,还应积极发展各种其他金属材料和非金属材料。在非金属材料中应该十分重视工程塑料品种的发展和质量的提高,改变我国工程塑料与钢铁比例过低的现象。发展工程塑料周期短、投资少、能耗低(如单位体积聚乙烯能耗为1个单位时,钢为10,铝为20)。

提高材料的质量,以提高产品使用寿命,也能节约材料。在提高材料质量时,应树立新的质量意识,传统质量意识是以达到规定标准为依据,但是材料符合标准不一定是高质量,也不一定符合产品造型设计的要求。例如45号钢,按标准含碳量在0.42%~0.50%范围内,但在用45号钢制造拖拉机连杆时,只有含碳量在上限时,连杆经热处理后才合格;若含碳量在下限,就达不到连杆的性能要求。再如,按日本JISG标准规定,汽车大梁钢板,含硫量小于0.04%,而新日铁实际含硫量小于 0.005%。热轧薄板平坦度标准为(16/4000)mm,而实际则小于(10/4000)mm;板厚公差标准规定 $50\mu m$,实际比 $50\mu m$ 小得多。因此,对于材料工作者来说,必须建立以满足使用要求为导向的质量意识;对于产品造型设计者,要建立依据以满足产品功能和审美需要为导向的材料质量意识。满足使用要求应当成为生产的出发点,高质量意识应建立在满足使用要求的基础上。

当然在要求高质量的同时必须注意降低成本。质量高,成本也高,同样不能满足使用要求,所以要靠技术进步和先进的管理提高质量,降低成本。

2. 新型结构材料向着高温和高比强度方向发展

火力发电的效率只有 30%～40%,而正在发展的磁流体发电装置,效率可提高到 50%～60%。磁流体发电就是利用高温导电流体通过一个强磁场,在电磁感应下将热能转换成电能。但是,这种导电流体的温度高,有冲刷力和腐蚀性,因此,开发高温、高比强度的材料是发展磁流体发电装置的关键。

近年来发展的铝锂合金,由于密度小,又具有高比强度、高比刚度的特点,并能超塑性成型,若用铝锂合金代替常规铝合金制造飞机,可使每架大型客机减轻 5t 左右的重量。因此,铝锂合金也是 20 世纪 90 年代发展的一种重要材料。

先进工业陶瓷材料 SiC、TiN、ZrO_2,这类材料具有耐腐蚀、低膨胀系数、高硬度和高温强度等特性。用于燃气轮机可使工作温度从目前的 1100℃ 提高到 1370℃ 或更高,从而使热效率从 60% 增加到 80%。与金属发动机相比,不需用水冷,提高了燃烧温度,使燃料充分燃烧,可节油 30% 左右。陶瓷材料由于资源丰富,已成为金属材料,高分子材料之后的三大材料体系之一。当前工程陶瓷材料比较广泛地应用于刀具、模具、轴承、密封件、热交换器、机床部件、量具、动力机叶片等方面。工程陶瓷的发展不仅使产品使用性能提高,还可使产品的装饰技术涉及的范围更广泛。

3. 复合材料是高性能材料的一个重要发展趋势

单一材料存在着难以克服的一些问题。如陶瓷材料脆,有机材料模量低、使用温度不高,钢铁材料又难以同时兼有高强度和高韧性等。复合材料是把具有不同性质的材料组合在一起,往往具有单一材料所不具有的优异性能,因此成为当前材料的发展趋势。

现代复合材料的第一代是玻璃钢(即玻璃纤维增强树脂),目前已得到普遍应用;第二代是碳纤维增强树脂,其工作温度为 200～350℃,具有高比强度、高比模量、易成型、价格比较便宜等优点,现已应用于航空、航天、汽车、运动器械等方面;第三代是正在发展的金属基、陶瓷基、碳基复合材料,这些材料有着广泛的发展前景。

4. 信息功能材料及其他新材料

在当前的信息时代,信息功能材料得到了较大发展。信息技术大体包括三个方面:通讯、计算机和控制技术。信息材料是获取、传输、存储、显示及处理信息的有关材料,因为目前信息传递的媒介主要是电子形式,所以信息材料又常常称电子材料。信息功能材料包括半导体材料、信息记录材料和光导纤维等。

新材料的发展是无止境的,特别是和新器件相结合。人工新材料不断涌现,如立体集成电路、超大规模集成电路、智能传感器、光逻辑器件、光集成电路、超晶格器件、显示材料、敏感材料、能源功能材料、超导材料、生物材料等。目前许多新型材料是在极限条件下制造出来的,因此材料的形态也在向极限状态发展。例如超微粒子(nm级)、超薄膜、超高纯、完整晶体等。

四、工业造型材料的美学基础

服务于人的有关材料实用物理功能方面的研究开展已久,而作用于人的材料的审美心理功能方面的研究则刚刚起步。实践证明,材料对人的影响是很大的,直接关系到对产品造型的判断。工业造型材料美学就是一门研究材料的审美特性和美学造型规律及材料的加工方法和使用方法的学科,而材料美学具体化就是质感设计。

1. 质感的概念

(1)质感的定义

质感是人对物体材质的生理和心理活动的标志。也就是物体表面由于内因和外因而形成的结构特征,对人的触觉和视觉所产生的综合印象。质感是工业造型设计基本构成的三大感觉要素之一。所谓三大感觉要素即形态感、色彩感、材质感。人们对物质的认识都是通过形、色、质三者的统一表现所形成的。质是物体固有的性质,色又依附于光而存在,因而色和光是材料质地特征的表现,而质又是色、光表现的条件。因此,有色必有质的感觉,有质必有色的反映,它们是相互依存的。

质感包括两个不同层次的概念:一是质感的形式要素"肌理",即物体表面的几何细部特征;二是质感的内容要素"质地",即物体表面的理化类别特征。另一方面,质感还包括两个基本属性,一是生理属性,即物体表面作用于人的触觉和视觉系统的刺激性信息,如软硬、粗细、冷暖、凹凸、干湿、滑涩等;二是物理属性,即物体表面传达给人的知觉系统的意义信息,也就是物体的材质类别、性质、机能、功能等。

(2)肌理

人对质的感觉都产生在材料的表面,所以肌理在质感中具有十分重要的作用。可以说肌理是质感最主要的特征。在工业产品造型设计中,如能对肌理处理得十分恰当,基本上就获得比较好的质感。所谓肌理就是由于材料表面的排列、组织构造不同,使人得到不同的触觉质感和视觉质感。或者说,肌理指的是物体表面的组织构造。

触觉质感又称触觉肌理(或一次肌理),它不仅能产生视觉感受,还能通过触觉感受到。如材料表面的凹凸、粗细等。视觉质感又称视觉肌理(或二次肌理),这种肌理只能依靠视觉才能感受到。如金属氧化的表面,木纹、纸面绘制印刷出来的图案及文字等。肌理这种物体表面的组织构造,具体入微地反映出不同物体的材质差异,它是物质的表现形式之一,体现出材料的个性和特征,是质感美的表现。

(3) 质感与产品

材料的质感与产品的造型是紧密联系在一起的。工业产品造型设计的重要方面就是对一定材料进行加工处理,最后成为既具有物质功能又具有精神功能的产品,它是艺术创造的过程,也是艺术造型的过程。当不同的材料经加工而组合成一个完整的产品之后,人的质感就不仅停留在材料的表面上,而且升华为产品造型整体的质感上。就像青铜、石膏、大理石等塑像。当这些材料成为艺术品之后,人们不仅仅只是欣赏这些材料的表面,而更主要的是在赞叹那些具有生命力的雕塑整体的质感美了。所以,对质感的认识,应该从对材料的局部认识过程过渡到对造型物体整体质感的认识。材料的质感设计虽然不会改变造型物体的形体,但由于材料的肌理和质地具有较强的感染力,因而能使人们产生丰富的心理感受,这也是当今在建筑和工业产品中广泛应用装饰材料的原因之一。

(4) 触觉质感

触觉质感就是靠手及皮肤接触而感知物体表面的特征。触觉是质感认识和体验的主要感觉。形态、色彩靠视觉、质感靠触觉。在感觉心理学中,视觉和听觉属于高级复杂的感觉,称为精觉;触觉、味觉、嗅觉属于初级感觉,靠全身密布的游离神经末梢感知外界的刺激,也称为粗觉。

① 触觉的生理构成

触觉本身也是一种复合的感觉,由温觉、压觉、痛觉、位置觉、振颤觉等组成。触觉的游离神经末梢分布于全身皮肤和肌肉组织。内脏器官除消化道两端外,一般对温觉、压觉、痛觉都反应迟钝。触觉的主要机制是压觉、温觉和痛觉。人的触觉和其他感觉一样是非常灵敏的,人眼能觉察到 5~14 个光子,人的鼻子能嗅到 1 升空气内含量为一亿分之一毫克的人造麝香味。人的触觉灵敏度仅次于视觉。一个面粉工人可以仅凭手的触觉辨别数十种面粉的不同特性。一个盲人则靠触觉来认识和联系外界,对事物的辨别达到相当高的准确性。因此,触觉的潜力很大,还有很大的挖掘余地。

② 触觉的心理构成

从物体表面对皮肤的刺激性来分析,触觉质感又可按刺激性质不同和刺激效果不同来进行研究。按刺激性质不同触觉质感可分成快适的和厌恶的触觉质感两种,前者如细滑、柔软、光洁、湿润、凉爽、娇嫩等快适的触觉质感。丝质的绸缎、精磨的金属表面、高级的皮革制品、精美的陶瓷釉面等,在日常生活中,我们常用"手感好"来形容产品质量,就是物体表面对皮肤的压觉、温觉、痛觉等产生综合的最佳刺激度,使人感到舒适如意、兴奋愉快,有良好的官能快感。厌憎的触觉质感,如刺、烫、麻、辣、粘、涩、粗、乱等,则是过量刺激造成的不快适触觉质感,像泥泞的路面、粗糙的砖墙、未干的油漆、锈蚀的金属器物、断裂的石块等,都会使人感到厌憎不安。

按刺激后的效果不同,触觉质感又可分成短暂模糊的触觉质感和长久鲜明的触觉质感。触觉质感一般是短暂的,如压觉、温觉。一些罕有或引起痛觉的触觉,会使人产生较为长久的印象,并有后效和后遗的作用,比如烫伤、针灸等对神经脉络的刺激。动态的触觉质感往往比静态的触觉质感鲜明,等强度连续性刺激的触觉质感比较鲜明。质感设计就是创造快适的、鲜明的、独特的触觉质感。

③ 触觉的物理构成

物体表面微元的构成形式,是使人皮肤产生不同触觉质感的主因。同时,物体表面的硬度、密度、温度、粘度、湿度等物理属性也是触觉不同反应的变量。物面微元的几何构成形式千变万化,有镜面的、毛面的。非镜面的微元又有条状、点状、球状、孔状、曲线、直线、经纬线等不同的构成,所有这些都会产生相应的不同触觉质感。

物面微元构成形式,在物理学中又称为"表面结构"。触觉从物理学的角度来看,即皮肤弹性与物面(或刚性、挠性、弹性、脆性)之间的摩擦作用所产生的生理刺激信息。微元的单体称"微凸体"或微观粗糙度,微元的某一单位群组称为宏观粗糙度。前者以 μm 为单位,后者以 mm 为单位。不规则微元物面是随机物面结构,极为复杂。一般以规则微元物面的三种标准几何表面结构形式作为模拟的理想形式进行研究,即立方形、方锥形、半球形。标准物面结构的基本参量至少有 5 个,如尺寸、间隔、形状、微元高度分布、微元峰顶的微观粗糙度等。

物面微元凹凸的构成有规则的和不规则的,规则的微元构成产生等量的连续刺激信息,有快适的触觉质感(均匀的频率化触觉)。反之,不规则的物面微元产生大小不等量的混乱刺激信息,有不快适的触觉质感。这一情况在物面硬度大于皮肤硬度时特别明显。

关于什么是"美",尽管众说不一,但有两个观点是普遍认同的。其一,美是和谐;其二,美是快感。规则微元物面的刺激信息,因其有序性使人感到和谐,产生快感,从而成为美的质感信息媒体。

以上分析表明,触觉可以从生理、心理和物理的角度进行研究,从而为以满足快适触觉质感的要求为目的,对工业造型材料进行理想的质感设计。

(5)视觉质感

视觉质感就是靠眼睛的视觉而感知的物体表面特征。视觉质感是触觉质感的综合与补充。一方面由于人的触觉体验愈来愈多,上升总结为经验。对于已经熟悉的物面组织,只凭视觉就可以判断它的质感,无须再靠手与皮肤直接的感触;另一方面对于手和皮肤难以接触的物面,只能通过视觉综合触觉经验进行类比、估量和遥测,形成视觉质感。由于视觉质感相对于触觉质感的间接性、经验性,知觉性和遥测性,也就具有相对的不真实性。利用这一特点,可以用各种面饰工艺手段,以近乎乱真的视觉质感达到触觉质感的错觉。比如,在工程塑料上烫印铝箔呈现金属质感,在陶瓷上真空镀一层金属,在纸材上印制木纹、布纹、石纹等,在视觉中造成假象的触觉质感等,在工业造型设计中应用都较为普遍。

在具体的视觉质感设计中,还应注意到各种前提制约下的变化。例如,远距离和近距离的视觉质感,室内和室外的视觉质感,固定形态和流动形态的视觉质感,主体表面和背景表面的视觉质感,实用的和审美的视觉质感等,均有不同的特点和要求。

触觉质感和视觉质感的特征比较见表4-1。

表4-1　　　　　　　　　触觉质感和视觉质感的特征

触觉质感	视觉质感
人　、物:(人的表面 ＋ 物的表面)	人　、物:(人的内部 ＋ 物的内部)
生 理 性:手、皮肤——触觉	心 理 性:眼——视觉
性　　质:直接、体验、直觉、近测、真实、单纯、肯定	性　　质:间接、经验、知觉、遥测、不真实、综合、估量
质感印象:软硬、冷暖、粗细、钝刺、滑涩、干湿	质感印象:脏洁、雅俗、枯润、疏密、死活、贵贱

此外,按物体构成物理特性和化学特性来分类,物面质感又可分为自然质感和人为质感。自然质感是物体的成分、化学特性和表面肌理等物面组织所显示的特征。比如:一块黄金、一粒珍珠、一张兽皮、一块岩石都体现了它们自身的物理和化学特性所决定的材质感。人为质感是人有目的地对物体自然表面进行技术性和艺术性加工处理后,所显示的特征。自然质感突出的是自然的材料特性,人为质感突出的是人为的工艺特性。

人为质感在现代工业造型设计中被广泛地利用,随着科学技术的进步,面饰工艺愈来愈多。经过物理和化学的加工处理可产生同材异质感或异材同质感的效果。同材异质感的充分应用,又可使天然材质的自然质感产生无穷的形式美的变化;同时,各种涂料面饰和异材同质感的加工工艺的大量出现,也使得不同材质的产品有了统一的表面质感,从而使工业造型设计获得了各种丰富多彩的材质感效果。

2. 造型质感的设计形式与原则

质感设计是工业产品造型设计中很重要的一个方面。质感设计最能及时地体现和运用最新的科技成果。一种新颖的材料,一种独特的面饰工艺在工业产品造型设计中的应用往往比一种纯粹的新造型带来更有意义的突破。一般产品的形体风格,有一个相对稳定的时期,这时,材料和面饰工艺的变化就可起到相当重要的作用。事实上,质感设计就是对工业造型材料的技术性和艺术性的先期规划,是一个合乎设计规范的认材——选材——配材——理材——用材的有机程序。

形式美是美学中的一个很重要的概念,世界上一切事物都是内容和形式的辩证统一。当然美和美的事物也不例外,任何美的事物,总是由美的内容和美的形式所构成,一般来说,美的形式从属于美的内容。形式美是从美的形式发展而来的,它同美的内容的联系是间接的、朦胧的,甚至可以脱离美的内容,而成为一种具有独立审美价值的美。美的形式是美的内容的存在方式,人们一般将它分为内形式和外形式两种。所谓内形式即指内容诸要素内部结构的排列方式。所谓外形式,一是指与事物内部结构相关联的外部表现形态;二是指事物外观的装饰成分。例如,一辆小轿车,它内部各部件之间的结构关系、形体比例等属内形式;而它外部展现出来的形状、色彩、质感和各种装饰成分,则属外形式。

广义讲形式美就是指生活和自然中各种形式因素(如几何要素、色彩、材质、光等)的有规律的组合。质感设计的形式美的基本法则,实质上就是各种材质有规律组合的基本法则,它不是固定不变的,有一个从简单到复杂、从低级到高级的过程,它随着科技文化和艺术审美水平的发展而不断更新,因此,应灵活掌握应用。

质感设计形式美的基本法则主要内容如下:

(1)配比原则

工业产品造型设计反映在用材上,就会有一个材质整体与局部、局部与局部之间的配比关系,各部分的质感设计应该按形式美的基本法则进行配比,才能获得美的质感印象,配比律的实质就是和谐,即多样统一,这是形式美法则的高级形式。配比原则包含调和法则和对比法则。

① 调和法则

调和法则就是使整体各部位的物面质感统一和谐。其特点是在差异中趋向于"同一",趋向于"一致"。使人感到融洽、协调。各种自然材质与各种人为表面工艺有相亲性,也有相斥性。如塑料制品很少与木制品相配;机床配上木手柄也格格不入;木制家具配上陶瓷拉手也很别扭。最好是在同一材质的整体设计中对各部位作相近的表面加工处理,以达到质感的统一。

② 对比法则

对比法则就是整体各部位的物面质感有对比的变化,形成材质对比、工艺对比。其特点是在统一中倾向于"对立"和"变化"。材质的对比虽不会改变产品造型的形体变化,但由于它具有较强的感染力,而使人产生丰富的心理感受。质感的对比,使人感到鲜明、生动、醒目、振奋、活跃。同一形体中,使用不同的材料可构成材质的对比,如人造材料与天然材料,金属与非金属,粗糙与光滑,高光、亚光与无光,坚硬与柔软,华丽与朴素,沉着与轻盈,规则与杂乱等。使用同一种材料也可以对其表面进行各种不同的工艺处理,形成不同的质感效果从而形成弱对比。

在工业产品中采用对比的情况很多,如车床的质感设计,一般床身、床脚、箱体为各种漆纹表面,而导轨、光杠、丝杠、面板、标牌为精细的金属表面,从而形成质感的对比,给人以生动鲜明的整体质感效果。又如,现代小轿车外壳车身用光烤漆,使其具有强烈的反光,表现了华丽、坚固的特点,而车厢内部的座椅,选用粗纹纺织品,仪表盘、方向盘均用 ABS 工程塑料形成粗糙的触觉质感,内部其他部位也用无光漆,使其产生温和的反光(漫射),给人以亲切安定、舒适之感,形成了表里的质感对比。

(2) 主从原则

这一原则实际上就是强调在产品设计上要有重点。所谓重点是指事物的外在因素在排列组合时要突出中心,主从分明,不能无所侧重。如果在一件产品上用材主辅不分,各自为政,那就势必杂乱无章,不伦不类。心理学实验证明,人的视觉在一个时间内只可抓住一个重点,不可能同时注意几个重点,这就是所谓的"注意力中心化"。

明确人的这一审美心理,在创作时就应用尽心思把注意力引向最重要之点,而不搞喧宾夺主的质地表现。在工业产品造型设计中,应当恰当地处理一些既有区别又有联系的各个组成部分之间的主从关系。主体在造型中起着决定作用,客体起烘托作用。主从应互相衬托,融为一体,这是取得造型完整性、统一性的重要手段。产品造型中的重点,由功能和结构等内容决定,是表现造型目的特征的关键部位,即主体部位;也可以是视觉观察的中心。质感的重点处理,可以形成视觉中心和高潮,避免视线不停地游荡,以便加强工业产品的艺术表现力。没有主从的质感设计,会使产品的造型显得呆板、单调。

在工业产品造型的整体设计中,对可见部位、主要部位、常触部位,如面板、商标、操纵件等,应作良好的视觉质感和触觉质感设计,加工工艺要精良,要选材好、质感好。而对不可见部位、次要部位、少触部位,就应从略从简处理。用材质的对比来突出重点,常采用非金属衬托金属,用轻盈的材质衬托沉重的材质,用粗糙的材质衬托光洁的材质。

(3)适合原则

各种材质有明显个性,在质感设计中应充分考虑到材质的功能和价值,质感应与适用性相符。根据这一原则,应注意质感与触觉的关系。中国古代帝王的金唾壶、玉衣等,质感与适用性不符,反而不美。中国老人黑布帽的额心嵌一块碧玉,现代体育金质奖杯配一紫檀木基座,就是适合原则的成功范例。又如农村的新鲜荔枝用带叶的枝条编成提篮包装,商品的质感与包装的质感相映成趣,引人入胜。

在产品造型的质感设计中,要灵活应用以上形式美的基本原则,就要充分发挥材料的特性,合理利用其各具的色彩、纹理和质感等自然美的属性。器不在料,功不在细,设计独到贵胜金。获得优美的艺术效果,不在于贵重材料的堆积,而在于材料的合理配置与质感的和谐运用,即使光泽相近的不同材料配置在一起,也会因其质感各异而具有不同的效果,特别是那些贵重而富有装饰性材料,要利用"画龙点睛"的手法,在大面积材料上,做重点的装饰处理,这样才能充分而有效地发挥材料的特性和作用。

3. 材料质感设计在造型设计中的作用

质感设计在工业产品造型设计中的主要作用可归纳如下:

(1)提高适用性

良好的触觉质感设计,可以提高整体设计的适用性。比如软质材料能对人造成柔软的触感和舒服的心理感。在照相机机身上粘贴软质人造革材料手感良好,使人乐于接触它,产品的功能性、适用性也无疑提高了。又如收录机、仪器仪表等产品上的开关按钮等操作件,表面压制凹凸细纹,有较明显的触觉刺激,易于使用,避免因滑动而不便使用或产生各种事故。

(2)增加装饰性

良好的视觉质感设计,可以提高工业产品整体设计的装饰性,还能补充形态和色彩所难以替代的形式美。如家用电器、机床、汽车上的各种涂装工艺处理,既有防护性,更有装饰性和伪装性,它能产生诱人的视觉质感美。又如各种陶瓷釉面的艺术彩釉设计,是较典型的视觉质感设计,朱砂釉、雨花釉、冰纹釉、结晶釉等,给人以丰富的视觉质感形式美的享受。再如,印刷品上各种荧光油墨,金、银油墨,各色电化铝烫印,都是视觉质感的设计,均具有强烈的材质装饰美。

(3)达到多样性和经济性

良好的人为质感设计可以替代和弥补自然质感,达到工业产品整体设计的多样性和经济性。例如,各种表面装饰材料,如塑料镀膜纸能替代金属及玻璃镜;塑料粘面板可以替代高级木材、纺织品;各种贴墙纸能仿造锦缎的质感;各种人造皮毛几乎可以和自然皮相媲美,这些材料的人为质感具有普及性、经济性,可节约大量珍贵的自然材质,满足工业造型设计的需要。

(4)表现真实性和价值性

良好的质感设计往往能决定整体设计的真实性和价值性。一般评价商品常常不说"美",而说"真",要求"货真价实"。"真"就是商品材质的优良和工艺的精湛,即自然质感与人为质感的综合设计效果。形式美似乎只是外在美,而优良的质感设计能使人感到一种内在的美,这一点在工业造型设计中是至关重要的。

由以上可见,质感设计在工业造型设计中具有重要地位和作用。还应指出,产品造型设计的总体质感是不能仅仅通过材料加工和表面处理就能取得的,还应与产品造型的色感有相互影响和渗透的关系,使色感与质感相依相存。由于人们长期生活实践经验的积累,对某些物质的色感效果形成了固定的概念和联想。例如,光泽色中的金黄色、银白色就表现了黄金、白银的质地高贵、富丽堂皇。又如坚硬、细密、光洁的金属面,使人联想到的是清晰、明亮、眩目的灰白色,质地轻柔的棉花则常用素雅、不反光的纯白色表现。因此,人们常采用很多自然色去模仿自然,表现不同的材质效果与感觉。

色彩的质地感觉与色相、明度、纯度密切相关,一般明色、轻色及弱色给人以细润、圆滑、丰满的感觉;而暗色、重色及强色给人以粗糙、淳朴、坚实的感觉。产品造型设计强调质色并重的原则,是指造型设计中不能孤立地看待色彩与质感,应使色彩与质感协调完整,才能获得自然协调、优美、丰富的外观效果。

五、常用金属材料

通常把金属材料分为黑色金属材料及有色金属材料两大类。在黑色金属材料中,又根据含碳量的不同分为工业纯铁、钢及铸铁。而在有色金属材料中根据材料密度的高低将其分为轻金属材料(小于 $4500kg/m^3$)及重金属材料(大于 $4500kg/m^3$)。

1. **常用黑色金属材料**

(1)工业纯铁

在实践中,纯粹的纯铁是不存在的。工业纯铁通常也含有微量的碳(C 小于0.02%)及少量的杂质。工业纯铁虽然塑性很好($\sigma=30\%\sim50\%$,$\psi=70\%\sim80\%$),但强度较低($\sigma_b=180\sim230MPa$),所以不适宜用来制造具有一定强度要求的结构材料和外观材料。工业纯铁主要用于制造磁铁和磁极的铁芯。

(2)钢

钢的种类繁多,通常按钢铁材料中是否含有其他金属成分而把钢材分为碳素钢与合金钢两大类。

① 碳素钢

碳素钢冶炼简便,加工容易,价格低廉,而且在大多数情况下都能满足使用要求,因此应用非常广泛。碳素钢根据用途又分为普通碳素钢、优质碳素结构钢和碳素工具钢。

1) 普通碳素钢

普通碳素钢的牌号由代表材料屈服点的字母 Q、材料屈服点数值、质量等级、脱氧方法等四个部分按顺序组成。例如:Q235-A.F,235 表示该牌号材料的屈服极限为 235MPa,A 代表优质,F 为沸腾脱氧法。

普通碳素钢通常以钢锭的形式(包括连铸毛坯)或型材的方式交货。常用的型材有热轧板、圆钢、方钢、角钢、槽钢等,各种型材分别有不同的规格供选择,使用时可以查阅工程材料手册。

2) 优质碳素结构钢

优质碳素结构钢所含有害杂质较少,纯洁度、均匀性及表面质量都比较高,因此,钢材的塑性和韧性都比较好。

优质碳素结构钢含碳量在 0.05%～0.9%范围内。材料的牌号用两位数字来表示,数字代表钢材的平均含碳量,含碳量以 0.01% 为单位。例如 20 号钢材表示该钢材的平均含碳量为 0.20%;45 号钢材表示平均含碳量为 0.45%的优质碳素结构钢。

实际中,常把 08～20 牌号的钢叫做低碳钢,由于其塑性较好,常用做冲压件、焊接件或需要渗碳处理的零件。30～50 牌号的钢材为中碳钢,经调质热处理后,可获得良好的综合机械性能,常用来制造齿轮、轴类、套筒类等零件。50～80 牌号的钢材为高碳钢,主要用做高强度的轴类零件和弹簧类零件。

优质碳素结构钢一般以型材的方式交货。与碳素钢一样,常用的型材有热轧板、圆钢、方钢、角钢、槽钢、工字钢等,各种型材分别有不同的规格供选择,使用时可以查阅工程材料手册。

3) 碳素工具钢

碳素工具钢的牌号表示如:T7,T8A 等,字母后数字表示平均含碳量,以含碳量的 0.10% 为单位。例如,T8A、T12 分别表示平均含碳量为 0.8%和1.2%,A 表示高级。

碳素工具钢中的 T7、T7A 经热处理后具有较好的强度与韧性,适于制造冲击用具,如锻模、锤子、凿子等;T8、T8A、T9、T9A 经热处理后具有较高的强度与耐磨性,适于制造形状简单的金属刀具和木工工具等;T10、T10A、T11、T11A 适于制造耐磨性较高的工具,如冲模、丝锥及形状简单的量具等手工工具。

② 合金钢

为了提高钢材的综合机械性能,物理、化学性能和加工工艺性能,有意识地在钢中加入一些合金元素,于是就产生了合金钢。碳钢与合金钢比较存在着许多不足。第一,碳钢的淬透性低,回火抗力差,基本相不牢固,使它的应用受到一定限制,大截面尺寸零件经调质处理后得不到内外一致的理想的机械性能;第二,碳钢的热硬性差,碳素工具钢制成的刀具,刃部受热超过200℃就软化而丧失切削能力,不能满足高速切削的要求;第三,碳钢不具备特殊性能,如耐高温、耐腐蚀、耐磨性能等。必须选用合金钢。但是,合金钢的加工工艺比较复杂,成本高,因此碳钢能满足要求时,应尽量选用碳钢,而不随便选用合金钢,特别是高合金钢,以符合节约原则。

在合金钢中,经常加入的合金元素有锰(Mn)、硅(Si)、铬(Cr)、镍(Ni)、钼(Mo)、钨(W)、钒(V)、钛(Ti)、铌(Nb)、锗(Ge)和稀土元素(Re)等。

1) 合金元素在钢中的作用

合金元素在钢中的作用是非常复杂的。迄今为止,人们对它们的认识仍然很不全面。概括地讲,合金元素在钢中的作用主要有三个方面:

a. 合金元素加入钢中后,主要是溶入固溶体中,或溶于碳化物中,或形成特殊碳化物。对提高合金钢的强度、硬度和耐磨性,改善热处理性能等起着重要作用。

b. 合金元素加入钢中后,对钢热处理的三个主要过程,即加热、冷却和回火时的相变过程都有一定影响。合金钢有较高的淬透性和回火稳定性,容易得到细晶粒组织,使合金钢经热处理后,性能得到明显提高。

c. 合金元素加入钢中后,会使钢的平衡状态发生变化。当钢中加入大量某些元素时,会使奥氏体区消失,或者在室温下具有稳定的奥氏体组织等。因而含有较多合金元素的钢,往往具有某些特殊的物理或化学性能。

2) 合金结构钢

合金结构钢是在碳素结构钢的基础上适当加入一种或数种合金元素构成的钢,其中经常加入的元素,根据其在钢中发挥作用的特点,可将这些元素分为,主加元素 Si、Mn、Cr、Ni、B;辅加元素 W、Mo、V、Ti、Nb。主加元素对提高钢的力学性能起主要作用。辅加元素是促进主加元素进一步发挥作用的,它们在钢中的含量很少,但所起的作用往往是非常重要的。

合金结构钢的编号采用"数字 + 元素符号 + 数字"的方法表示。前面的数字表示钢中的平均含碳量为万分之几;元素符号表示所含的合金元素;符号后面的数字表示该合金元素平均含量为百分之几,如果平均含量低于1.5%时,钢号中一般只标出元素符号而不标明含量。

合金结构钢的应用,一是制造零件,如各种轴类件、齿轮、连杆、弹簧、紧固件等;二是制造各种金属构件,如桥梁、船体、高压容器等。合金结构钢是合金钢中用量最大的钢种。

常用的合金结构钢有:普通低合金钢、合金渗碳钢、合金调质钢、合金弹簧钢和滚动轴承钢等。

3) 合金工具钢

机械工业中使用的各种工具中,应用最多的是各类切削刃具,冷、热变形模具和量具等,所以按照用途,工具钢大致可分为刃具钢、模具钢和量具钢三大类。其实它们的应用界限并不明显,一种钢往往可以做几类工具。例如,低合金刃具钢除了作刃具外,也可作冷模具或量具。高速钢是典型的刃具钢,现在也大量用于制造冷模具。

合金工具钢的编号与合金结构钢相似,采用"数字 + 元素符号 + 数字"的方法表示。所不同的是前面的数字表示平均含碳量为千分之几,平均含碳大于1.0%时不予标出,如9SiCr的平均含碳量为0.9%;Cr_{12}的平均含碳量大于1.0%(实际含2.0%~2.3%)。

大多数合金工具钢要求高硬度和高耐磨性,故合金工具钢含碳量一般都大于0.6%(热模具钢除外),并含有碳化物形成的元素如Cr、Mn、W、V等,大多数合金工具钢经淬火和低温回火后的组织为回火马氏体、碳化物和少量残余奥氏体。

合金工具钢的典型钢种如下:合金刃具钢中,低合金刃具钢最典型的钢种是9SiCr。广泛应用的高速钢有两种,即$W_{18}Cr_4V$和$W_6Mo_5Cr_4V_2$。合金模具钢中,典型的冷模具钢是Cr_{12};热模具钢是5CrNiMo。量具则没有专用钢,简单量具用高碳钢制造,复杂量具一般用低合金刃具钢,高精度的复杂量具则可用CrMn和CrW·Mn钢制造。

4) 特殊性能钢

特殊性能钢是指具有特殊的物理、化学性能的合金钢。在机械制造中,常用的特殊性能钢有不锈钢、耐热钢和耐磨钢三种。这类钢的含碳量大都很低,一般用千分数表示,钢号中合金元素以百分数表示。当含碳量≤0.03%和≤0.08%时,在钢号前分别冠以"00"或"0",如$0Cr_{13}$表示含碳量≤0.08%,平均含铬为13%。

a. 不锈钢是指在腐蚀性介质中高度稳定的钢种。不锈钢并非不生锈。在同一介质中不同类型的不锈钢的锈蚀速度是不一样的,而同一类型不锈钢在不同腐蚀介质中,锈蚀情况也不一样。常用的不锈钢牌号如下,马氏体不锈钢的常见钢号有$1Cr_{13}$、$2Cr_{13}$、$3Cr_{13}$和$4Cr_{13}$;铁素体型不锈钢,常用的钢号有$1Cr_{17}$、$1Cr_{17}Ti$;奥氏体型不锈钢,常用的钢号有$1Cr_{18}Ni_9$和$1Cr_{18}Ni_9Ti$。

b. 耐热钢是指在高温条件下,具有良好耐热性的钢。它包括抗氧化钢和热强钢。耐热钢按正火组织分类可分为珠光体钢、马氏体钢和奥氏体钢。珠光体钢常用钢号有15CrMo、12CrMoV等;马氏体钢常用钢号有$1Cr_{13}$、$1Cr_{11}MoV$等;奥氏体钢的常用钢号为$1Cr_{18}Ni_9Ti$。

c. 耐磨钢是指具有高耐磨性的钢种,主要是高锰钢。这种钢由于机械加工比较困难,基本上都用于铸件,它经热处理和塑性变形后能产生强烈的加工硬化,所以具有优良的耐磨性,常用于制作工作时受严重磨损和强烈冲击的零件。例如拖拉机、坦克的履带板、铁路道叉、掘土机铲斗等。最典型的钢种是 $ZGMn_{13}$。

(3) 铸铁

铸铁是一种使用历史悠久的重要工程材料,目前仍然得到广泛的应用,铸铁件占各类机械总重量的40%~70%。近年来由于稀土镁球墨铸铁的发展,可以代替某些用碳钢和合金钢制造的重要零件,如曲轴、连杆等。不仅可以节约大量优质钢材,还可以减少加工量、降低产品成本。

① 铸铁的成分、组织和性能特点

铸铁是含碳量大于2.11%的铁碳合金。工业上常用铸铁的成分范围是含2.5%~4.0%C,1.0%~3.0%Si,0.5%~1.4%Mn。由此可见铸铁与钢成分的主要区别是:铸铁的含碳量和含硅量高,杂质元素硫和磷较多。

铁碳合金中碳常以两种形式存在,一种是游离碳——石墨(G),另一种是化合碳——(渗碳体 Fe_3C)。石墨和渗碳体均可从液相(或奥氏体)直接结晶出来。当缓慢冷却时,结晶出石墨的可能性较大,而快冷时结晶出渗碳体的可能性增大。渗碳体是介稳定相,它在一定条件下可以分解($Fe_3C \rightarrow 3Fe+C$),而石墨才是稳定相。

常用铸铁一般接近共晶成分,故熔点低、流动性好,如果铸铁的含碳量和含硅量较高,有利于石墨的结晶。铸铁组织中石墨的形成称为"石墨化"过程。一般说来,铸铁的强度、塑性韧性较差,不能进行锻造,但它具有良好的铸造性能、切削加工性、减摩性、减震性、价格低廉和工艺简单等许多优点。

② 铸铁的分类

生产中常使用的铸铁种类很多,如按照碳存在的不同形式分类,通常可将铸铁分为三类:灰口铸铁,碳主要以石墨形式存在的铸铁,断口呈灰色;白口铸铁,碳主要以渗碳体形式存在的铸铁,断口呈白色;麻口铸铁,碳部分以渗碳体形式、部分以石墨形式存在,断口呈灰白色相间。如按照石墨的形态分类,通常也可将铸铁分为三类,即灰口铸铁、可锻铸铁和球墨铸铁。

③ 铸铁的牌号、性能和用途

1) 灰口铸铁

灰口铸铁的组织可看做是在"钢的基体"上散布着片状石墨。因石墨强度低,石墨片的存在不仅割断了基体的连续性,而且其尖端处还会引起应力集中。所以灰口铸铁的强度、塑性和韧性远不如钢。但石墨的存在对铸铁的抗压强度影响不大。铸铁的组织中含有石墨也带来了许多优点。如铸铁不仅有较好的流动性,由于石墨比容较大,其收缩率减小。铸铁还有良好的减震性和较低的缺口敏感性。因此广泛地用于制造各种承受压力和要求消震的床身、机架以及结构复杂的箱体、壳体和经受摩擦的导轨和缸体等。

灰口铸铁的牌号为"HT + 数字","HT"为"灰铁"汉语拼音的第一个字母，后面的数字表示抗拉强度(MPa)。

2) 可锻铸铁

可锻铸铁由铸造白口铸铁件经热处理而得到的一种高强度铸铁。可锻铸铁与灰口铸铁相比，具有较高的强度、塑性和冲击韧性，可部分代替碳钢，可用于承受冲击和振动的零件，如汽车的后桥外壳、管接头，低压阀门等。

我国生产的为黑心可锻铸铁，组织为铁素体(或珠光体)基体上分布着团絮状石墨。牌号用拼音字母"KTH"后面加两组数字表示。"KTH"是"可铁黑"汉语拼音的第一个字母，第一组数字表示最低抗拉强度，第二组数字表示最低伸长率。

3) 球墨铸铁

球墨铸铁是在浇铸前向铁水中加入一定的球化剂(如镁、钙和稀土元素等)进行球化处理，并加入少量孕育剂(硅铁或钙硅合金)以促进石墨化，获得具有球状石墨的铸铁。球状石墨对基体性能的削弱作用更小。球墨铸铁的基体强度利用率可达70%～90%，而灰口铸铁只有30%～50%。球墨铸铁具有优良的机械性能及铸造性、加工性，生产工艺简便，正逐步取代可锻铸铁，在一定条件下可代替铸钢、锻钢和某些合金钢。可用来制造受力复杂、负荷较大和要求耐磨的零件。如柴油机曲轴、凸轮轴、连杆、齿轮、蜗杆、蜗轮、轮辊、大型水轮机的工作缸、缸套和活塞等。

球墨铸铁牌号用"QT"符号及后面两组数字表示。"QT"代表球墨铸铁，牌号中的两组数字分别表示抗拉强度和伸长率的最低值。此外，除灰口铸铁、可锻铸铁、球墨铸铁外，还有特殊性能铸铁。特殊性能铸铁一般是指耐磨铸铁、耐热铸铁、耐腐蚀铸铁。为了使铸铁具有特殊性能，通常加入 Si、Mn、P、Al、Cr、Mo、W、Cu、V、B、Ti 等合金元素。

2. 常用有色金属及其合金材料

有色金属材料具有许多特殊的物理、化学和机械性能，是现代工业中不可缺少的重要工程材料。它的种类繁多，用途极广。但是，由于有色金属冶炼复杂、耗电量大，成本高，因此比钢铁材料贵重得多。目前，在工业生产中使用最多的是铝及铝合金、铜及铜合金、滑动轴承合金。

(1) 铝及铝合金

铝及铝合金是工业中用量最大的有色金属。

① 纯铝

纯铝具有较优良的特性，纯铝密度小，约为 $2\,700 kg/m^3$，相当于铜的三分之一,属轻金属,熔点为 660℃;铝的导电、导热性能优良,仅次于铜,其电导率约为铜的 64%;铝在结晶后具有面心立方晶格,具有很高的塑性,$\delta = 45\%$,$\psi = 80\%$,可进行各种塑性加工;纯铝为银白色,在大气中铝与氧的亲和力很大,能形成一层致密的氧化膜 Al_2O_3,隔绝空气防止进一步氧化,因此在大气中有良好的抗氧化性,但氯离子和碱离子能破坏铝的氧化膜,因此,纯铝不耐酸、碱、盐的腐蚀。

纯铝分为工业高纯铝和工业纯铝两类。用代号"L"表示铝及铝合金。高纯铝材料牌号有 L_{01}、L_{02}、L_{03}、L_{04},纯度为 99.93%~99.996%。牌号中数字越大,纯度越高。纯铝主要用于科研及制造电容器。工业纯铝牌号为 L_1、L_2、L_3、L_4,其纯度为 99.7%~98%。牌号中数字越大,则纯度越低。工业纯铝中常见的杂质有铁和硅,杂质含量增加,其导电性、塑性及耐蚀性下降。

② 铝合金

纯铝的强度很低,不易作为结构材料使用,但在铝中加入合金元素后,所组成的铝合金具有较高的强度,能用于制造承受一定载荷的零件。

1) 防锈铝合金

防锈铝合金主要含锰、镁等合金元素,Al-Mn 合金由于锰的作用,比纯铝有更高耐蚀性和强度,并具有良好的可焊性和塑性,但切削性能较差。Al-Mg 系合金由于镁的作用,密度比纯铝小,强度比 Al-Mn 合金高,并有相当好的耐蚀性。防锈铝合金的时效硬化效果极弱,只能用冷变形强化,但会使塑性显著下降。防锈铝合金牌号用"铝"、"防"两个汉字的拼音首字母"LF"和顺序号表示,常用的有 LF_5、LF_{11}、LF_{21}。防锈铝合金主要用于制造各种高耐蚀性薄板容器(油箱)、蒙皮以及受力小、质软、耐蚀的构件。在飞机、制冷装置中应用很广。

2) 硬铝

硬铝是铝、铜、镁系合金。硬铝中的铜、镁含量多,则强度、硬度高,但塑性低,韧性差。硬铝合金牌号用"铝"、"硬"两个汉字的拼音首字母"LY"和顺序号表示。常用的有 LY_1、LY_3(铆钉硬铝)、LY_{11}(标准硬铝)及 LY_{12}(高强度硬铝)等。这类合金可通过热处理强化,例如 LY_{11} 的加热温度为 505℃~510℃,温度间隔很窄。固溶处理后自然时效可使强度达到 420MPa。其比强度(强度与密度之比)与高强钢相近,故名硬铝。常用来制造飞机的大梁、间隔框、螺旋浆、铆钉及蒙皮等,在仪表中也得到广泛应用。

3) 超硬铝合金

超硬铝合金为铝、锌、铜、镁系合金。这类合金是室温强度最高的铝合金,经固溶处理和时效后,其强度 σ_b 可达 680MPa,其比强度已相当于超高强度钢(一般是指 $\sigma_b > 1400$MPa 的钢),故名超硬铝合金。其牌号用"铝"、"超"两个汉字的拼音首字母"LC"和顺序号表示。常用的有 LC_4、LC_9 等。主要用于飞机上受力较大的结构件。

4）锻铝

锻铝大多数属于铝、镁、硅、铜系合金。合金元素品种多、含量少，其强化相是 Mg_2Si，机械性能与硬铝相近，热塑性好，耐蚀性较高，更适于锻造，故名锻铝。其牌号用"铝"、"锻"两个汉字的拼音首字母"LD"和顺序号表示。常用的有 LD_2、LD_5、LD_{10} 等。锻铝主要用作航空及仪表工业中形状复杂、要求具有较高比强度的锻件。

③ 铸造铝合金

铸造铝合金分铝硅系、铝铜系、铝镁系、铝锌系四种，其中以铝硅系合金应用最广。铸造铝合金牌号用"铸"、"铝"两个汉字的拼音首字母"ZL"和三位数字表示，第一位数字表示合金的类别，如 1 表示铝硅系、2 表示铝铜系、3 表示铝镁系、4 表示铝锌系；第二、三位数字表示合金的顺序号，顺序不同化学成分也不同。例如 ZL_{102} 表示 2 号铝硅系铸造铝合金。

铸造铝合金要求有良好的铸造性能，因此在铸造铝合金中必须有适量的共晶组织。应用最广的铝硅系合金中，仅含有硅的称为硅铝明。其铸件致密度低，强度也较低且不能热处理强化。因此硅铝明仅用于制造形状复杂但强度要求不高的零件，如仪器仪表、抽水机壳体等。为提高铝硅合金的强度，可以加入镁和铜以形成 $MgSi$、$CuAl_2$ 及 $CuMgAl_2$ 等强化相，这种铝硅合金称为特殊硅铝明。它在变质处理后还可进行固溶处理和时效处理，以提高强度，例如 ZL_{104}。经热处理后 σ_b 可达到 240MPa，不仅耐蚀且具有良好的铸造性、焊接性和耐热性，常用做强度要求较高的零件，例如气缸盖。又如 ZL_{108}、ZL_{109} 等是我国目前常用的铸造铝合金活塞材料，在汽车拖拉机及各种内燃机的发动机上应用甚广。

（2）铜及铜合金

铜及铜合金是历史上应用最早的有色金属，工业上使用的主要有工业纯铜、黄铜、青铜等。

① 纯铜

纯铜具有玫瑰色，表面氧化后呈紫色，故又称紫铜。纯铜的熔点为 1 083℃，密度为 8900kg/m³，具有面心立方晶格，无同素异构转变。纯铜有极好的塑性，$\delta = 50\%$，$\psi = 70\%$。因具有良好的加工性和焊接性，易于冷、热加工成型，但强度不高，$\sigma_b = 200 \sim 240$MPa，经冷变形强化后 σ_b 可升高到 $400 \sim 500$MPa，塑性却降低到 $\delta = 6\%$。纯铜的化学稳定性高，在大气、淡水中均有优良的抗蚀性，在非氧化性酸（如盐酸、氢氟酸等）溶液中也能耐蚀，但在海水和氧化性酸（如硝酸、浓硫酸等）中易被腐蚀。纯铜的导电、导热性极好，仅次于银，抗磁性强，常用作电工导体和各种防磁器械等。纯铜的"纯"是相对的，纯铜的杂质主要有 Sn、Bi、O、

S等,它们都不同程度地降低了纯铜的导电性。我国工业纯铜的纯度通常在99.95%～99.5%之间,其牌号有T_1、T_2、T_3、T_4,数字越大,纯度越低。

② 黄铜

黄铜是以锌为主要合金元素的铜合金,工业黄铜含锌量均小于50%,黄铜又分为普通黄铜和特殊黄铜。

1) 普通黄铜

铜锌二元合金称为普通黄铜。其牌号是用"黄"字汉语拼音首字母"H"和两位数表示铜含量。铸造黄铜在牌号前冠以"Z"(铸)字。当锌含量小于32%时,室温下为单相α固溶体(锌溶于铜中),称做单相黄铜。α相是面心立方晶格,所以有极好的变形能力,这种黄铜也称冷加工黄铜。H68(H70)是典型的单相黄铜,含锌30%左右,称为"七三"黄铜,该合金大量用于制作弹壳、仪器的套管及复杂的深冲件。

当锌含量大于32%时,合金中出现脆性相β'(以电子化合物CuZn为基的有序固溶体),这时合金的塑性显著降低,不能冷变形加工。但加热到一定温度(456～468℃以上时β'相转变为无序的β相,塑性骤增,可以进行热变形加工,称作热加工黄铜。因合金中含有α和β两相,又称双相黄铜。H59(H62)是典型的双相黄铜,含锌量约为40%的黄铜,称"六四黄铜"。一般在800℃以上进行热加工,其性能σ_b＝390～500MPa,δ＝44%～10%,强度较高并有一定的耐蚀性,因其含铜量少,价格便宜,故广泛用来制作电器上要求导电、耐蚀及适当强度的结构件,如螺栓、螺母、垫圈、弹簧及机器中的轴套等,多以棒材和型材供应。

2) 特殊黄铜

在普通黄铜中加入合金元素组成。常加入的元素有Sn、Pb、Al、Si、Mn、Fe等,相应称为锡黄铜、铅黄铜、铝黄铜等。黄铜加入合金元素后,都能相应提高强度,加入锡、锰、铝、硅还可以改善黄铜的耐蚀性和切削性能。如硅能改善铸造性能,铅能改善切削性能。特殊黄铜的牌号用"H"和主加元素的化学符号及铜和各合金元素的含量表示。例如 HPb59-1:表示含铜59%、铅1%的铅黄铜。

③ 青铜

青铜主要是铜和锡的合金,应用最早。近代又发展了含铝、硅、铍、锰、铅的铜合金,习惯上都称为青铜。

1) 锡青铜

在铸造状态下,随含锡量的增加,其强度升高,塑性也略有增加,但含锡量达5%～6%时,由于组织中出现δ相,其塑性急剧下降;当含锡量达20%以上时,合金的强度、塑性极差。所以工业用锡青铜一般含3%～14%的锡,其中含锡小于7%时,因只有单相α固溶体,因此,具有良好的塑性,是压力加工用锡青铜;

铸造锡青铜含锡量为10%~14%。通常还加入少量的其他元素。

常用压力加工锡青铜的牌号有QSn4-3,Q表示青铜,Sn为第一主加元素,4为含锡量4%,3为其他元素含量为3%。它主要用于制作弹簧、轴承、轴套上的衬垫等。常用铸造锡青铜牌号有ZQSnl0、ZQSn10-2等,牌号中Z表示铸造,其他符号与压力加工锡青铜牌号意义相同。它主要用于承受中等载荷的零件,如阀门、泵体、齿轮等。

2) 特殊青铜

特殊青铜是指不含锡的青铜,大多数特殊青铜比锡青铜具有更高机械性能、耐磨性与耐蚀性。

铝青铜是以铝为主加合金元素的铜合金。一般含铝量为5%~7%时塑性最好,适于冷加工。随含铝量的增加,塑性急剧下降,在10%左右时强度最高;高于12%后,塑性已很差,因此,实际应用的铝青铜含铝量一般为5%~12%。压力加工铝青铜如QAl5、QAl7常用于制作重要的弹簧、耐磨、耐蚀的轴类零件;常用的铸造铝青铜如ZQAl9-4等,主要用作轴套、轴承、蜗轮、螺母以及防锈件等。

铍青铜是以铍为主加元素的铜合金。工业用铍青铜的含铍量为1.7%~2.5%,铍青铜不仅强度高,而且弹性极限、疲劳极限也很高,耐磨性、抗蚀性、电导性、热导性也很好,同时还有抗磁、受冲击不产生火花等特殊性能。铍青铜广泛用于制造各种重要弹性元件、耐磨件和防爆工具等。铍青铜一般以压力加工后固溶处理态供货,工厂制成零件后只需进行时效即可,但铍青铜价格昂贵,工艺复杂,是要求节约使用的金属材料。

④ 轴承合金

轴承是一种重要机械零件。虽然滚动轴承有很多优点,应用很广,但因滑动轴承具有承压面积大、工作平稳、无噪音以及检修方便等优点,所以滑动轴承仍占有相当重要的地位。在滑动轴承中,制造轴瓦及其内衬的合金称为轴承合金。轴承合金需要有优异的性能:具有良好的减摩性,要求摩擦系数低、磨合性(跑合性)好、抗咬合性好;具有足够的力学性能,特别是要有足够的抗压强度、疲劳强度和耐磨性;具有良好的热导性和耐蚀性。

能满足上述性能的合金应是既硬又软的组织。因此,轴承合金的组织可以是软基体上均匀分布有硬质点,也可以是硬基体上均匀分布着软质点。这样的轴承在工作时软组织被磨损之后会形成凹坑,可储存润滑油、减轻轴的磨损。同时,硬质点起支持作用。在瞬时过载时凸起的硬质点可被压入软组织中,避免轴颈的擦伤。轴承合金的牌号用"Ch"(承)和元素及含量表示。常见的轴承合金都是按上述组织要求设计的。如锡基轴承合金、铝基轴承合金等。

六、常用非金属材料

1. 常用工程塑料及成型加工

(1) 塑料的组成及分类

塑料是以合成树脂为主要成分的合成材料。在适当的温度和压力下能制成各种形状规格的制品。

① 塑料的组成

塑料通常含有多种成分,其中除主要成分树脂外,还加入了用来改善性能的各种添加剂,如填充剂、增塑剂、稳定剂、润滑剂、染料、固化剂等。

树脂是塑料的主要成分,起胶粘剂作用,它将塑料的其他部分胶结成一体。树脂的种类、性能及在塑料中所占比例,对塑料的类型和性能起着决定性作用。因此,绝大多数塑料是以所用树脂命名的。例如聚氯乙烯塑料就是以聚氯乙烯树脂为主要成分。

有些合成树脂可直接用作塑料。例如,聚乙烯、聚苯乙烯、尼龙、聚碳酸酯等,有些合成树脂不能单独作为塑料,必须在其中加入一些添加剂。例如,聚氯乙烯、酚醛树脂、氨基树脂等。一般树脂含量约为 30%~70%。

填充剂又称填料,是塑料中重要的添加剂,其加入的主要目的是弥补树脂某些性能不足,以改善塑料的某些性能。例如加入铝粉可提高塑料对光的反射能力及导热性能;加入二硫化钼可提高塑料的自润滑性;加入云母粉可改善塑料的绝缘性能;加入石棉粉可以提高耐热性;酚醛树脂中加入木屑可提高机械强度。此外,由于填料比合成树脂便宜,加入填料可以降低塑料的成本。作为填充剂必须与树脂有良好的浸润关系和吸附性,本身性能要稳定。

增塑剂是增加树脂塑性和柔韧性的添加剂,也可以降低塑料的软化温度,使其便于加工成型。增塑剂应溶于树脂而不与树脂发生化学反应,本身不易挥发,在光、热作用下稳定性高,最好是无毒、无色、无味的。常用的增塑剂是液态或低熔点固体有机化合物,其中主要是甲酸酯类、磷酸酯类和氯化石蜡等。

根据塑料种类和性能的不同要求,还可以加入固化剂、稳定剂、着色剂、发泡剂、阻燃剂、防老化剂等不同的添加剂。

② 塑料的分类

到目前为止,投入工业生产的塑料有几百种,常用的有 60 多种,种类繁多。常用的分类方法有以下两种:

1) 按树脂性质分类

根据树脂在加热和冷却时表现的性质,将塑料分为热塑性塑料和热固性塑料两类。

热塑性塑料也称热熔性塑料,主要是由聚合树脂制成,树脂的大分子链具有线型结构。它在加热时软化并熔融,冷却后硬化成型,并可如此多次反复。因此,可以用热塑性塑料的碎屑进行再生和再加工。这类塑料包括有聚乙烯、聚氯乙烯、聚丙烯、聚酰胺(尼龙)、ABS、聚甲醛、聚碳酸酯、聚苯乙烯、聚砜、聚四氟乙烯、聚苯醚、聚氯醚等。

热固性塑料大多是以缩聚树脂为基础、加入各种添加剂制成。其树脂的分子链为体型结构。这类塑料在一定条件(如加热、加压)下会发生化学反应,经过一定时间即固化为坚硬的制品。固化后的热固性塑料既不溶于任何溶剂,也不会再熔融(温度过高时则发生分解)。常用的热固性塑料有酚醛树脂、环氧树脂、呋喃树脂、有机硅树脂等。

2) 按塑料应用范围分类

实践中常把塑料分为通用塑料和工程塑料。

通用塑料是指那些产量大、用途广、价格低的常用塑料。主要包括聚乙烯、聚氯乙烯、聚苯乙烯、聚丙烯、酚醛塑料和氨基塑料等,它们的产量占塑料总产量的75%以上,常用作日用生活用品、包装材料以及一些小型零件。

工程塑料是指在工程中作为结构材料的塑料,这类塑料一般具有较高的机械强度,或具备耐高温、耐腐蚀、耐磨性等良好性能。因而可代替金属做某些机械构件。常用的几种工程塑料是聚碳酸酯、聚酰胺、聚甲醛、聚砜、ABS、聚甲基丙烯酸甲酯、聚四氟乙烯、环氧树脂等。

随着高分子材料的发展,许多塑料通过各种措施加以改性和增强,得到具有特殊性能的特种塑料,如具有高耐蚀性的氟塑料,以及导磁塑料、导电塑料、医用塑料等。

表 4-2 为常用工程塑料的名称(代号)、性能特点和应用范围。

表 4-2　　常用工程塑料的名称(代号)、性能特点和应用范围

名　称 (代　号)	密度 $g \cdot cm^{-3}$	抗拉强度 MPa	缺口冲击 韧　度 $J \cdot cm^{-2}$	特点	应用举例
聚酰胺 (尼龙) (PA)	1.14~1.15	55.9~81.4	0.38	坚韧、耐磨、耐疲劳、耐油、耐水、抗霉菌,无毒,吸水性大	轴承、齿轮、凸轮、导板、轮胎、帘布等。

续表

名称（代号）	密度 g·cm^{-3}	抗拉强度 MPa	缺口冲击韧度 J·cm^{-2}	特点	应用举例
聚甲醛（POM）	1.43	58.8	0.75	良好的综合性能，强度、刚度、冲击、疲劳、蠕变等性能均较高，耐磨性好，吸水性小，尺寸稳定性好	轴承、衬套、齿轮、叶轮、阀管道、化工容器等。
聚砜（PSF）	1.24	84	0.69～0.79	优良的耐热、耐寒、抗蠕变及尺寸稳定性，耐酸、碱及高温蒸汽，良好的可电镀性。	精密齿轮、凸轮、真空泵叶片、仪表壳、仪表盘、印刷电路板等。
聚碳酸酯（PC）	1.2	58.5～68.6	6.3～7.4	突出的冲击韧性，良好的力学性能，尺寸稳定性好，无色透明、吸水性小、耐热性好、不耐碱、酮、芳香烃，有应力开裂倾向。	齿轮、齿条、蜗轮、蜗杆，防弹玻璃，电容器等。
共聚丙烯腈-丁二烯-苯乙烯（ABS）	1.02～1.08	34.2～61.8	0.6～5.2	较好的综合性能，耐冲击，尺寸稳定性好。	齿轮、泵叶轮、轴承、仪表盘、仪表壳、管道、容器、飞机隔音板等。
聚四氟乙烯（F-4）	2.11～2.19	15.7～30.9	1.6	优异的耐腐蚀、耐老化及电绝缘性，吸水性小，可在－180℃～＋250℃长期使用。但加热后粘度大，不能注射成型。	化工管道泵、内衬、电气设备隔离防护屏等。

续表

名 称（代 号）	密度 g·cm^{-3}	抗拉强度 MPa	缺口冲击韧度 J·cm^{-2}	特 点	应用举例
聚甲基丙烯酸甲酯（有机玻璃）（PM-MA）	1.19	60～70	1.2～1.3	透明度高,密度小,高强度,韧性好,耐紫外线和防大气老化,但硬度低,耐热性差,易溶于极性有机剂。	光学镜片、飞机座舱盖、窗玻璃、汽车挡风玻璃、电视屏幕等
酚醛（PF）	1.24～2.0	35～140	0.06～2.17	力学性能变化范围宽、耐热性、耐磨性、耐腐蚀性能好,有良好的绝缘性。	齿轮、耐酸泵、刹车片、仪表外壳、雷达罩等
环氧（EP）	1.1	69	0.44	比强度高,耐热性、耐腐蚀性、绝缘性能好,易于加工成型,但价格昂贵。	模具、精密量具、电气和电子元件等

(2)常用热塑性工程塑料

① 聚酰胺

聚酰胺商品名称为尼龙或锦纶,它是以线型晶态聚酰胺为基的塑料。是最早发现的能承受载荷的热塑性塑料,也是目前机械工业中应用较广泛的一种工程塑料。

尼龙具有较高的强度和韧性,低的摩擦系数,有自润滑性,其耐磨性比青铜还好。适于制造耐磨的机器零件,如齿轮、蜗轮、轴承、凸轮、密封圈、耐磨轴套、导板等。但尼龙吸水性较大,影响尺寸稳定性。长期使用的工作温度一般在100℃以下,当承受较大载荷时,使用温度应降低。

尼龙的发展很快,品种约有几十种。常用的有尼龙6、尼龙66、尼龙610、尼龙1010等。尼龙后面的数字代表链节中碳原子个数。如尼龙6即是由含6个碳原子的己内酰胺聚合而成;尼龙610表示由两种低分子化合物即含6个碳原子的己二胺与含10个碳原子的癸二酸缩合而成。

尼龙1010是我国独创的一种工程塑料,用蓖麻油做原料,提取癸二胺及癸二酸再缩合而成的。成本低、经济效益好,它的特点是自润滑性和耐磨性极好、耐油性好,脆性转化温度低(约在 -60 ℃),机械强度较高。广泛用于机械零件和化工、电气零件。

铸造尼龙(MC 尼龙)也称单体浇铸尼龙,是用己内酰胺单体在强碱催化剂(如 NaOH)和一些助催化剂作用下,用模具直接聚合成型得到制品的毛坯件,由于把聚合和成型过程合在一起,因而成型方便、设备投资少,并易于制造大型机器零件。它的力学性能和物理性能都比尼龙 6 高。可制作几十公斤的齿轮、蜗轮、轴承和导轨等。

芳香尼龙是由芳香胺和芳香酸缩合而成。具有耐磨、耐热、耐辐射和突出的电绝缘性能,在 95% 相对湿度下不受影响,能在温度 200 ℃下长期工作,是尼龙中耐热性最好的一种,可用于在高温下的耐磨零件、绝缘材料和宇宙服。

② 聚甲醛

聚甲醛是继尼龙之后,1959 年投入工业生产的一种高强度工程塑料。它是没有侧基的,高密度、高结晶性的线性聚合物,以聚甲醛树脂为基的塑料,结晶度约为 75%,有明显的熔点(180 ℃)。聚甲醛的耐疲劳性在所有热塑性塑料中是最高的。其弹性模量高于尼龙 66、ABS、聚碳酸酯,同时具有优良的耐磨性和自润滑性,对金属的摩擦系数小。此外,还有好的耐水、耐油、耐化学腐蚀和绝缘性。缺点是热稳定性差、易燃,长期在大气中曝晒会老化。

聚甲醛塑料价格低廉,且综合性能好,故可代替有色金属及合金,并逐步取代尼龙制作各种机器零件,尤其适于制造不允许使用润滑油的齿轮、轴承和衬套等。工业上应用日益广泛。

③ 聚砜

聚砜是以线型非晶态聚砜树脂为基的塑料,它有许多优良性能,最突出的是耐热性好,使用温度最高可达 150~165 ℃,蠕变抗力高,尺寸稳定性好。聚砜的强度高、弹性模量大,而且随温度升高,力学性能变化缓慢。脆化转变温度低(约为 -100 ℃),所以聚砜的使用温度范围宽。无论在水中还是在 190 ℃的高温下,聚砜均能保持高的介电性能。其缺点是加工性能不够理想,要求在 330~380 ℃的高温下进行成型加工,而且耐溶剂性能也差。

聚砜可做高强度、耐热、抗蠕变的结构零件、耐腐蚀零件和电气绝缘件,如精密齿轮、凸轮、真空泵叶片,制造各种仪表的壳体、罩等;在电气、电子工业中用作集成电路板、印刷电路板、印刷线路薄膜等。也可做洗衣机、家庭用具、厨房用具和各种容器。聚砜性能优良且成本低,是一种有发展前途的塑料。

④ 聚碳酸酯

聚碳酸酯是以线型部分晶态聚碳酸酯为基的塑料。具有优异的冲击韧性和尺寸稳定性,较好的耐低温性能,使用温度范围为 -100~130 ℃,良好的绝缘性和加工成型性。聚碳酸酯透明,具有高透光率,加入染色剂可染成色彩鲜艳的装饰塑料。缺点是化学稳定性差,易受碱、胺、酮、酯、芳香烃的侵蚀,在四氯化碳中会发生"应力开裂"现象。

聚碳酸酯用途十分广泛,可作机械零件,如齿轮、齿条、蜗轮和仪表零件及外壳,利用其透明性可以做防弹玻璃、灯罩、防护面罩、安全帽、机器防护罩及其他高级绝缘零件。

⑤ ABS塑料

ABS塑料是由丙烯腈(A)-丁二烯(B)-苯乙烯(S)三种单体共聚而成的三元共聚物。因此兼有三种组元的特性。聚丙烯具有高的硬度和强度,耐油性和耐蚀性好;聚丁二烯具有高的弹性、韧性和耐冲击的特性;聚苯乙烯具有良好的绝缘性、着色性和成型加工性。因此,使得ABS塑料成为一种"质坚、性韧、刚性大"的优良工程塑料。缺点是耐高温、耐低温性能差,易燃、不透明。

在ABS树脂生产中三种组元的配比可以调配,树脂的性能也随成分的改变而改变,因而可以制成各种品级的ABS树脂,满足不同需求。

ABS塑料在工业上应用极为广泛,制作收音机、电视机及其他通信装置的外壳,汽车的方向盘、仪表盘,机械中的手柄、齿轮、泵叶轮,各类容器、管道,飞机舱内装饰板、窗框、隔音板等。

⑥ 氟塑料

氟塑料是含氟塑料的总称,其中如聚四氟乙烯、聚三氟乙烯和聚全氟乙丙烯等。氟塑料与其他塑料相比,具有更优越的抗蚀性、耐高温、低温,使用温度范围宽,摩擦系数小和有自润滑性,不易老化,是良好的耐辐射和耐低温材料。其中尤以聚四氟乙烯最突出。

聚四氟乙烯是线型晶态高聚物,结晶度为$55\%\sim75\%$,理论熔点为$327℃$,具有极优越的化学稳定性,热稳定性和良好的电性能。它不受任何化学试剂的侵蚀,即使在高温下的强酸(甚至王水)、强碱、强氧化剂中也不受腐蚀,故有"塑料王"之称。它的热稳定性和耐寒性都好,在$-195\sim250℃$范围内长期使用,其力学性能几乎不发生变化。它的摩擦系数小(只有0.04),并有自润滑性。它的吸水性小,在极潮湿的条件下仍能保持良好的绝缘性能,它的介电性能既与频率无关,也不随温度而改变。其缺点是强度较低,尤其是耐压强度不高。在温度高于$390℃$时,它会分解挥发出毒性气体,它的加工成型性较差,加热至$450℃$,也不会从高弹态变为粘流态,因此不能用注射法成型。

聚四氟乙烯主要用于减摩密封零件,如垫圈、密封圈、密封填料、自润滑轴承、活塞环等。化工工业中的耐腐蚀零件,如管道、内衬材料、泵、过滤器等。在电工和无线电技术中,作为良好的绝缘材料,可做高频电缆、电容线圈、电机槽的绝缘,在医疗方面,由于它对生理过程没任何副作用,因此可用它制作代用血管、人工心肺装置等。

⑦ 聚甲基丙烯酸甲酯

聚甲基丙烯酸甲酯俗称有机玻璃,它的比密度小(只有1.18),高度透明,透光率为92%,比普通玻璃透光率(88%)还高,具有高强度和韧性,不易破碎,耐紫外线和大气老化,易于成型加工。但其硬度不如普通玻璃高,耐磨性差,易溶于极性有机溶剂,耐热性差,一般使用温度不超过80℃,导热性差,膨胀系数大。

有机玻璃主要用于制作有一定透明度和强度要求的零件,如飞机座舱盖、窗玻璃、仪表外壳、灯罩、光学镜片、汽车风挡等。由于其着色性好,也常用于各种装饰品和生活用品。

(3) 常用热固性工程塑料

① 酚醛塑料

酚醛塑料是由酚类和醛类化合物在酸性或碱性催化剂作用下,经缩聚反应而得到的合成树脂,其中由苯酚和甲醛缩聚而成的树脂应用最广。以非晶态酚醛树脂为基,再加入木材粉、纸、玻璃布、布、石棉等填料经固化处理而形成交联型热固性塑料。

根据所加填料和比例等不同,酚醛塑料有粉状酚醛塑料,通常称胶木粉(或电木粉),供模压成型用;根据纤维填料不同,纤维状酚醛塑料又分棉纤维酚醛塑料、石棉纤维酚醛塑料、玻璃纤维酚醛塑料等;层压酚醛塑料是由浸渍过液态酚醛树脂的片状填料制成的,根据填料的不同又有纸层酚醛塑料、布层酚醛塑料和玻璃布层酚醛塑料(即玻璃钢)等。

酚醛塑料具有一定机械强度,层压塑料的抗拉强度可达140MPa,刚度大,制品尺寸稳定。有良好的耐热性,可在110～140℃下使用。具有较高的耐磨性、耐腐蚀性及良好的绝缘性。在电器工业中用于制作电器开关、插头、外壳和各种电气绝缘零件,在机械工业中主要制造齿轮、凸轮、皮带轮、轴承、垫圈、手柄等。此外还可用作为化工用耐酸泵、宇航工业中瞬时耐高温和烧蚀的结构材料。

但是酚醛塑料(电木)性脆易碎,抗冲击强度低。在阳光下易变色,因此多做成黑色、棕色或黑绿色。

② 环氧塑料

环氧塑料是以非晶态环氧树脂为基,再加入增塑剂、填料及固化剂等添加剂制成的热固性塑料。具有比强度高,耐热性、耐腐蚀性、绝缘性和加工成型性好等特点。缺点是成本高,所用的固化剂有毒性。

环氧塑料主要用于制造塑料模具、精密量具和各种绝缘器件,也可以制作层压塑料、浇注塑料等。

2. 常用复合材料

随着航天、航空、电子、原子能、通讯技术及机械和化工等工业的发展,对材料性能的要求越来越高,这对单一的金属材料、高分子材料或陶瓷材料来说都是无能为力的。若将这些具有不同性能特点的单一材料复合起来,取长补短,就能满足现代高新技术的需要。

所谓复合材料就是指由两种或两种以上不同性质的材料,通过不同的工艺方法人工合成的多相材料。复合材料既保持组成材料各自的最佳特性,又具有组合后的新特性。如玻璃纤维的断裂能只有 7.5×10^{-4} J,常用树脂的断裂能为 2.26×10^{-2} J左右,但由玻璃纤维与热固性树脂组成的复合材料,即热固性玻璃钢的断裂能高达17.6J,其强度显著高于树脂,而脆性远低于玻璃纤维。可见"复合"已成为改善材料性能的重要手段。因此,复合材料愈来愈引起人们的重视,新型复合材料的研制和应用也愈来愈广泛。

复合材料是一种多相材料,其种类繁多,这里仅就最常用的塑料基复合材料做一简单介绍。塑料基复合材料作为机械工程材料,塑料的最大优点是密度小、耐腐蚀、可塑性好、易加工成型,但其最主要的缺点是强度低、弹性模量低、耐热性差,改善其性能最有效的途径是将其制备成复合材料。在塑料基复合材料中,以纤维增强效果最好、发展最快、应用最广。

纤维增强塑料基复合材料常用的增强纤维为玻璃纤维、碳纤维、硼纤维、碳化硅纤维、Kevlar纤维及其织物、毡等,基体材料为热固性塑料(如不饱和聚酯树脂、环氧树脂、酚醛树脂、呋喃树脂、有机硅树脂等)和热塑性塑料(如尼龙、聚苯乙烯、ABS、聚碳酸酯等)。这类材料的复合与制品的成型是同时完成的,常用的成型方法有手糊法、喷射法、压制法、缠绕成型法、离心成型法和袋压法等。广泛使用的是玻璃纤维增强塑料、碳纤维增强塑料、硼纤维增强塑料、碳化硅纤维增强塑料和Kevlar纤维增强塑料。

(1) 玻璃纤维增强塑料

玻璃纤维增强也称玻璃钢,按塑料基体性质可分为热塑性玻璃钢和热固性玻璃钢。

① 热塑性玻璃钢

热塑性玻璃钢是由体积分数为20%~40%的玻璃纤维与60%~80%的热塑性树酯组成,具有高强度和高冲击韧性、良好的低温性能及低热膨胀系数。例如40%的玻璃纤维增强尼龙6、尼龙66的抗拉强度超过铝合金;40%的玻璃纤维增强聚碳酸酯的热膨胀系数低于不锈钢铸件;玻璃纤维增强聚苯乙烯、聚碳酸酯、尼龙66等在-40℃时冲击韧性不但不像一般塑料那样严重降低,反而有所升高。

② 热固性玻璃钢

热固性玻璃钢是由体积分数为60%~70%玻璃纤维(或玻璃布)与30%~40%热固性树脂组成,其主要优点是密度小、强度高,它的比强度超过一般高强度钢和铝合金及钛合金;耐腐蚀;绝缘、绝热性好;吸水性低;防磁;微波穿透性好;易于加工成型。其缺点是弹性模量低,只有结构钢的1/5~1/10,刚性差;耐热性虽比热塑性玻璃钢好,但仍不够高,只能在300℃以下使用。为了提高性能,可对其进行改性。例如用酚醛树脂与环氧树脂混溶后作基体进行复合,不仅具有环氧树脂的粘结性,降低酚醛树脂的脆性,又保持酚醛树脂的耐热性。因此环氧-酚醛玻璃钢热稳定性好,强度更高;又如有机硅树脂与酚醛树脂混溶后制成的玻璃钢可作耐高温材料。

玻璃钢主要用于制造要求自重轻的受力构件和要求无磁性、绝缘、耐腐蚀的零件。例如在航天和航空工业中制造雷达罩、直升飞机机身、飞机螺旋桨、发动机叶轮、火箭导弹发动机壳体和燃料箱等;在船舶工业中用于制造轻型船、艇、舰。因玻璃钢无磁性,用其制造的扫雷艇可避免磁性水雷的袭击;在车辆工业中制造汽车、机车、拖拉机车身、发动机机罩等;在电机电器工业中制造重型发电机护环、大型变压器线圈绝缘筒以及各种绝缘零件等;在石油化工工业中代替不锈钢制作耐酸、耐碱、耐油的容器、管道和反应釜等。

(2) 碳纤维增强塑料

碳纤维增强塑料是由碳纤维与聚酯、酚醛、环氧、聚四氟乙烯等树脂组成的复合材料。这类材料具有低密度、高强度。高弹性模量、高比强度和比模量。例如碳纤维-环氧树脂复合材料的比强度和比模量都超过了铝合金、钢和玻璃钢。此外,碳纤维增强塑料还具有优良的抗疲劳性能、耐冲击性能、自润滑性、减磨耐磨性、耐腐蚀和耐热性,其缺点是碳纤维与基体结合力低,各向异性严重,垂直纤维方向的强度和弹性模量低。

碳纤维增强塑料的性能优于玻璃钢,主要用于航天和航空工业中制作飞机机身、螺旋桨、尾翼、发动机风扇叶片、卫星壳体、航天飞行器外表面防热层等;在汽车工业中用于制造汽车外壳、发动机壳体等;在机械制造工业中制作轴承、齿轮、磨床磨头、齿轮旋转刀具等;在电机工业中制作大功率发电机护环,代替无磁钢;在化学工业中制作管道、容器等。

(3) 硼纤维增强塑料

硼纤维增强塑料主要由硼纤维与环氧、聚酰亚胺等树脂组成,具有高的比强度和比模量、良好的耐热性。例如硼纤维-环氧树脂复合材料的拉伸、压缩、剪切的比强度都高于铝合金和钛合金;其弹性模量为铝合金的3倍,为钛合金的2倍,而比模量则为铝合金和钛合金的4倍。其缺点是各向异性明显,纵向力学性能高,横向性能低,两者相差十几倍到数十倍;此外加工困难,成本昂贵。主要用于航空、航天工业中要求高刚度的结构件,如飞机机身、机翼、轨道飞行器隔离装置接合器等。

(4) 碳化硅纤维增强塑料

碳化硅纤维增强塑料是由碳化硅纤维与环氧树脂组成的复合材料,具有高的比强度和比模量。其抗拉强度接近碳纤维-环氧树脂复合材料,而抗压强度为后者的两倍。碳化硅-环氧树脂复合材料是一种很有发展前途的新型材料,主要用于宇航器上的结构件,可比金属减轻重量30%。还可用它制作飞机的门、降落传动装置箱、机翼等。

(5) Kevlar 纤维增强塑料

由 Kevlar 纤维与环氧、聚乙烯、聚碳酸酯、聚酯等树脂组成。其中常用的是 Kevlar 纤维—环氧树脂复合材料,它的抗拉强度高于玻璃钢,与碳纤维—环氧树脂复合材料相近,且延性好,与金属相似;其耐冲击性超过碳纤维增强塑料;具有优良的疲劳抗力和减震性,其疲劳抗力高于玻璃钢和铝合金,减振能力为钢的8倍,为玻璃钢的4~5倍。主要用于飞机机身、雷达天线罩、火箭发动机外壳、轻型船舰、快艇等。

除了纤维增强塑料以外,还有颗粒增强塑料、薄片增强塑料。前者主要是各种粉末和微粒与塑料复合的产物,虽然粒子的增强效果不如纤维增强那样显著,但在改善塑料制品的某些性能和降低成本方面有明显效果。薄片增强塑料主要是用纸张、云母片或玻璃薄片与塑料复合的产物,其增强效果介于纤维增强与粒子增强之间。

七、造型材料的选择方法

在产品结构和零件的设计与制造过程中,合理地选择材料是十分重要的;所选材料的使用性能应能适应零(构)件的工作条件,使其经久耐用,同时还要求材料具有较好的加工工艺性和经济性。材料的使用性能、工艺性能和经济性三方面是选材的基本原则。

1. 根据材料的使用性能选材

所谓使用性能是材料在零件工作过程中所应具备的性能(包括力学性能、物理性能、化学性能),它是选材最主要的依据。不同零件所要求的使用性能是不同的,如有的零件要求高强度,有的要求高弹性,有的要求耐腐蚀,有的要求耐高温,有的要求绝缘性等。即使同一零件,有时不同部位所要求的性能也不同,例如齿轮的齿面要求高硬度,而齿心部则要求具有一定强度和塑性、韧性。因此在选材时,首先必须准确地判断零件所要求的使用性能,然后再确定所选材料的主要性能指标及具体数值并进行选材。具体方法如下。

(1) 分析零件的工作条件、确定使用性能

工作条件分析包括:① 零件的受力情况,如载荷类型(静载、交变载荷、冲击载荷)、载荷形式(拉伸、压缩、扭转、剪切、弯曲)、载荷大小及分布情况(均匀分布或有较大的局部应力集中)。力学上用有限元方法可以相当准确地计算出零件

各部位的应力大小;② 零件的工作环境(温度和介质);③ 零件的特殊性能要求,如电性能、磁性能、热性能、密度、颜色等。在工作条件分析的基础上确定零件的使用性能。例如静载时,材料对弹性或塑性变形的抗力是主要使用性能;交变动载荷时,疲劳抗力是主要使用性能等。

由于上述分析带有一定的预估性质,总会对零件实际工作条件下某些因素估计不足,甚至因忽略某些因素而产生一定的偏差。

(2) 进行失效分析,确定零件的主要使用性能

由于零件失效方式是多种多样的,根据零件承受载荷的类型和外界条件及失效的特点,可将失效分为三大类:即过量变形、断裂、表面损伤,如图4-3所示。失效分析的目的就是要找出产生失效的主导因素,为较准确地确定零件主要使用性能提供经过实践检验的可靠依据。例如长期以来,人们认为发动机曲轴的主要使用性能是高的冲击抗力和耐磨性,必须选用45号钢制造。而失效分析结果表明,曲轴的失效方式主要是疲劳断裂,其主要使用性能应是疲劳抗力。所以,以疲劳强度为主要失效抗力指标来设计、制造曲轴,其质量和寿命显著提高,而且可以选用价格便宜的球墨铸铁来制造。

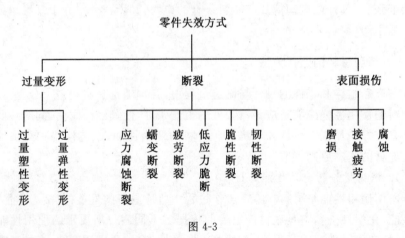

图 4-3

失效分析的基本步骤如下:

1) 收集失效零件的残骸并拍照记录失效实况,找出失效的发源部位或能反映失效的性质或特点的地方,然后在该部位取样。这是失效分析中最关键的一步,也是非常费力、费时的工作,但这一步必须做到。

2) 详细查询并记录、整理失效零件的有关资料,如设计图样、实际加工工艺过程及尺寸、使用情况等,对失效零件从设计、加工、使用各方面进行全面分析。

3) 对所选试样进行宏观(用肉眼或立体显微镜)及微观(用高倍的光学或电子显微镜)的断口分析,以及必要的金相剖面分析,确定失效的发源点及失效方

式。这是失效分析中的另一个关键步骤。它一方面告诉人们零件失效的精确地点和应该在该处测定哪些数据;另一方面可以指示出可能的失效原因。例如,若断口为沿晶格方向断裂,则应该是材料、加工或介质作用的问题,而与结构设计的关系不大。

4) 对所选试样进行成分、组织和性能的分析与测试,包括检验材料成分是否符合要求,分析失效零件上的腐蚀产物、磨屑的成分;检验材料有无内部或表面裂纹和缺陷以及材料的组织是否正常;测定与失效方式有关的各项性能指标,并与设计时所依据的性能指标数值作比较。

5) 某些重要、关键零部件,如大型发电机转子、高压容器等,需要进行断裂力学计算,以便于确定失效的原因。

6) 综合各方面资料,判断和确定失效的具体原因,提出改进措施,写出报告。

(3) 从零件使用性能要求提出对材料性能的要求

材料性能的要求是指材料的力学性能、物理性能及化学性能等。在零件工作条件和失效方式分析的基础上明确了零件的使用性能要求以后,并不能马上按此进行选材,还要把使用性能的要求,通过分析、计算,转化成某些可测量的实验室性能指标和具体数值,再按这些性能指标查找手册中各类材料的性能数据和大致应用范围进行选材。必须指出,一般手册中给出的材料性能大多限于常规力学性能,如强度及韧性指标 σ_b、σ_s、δ、Ψ、A_k。或 α_k;硬度指标 HRC 或 HBS。而对于非常规力学性能,如断裂韧度及腐蚀介质中的力学性能等,可通过模拟试验取得数据,或从有关专门资料上查到相应数据进行选材。盲目地根据常规力学性能数据来代替非常规力学性能数据,无法做到合理选材,甚至会导致零件早期损坏。此外,手册中材料的性能数据是在一定试样尺寸、一定成分范围和一定加工、处理条件下得到的,因此,选材时必须注意这些因素对性能的影响。

除了根据力学性能选材之外,对于在高温和腐蚀介质中工作的零件还要求材料具有优良的化学稳定性即抗氧化性和耐腐蚀性。此外,有些零件要求具有特殊性能,如电性能(导电性或绝缘性)、磁性能(顺磁、逆磁、铁磁、软磁、硬磁)、热性能(导热性、热膨胀性)和密度小等。这时就应根据材料的物理性能和化学性能进行选材。例如要求零件具有高导电性和导热性,则应选铜、铝等金属材料;要求零件具有好的绝缘性,则应选高分子材料和陶瓷材料;要求零件耐腐蚀或抗氧化,则应选不锈钢或耐热钢、耐热合金和陶瓷材料;要求零件防磁,则应选奥氏体不锈钢或铜及铜合金等;要求零件质量轻,则应选铝合金、钛合金和纤维增强复合材料等。

2. 根据材料的工艺性能选材

材料的工艺性能表示材料加工的难易程度。任何零件都是由所选材料通过一定的加工工艺制造出来的,因此材料的工艺性能的好坏也是选材时必须考虑的重要问题。所选择的材料应具有良好的工艺性能,即工艺简单、加工成型容易、能源消耗少、材料利用率高、产品质量好(变形小、尺寸精度高、表面光洁、组织均匀致密)。同时还应注意,零件对所选材料的工艺性能的要求,还与零件制造时的加工工艺路线有关。在选材时也应该给予充分的考虑。

现将陶瓷材料、高分子材料、金属材料的工艺性能概括如下:

(1) 陶瓷材料的工艺性能

陶瓷零件的加工工艺路线为:

$$\text{备料} \rightarrow \text{成型加工(配料、}\begin{cases}\text{粉浆成型}\\\text{压制成型}\\\text{挤压成型}\\\text{可塑成型}\end{cases}\text{烧结)}\begin{cases}\text{磨加工}\\\text{热处理}\end{cases}\rightarrow \text{零件}$$

由上述工艺路线可见,陶瓷材料制造零件的加工工艺路线比较简单,对材料的工艺性能要求不高。其主要工艺是成型。根据零件形状、尺寸精度和性能要求不同,采用不同的成型方法,正常粉浆成型适合于形状复杂零件和薄壁件,但密度低、尺寸精度低、生产率低;压制成型适合于形状复杂零件,密度高、强度高、尺寸精度高,但成本高;挤压成型适合于形状对称的厚壁零件,成本低、生产率高,但不能做薄壁零件或形状不对称的零件;可塑成型适合于尺寸精度高、形状复杂的零件,但成本高。另外,陶瓷材料切削加工性能差,除氮化硼陶瓷外,其他所有陶瓷均不能进行切削加工,只能用碳化硅或金刚石砂轮进行磨削加工。

(2) 高分子材料的工艺性能

高分子材料制造零件的加工工艺路线为:

$$\text{备料} \rightarrow \text{成型加工}\begin{cases}\text{热压}\\\text{注射}\\\text{浇注}\\\text{热挤压}\\\text{喷射}\\\text{真空}\end{cases}\text{成型}\begin{cases}\text{机械加工}\\\text{热处理、焊接}\end{cases}\rightarrow \text{零件}$$

由上述工艺路线可见,高分子材料零件的加工工艺路线也比较简单,对材料的工艺性能的要求也不高,其主要工艺是成型加工,成型方法也较多,其中喷射、热挤压、真空成型只适用于热塑性塑料,其他方法既适用于热塑性塑料也适用于热固性塑料;热压成型和喷射成型可以制造形状复杂零件且表面粗糙度小、尺寸精度高,但模具费用大。另外,高分子材料的切削加工性较好,与金属基本相同,但由于高分子材料的导热性差,在切削过程中易使工件温度急剧升高而使工件软化(热塑性塑料)或烧焦(热固性塑料)。

塑料是最常用的高分子材料,目前塑料的成型与加工方法很多,下面就塑料的主要成型与加工方法作扼要介绍。

① 常用的塑料成型方法

1) 注射成型法

注射成型法过去又称注塑成型。这种方法是在专门的注射机上进行,如图4-4所示。

将颗粒或粉状塑料置于注射机的料筒内加热熔融,以推杆或旋转螺杆施加压力,使熔融塑料自料筒末端的喷嘴,以较大的压力和速度注入闭合模具型腔内成型,然后冷却脱模,即可得到所需形状的塑料制品。注射成型是热塑性塑料主要成型方法之一,近来也有用于热固性塑料的成型。此法生产率很高,可以实现高度机械化、自动化生产,制品尺寸精确,可以生产形状复杂、壁薄和带金属嵌件的塑料制品,适用于大批量生产。

2) 模压成型法

模压成型法是塑料成型中最早的一种方法,如图4-5所示。它是将粉状、粒

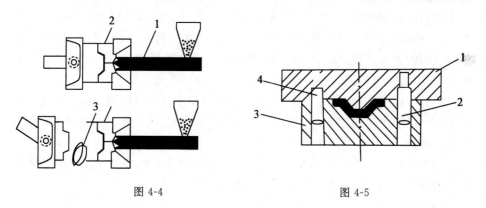

图 4-4　　　　　　　　　　图 4-5

状或片状塑料放在金属模具中加热软化,并在液压机的压力下使其充满模具成型,同时发生交联反应而固化,脱模后即得压塑制品。模压法通常用于热固性塑料的成型,有时也用于热塑性塑料,如聚四氟乙烯由于熔液粘度极高,几乎没有流动性,故也采用模压法成型。模压法特别适用于形状复杂的或带有复杂嵌件的制品,如电器零件、电话机件、收音机外壳、钟壳或生活用具等。

3) 浇铸成型法

浇铸成型法又称浇塑法，类似于金属的浇铸成型。它有静态铸型、嵌铸型和离心铸型等方式。它是在液态的热固性或热塑性树脂中加入适量的固化剂或催化剂，然后浇入模具型腔中，在常压或低压下，常温或适当加热条件下，固化或冷却凝固成型。这种方法设备简单，操作方便，成本低，便于制作大型制件。但生产周期长，收缩率较大。

4）挤压成型法

挤压成型法又称挤塑成型，它与金属型材挤压的原理相同。将原料放在加压筒内加热软化，用加压筒中的螺旋杆的挤压力，使塑料通过不同型孔或口模连续地挤出，以获得不同形状的型材，如管、棒、条、带、板及各种异型断面型材。挤压成型法用于热塑性塑料各种型材的生产，一般需经二次加工才能制成零件。

此外，还有吹塑、层压、真空成型、模压烧结等成型方法，以适应不同品种塑料和制品的需要。

② 塑料的加工

塑料加工指的是塑料成型后的再加工，亦称二次加工，其主要工艺方法有机械加工、连接和表面处理。

塑料的机械加工与金属的切削工艺方法与设备相同，只是由于塑料的切削工艺性能与金属不同，因此所用的切削用量等工艺参数以及刀具几何形状及操作方法与金属切削有所差异。塑料可以进行车、铣、刨、钻、镗、锉、锯、铰、攻丝等，由于塑料的强度、硬度低，导热性差，弹性大，加工时易引起工件变形、开裂或分层。因此要求切削刀具的前角与后角要大、刃口锋利，切削时要充分冷却，装夹时不宜过紧，切削速度要高，进给量要小，以获得光洁表面。

塑料型材或零件，通过各种连接方法，可以将小而简单的构件组合成大而复杂的构件。除用机械连接外，主要是用热熔粘接（即焊接）、溶剂粘接或粘合剂粘接等方法。

塑料零件的表面处理主要是涂装、浸渍和镀金属。以改变塑料零件的表面性质，提高其抗老化、耐腐蚀能力，也可起着色装饰作用。

（3）金属材料的工艺性能

① 金属零件的加工工艺路线

按零件的形状及性能要求可以有不同的加工工艺路线，大致分为三类：

1）性能要求不高的一般零件，如铸铁件、碳钢件等

备料──→毛坯成型加工（铸造或锻造）──→热处理（正火或退火）──→机械加工──→零件

2）性能要求较高的零件，如合金钢和高强度铝合金零件

备料──→毛坯成型加工（铸造或锻造）──→热处理（正火或退火）──→粗加工

（车、铣、刨等）──→热处理（淬火＋回火或固溶＋时效处理或表面热处理）──→精加工（磨削）──→零件

3）尺寸精度要求高的精密零件，如合金钢制造的精密丝杠、镗杆、液压泵精密偶件等

备料──→热处理（正火或退火）──→粗加工（车、铣、刨等）──→热处理（淬火＋回火或固溶＋时效处理）──→精加工（粗磨）──→表面化学热处理（渗氮或渗碳）或稳定化处理（去应力退火）──→精磨──→稳定化处理（去应力退火）──→零件

由上述工艺路线可见，用金属材料制造零件时，加工工艺路线较复杂，故对材料工艺性能的要求较高。

② 金属材料的工艺性能

1）铸造性能

金属材料的铸造性能主要指流动性、收缩、偏析、吸气性等。接近共晶成分的合金铸造性能最好，因此用于铸造成型的材料成分一般都接近共晶成分，如铸铁、硅铝明等。铸造性能较好的金属材料有铸铁、铸钢、铸造铝合金和铜合金等，铸造铝合金和铜合金的铸造性能优于铸铁和铸钢，而铸铁又优于铸钢。

2）压力加工性能

压力加工分为热压力加工（如锻造、热轧、热挤压等）和冷压力加工（如冷冲压、冷轧、冷镦、冷挤压等）。压力加工性能主要指冷、热压力加工时的塑性和变形抗力及可热加工的温度范围，抗氧化性和加热、冷却要求等。形变铝合金和铜合金、低碳钢和低碳合金钢的塑性好，有较好的冷压力加工性能，铸铁和铸造铝合金完全不能进行冷、热压力加工，高碳高合金钢，如高速钢、高铬钢等不能进行冷压力加工，其热压力加工性能也较差，高温合金的热加工性能更差。

3）机械加工性能

材料的机械加工性能主要指切削加工性能、磨削加工性能等。铝及铝合金的机械加工性能较好，钢中以易切削钢的切削加工性能最好，而奥氏体不锈钢及高碳高合金的高速钢的切削加工性能较差。

4）焊接性能

焊接性能主要指焊缝区形成冷裂或热裂及气孔的倾向。铝合金和铜合金焊接性能不好，低碳钢的焊接性能好，高碳钢的焊接性能差，铸铁很难焊接。

5）热处理工艺性能

热处理工艺性能主要指材料的加热温度范围、氧化和脱碳倾向、淬透性、变形开裂倾向等。大多数钢和铝合金、钛合金都可以进行热处理强化，铜合金只有少数能进行热处理强化。对于需热处理强化的金属材料，尤其是钢，热处理工艺性能特别重要。合金钢的热处理工艺性能比碳钢好，故结构形状复杂或尺寸较

大且强度要求高的重要零件都用合金钢制造。

综上所述,零件从毛坯直到加工成合格成品的全部过程是一个整体,只有使所有加工工艺过程都符合设计要求、才能制成高质量的零件,达到所要求的使用性能。此外,在大批量生产时,有时工艺性能可以成为选材的决定因素。有些材料的使用性能好,但由于工艺性能差而限制其应用。例如 24SiMnWV 钢拟作为 20CrMnTi 钢的代用材料,虽然前者力学性能较后者为优,但因正火后硬度较高,切削加工性差,故不能用于制作大批量生产的零件。相反,有些材料使用性能不是很好,例如易切削钢,但因其切削加工性好,适于自动机床大批量生产,故常用于制作受力不大的普通标准件(螺栓、螺母、销子等)。

3. 根据材料的经济性选材

在满足使用性能的前提下,经济性也是选材必须考虑的重要因素。选材的经济性不只是指选用的材料价格便宜,更重要的是要使生产零件的总成本降低。零件的总成本包括制造成本(材料价格、零件自重、零件的加工费、试验研究费)和附加成本(零件的寿命,即更换零件和停机损失费及维修费)。各类材料的国际市场价格可参考表 4-3,尽管材料价格时有变化,但仍可作为相对比较的参考。在保证零件使用性能的前提下,尽量选用价格便宜的材料,可降低零件总成本;但有时选用性能好的材料,虽然其价格较贵,但由于零件自重减轻,使用寿命延长,维修费减少,反而是经济的。例如汽车用钢板,若将低碳优质碳素结构钢改为低碳低合金结构钢,虽然钢的成本提高,但由于钢的强度提高,钢板厚度可以减薄,用材总量减少,汽车自重减小,寿命提高,油耗减少,维修费减少,因此总成本反而降低。此外,选材时还应考虑国家资源和生产、供应情况,所选材料应符合我国资源情况,材料来源丰富,所选材料的种类应尽量少而集中,便于采购和管理。由于我国 Ni、Cr、Co 资源缺少,应尽量选用不含或少含这类元素的钢或合金。

表 4-3　　　　　　　　　　材 料 价 格

材　　料	价　格 (美元/t)	材　　料	价　格 (美元/t)
工业用金刚石	900 000 000	MgO	1 990
铂	26 000 000	AlO$_3$	1 110～1 760
金	19 100 000	锌(板材、管材、棒材)	950～1 740
银	1 140 000	锌锭	733

续表

材　料	价　格 （美元/t）	材　料	价　格 （美元/t）
硼-环氧树脂复合材料（基体占成本的60%，纤维占40%）	330 000	铝（板材、管材、棒材）	1 100～1 670
碳纤维增强环氧树脂复合材料（基体占成本的30%，纤维占60%）	200 000	铝锭	961
Co/WC 金属陶瓷（硬质合金）	66 000	环氧树脂	1 650
钨	26 000	玻璃	1 500
钴	17 200	泡沫塑料	880～1 430
钛合金	10 190～12 700	天然橡胶	1 430
聚酰亚胺	10 100	聚丙烯	1 280
镍	7 031	聚乙烯（高密度）	1 250
有机玻璃	5 300	聚苯乙烯	1 330
高速钢	3 995	硬木	1 300
尼龙66	3 289	聚乙烯（低密度）	1 210
玻璃纤维增强聚脂树脂复合材料（基体占成本的60%，纤维占40%）	2 400～3 300	SiC	440～770
不锈钢	2 400～3 100	聚氯乙烯	790
铜（板材、管材、棒材）	2 253～2 990	胶合板	750
铜锭	2 253	软木	431
聚碳酸酯	2 550	钢筋混凝土（梁、柱、板）	275～297
铝合金（板材、棒材）	2 000～2 440	燃油	200
铝合金锭	2 000	煤	84
黄铜（板材、管材、棒材）	1 650～2 336	水泥	53
黄铜锭	1 505		
低合金钢	385～550		
低碳钢（角钢、板材、棒材）	440～480		

续表

材　　料	价　格 （美元/t）	材　　料	价　格 （美元/t）
铸铁	260		
钢锭	238		

下面以塑料为例，进一步说明选材的具体方法。

对于一般结构件，包括各类机械上的外壳、手柄、手轮、支架、仪器仪表的底座、罩壳、盖板等，这些构件使用时负荷小，通常只要求一定的机械强度和耐热性，因此，一般选用价格低廉、成型性好的塑料，如聚氯乙烯、聚乙烯、聚丙烯、聚苯乙烯、ABS等。若制品常与热水或蒸汽接触或稍大的壳体构件，有刚性要求时，可选用聚碳酸酯、聚砜；如要求透明的零件，可选用有机玻璃、聚苯乙烯或聚碳酸酯等。

对于普通传动零件，包括机器上的齿轮、凸轮、蜗轮等，这类零件要求有较高的强度、韧性、耐磨性和耐疲劳性及尺寸稳定性。可选用的材料有：尼龙、MC尼龙、聚甲醛、聚碳酸酯、夹布酚醛、增强增塑聚酯、增强聚丙烯等。如为大型齿轮和蜗轮，可选用MC尼龙浇注成型；需要高的疲劳强度时可选用聚甲醛；在腐蚀介质中工作的可选用聚氯醚；聚四氟乙烯充填的聚甲醛可用于有重载摩擦的场合。

常用的摩擦零件主要包括轴承、轴套、导轨和活塞环等，这类零件要求强度一般，但要具有摩擦系数小和良好的自润滑性，要求一定的耐油性和热变形温度，可选用的塑料有低压聚乙烯、尼龙1010、MC尼龙、聚氯醚、聚甲醛、聚四氟乙烯。由于塑料的导热率低，线膨胀系数大，因此，只有在低负荷、低速条件下才适宜选用。

耐蚀零件主要应用在化工设备上，在其他机械工程结构中应用也甚广。由于不同塑料品种，其耐蚀性能各不相同。因此，要依据所接触的不同介质来选择。全塑结构的耐蚀零件，还要求较高的强度和抗热变形的性能。常用耐蚀塑料有：聚丙烯、硬聚氯乙烯、填充聚四氟乙烯、聚全氟乙丙烯、聚三氟氯乙烯等。有些耐蚀工程结构常采用塑料涂层结构或多种材料的复合结构，既保证了工作面的耐蚀性，又提高了支撑强度，节约了材料。通常选用热膨胀系数小、粘附性好的树脂及其玻璃钢作衬里材料。

塑料用作电器零件，主要是利用其优异的绝缘性能（除填充导电性填料的塑料外）。用于工频低压下的普通电器元件的塑料有：酚醛塑料、氨基塑料、环氧塑料等;用于高压电器的绝缘材料要求耐压强度高、介电常数小、抗电晕及优良的耐候性。常用塑料有:交联聚乙烯、聚碳酸酯、氟塑料和环氧塑料等;用于高频设备中的绝缘材料有:聚四氟乙烯、聚全氟乙丙烯及某些纯碳氢的热固性塑料。也可选用聚酰亚胺、有机硅树脂、聚砜、聚丙烯等。

塑料在工业上的应用比金属材料的历史要短得多,因此,塑料的选材原则、方法与过程,基本参照金属材料的做法,根据各种塑料的使用和工艺性能特点,结合具体的塑料零件结构设计,进行合理选材,尤其应注意工艺和试用、试验结果,通过综合评价,最后确定选材方案。

第二节 工业产品造型设计与制造工艺

一、产品造型设计与制造工艺的关系

工业产品造型设计风格的形成,有诸多因素,它既与材料、结构有关,又与加工工艺密切相关,美观的造型设计,必须通过各种工艺手段将其制作成为物质产品,如果没有先进、合理、可行的工艺手段,再先进的结构和美观的造型,也只是纸上谈兵而实现不了。此外,即使是同一种款式的造型设计,采用相同的材料,由于工艺方法与水平的差异,也会产生相差十分悬殊的质量效果。因此,在造型设计中,实现造型的工艺手段也是重要因素之一。工业产品造型设计必须有一定的工艺技术来保证。造型设计应该依据切实可行的工艺条件、工艺方法来进行造型设计构想。同时还要熟悉所选用材料的性能和各种工艺方法的特点,掌握影响造型因素的关系与规律,经过反复实践,才能较好地完成造型设计。

制造工艺对造型效果的影响很大。现在机械制造工业中,制造工艺主要有铸造、锻压、焊接、热处理等毛坯成型加工和车、铣、钻、刨、磨、镗、铰、拉等机械切削加工。除此之外,还有一些手工操作方法,如锯、锉、研刮等。对于相同的造型款式,采用相同的材料,由于工艺方法与工艺水平的差别,会获得相差十分悬殊的外观质量。另外,采用与不采用装饰工艺,对造型效果也会产生很大影响。

制造工艺对造型设计效果的影响因素很多,主要从以下几个方面反映出来。

1. 工艺方法

相同的材料和结构方式,采用不同的工艺方法,所获得的外观效果差异较大。采用先进的工艺方法就能获得好的造型效果。反之,即使很好的设计,如果粗制滥造或工艺落后,最终的产品也会一塌糊涂。例如,同样的零件需要铸造成型,采用翻砂铸造所得零件表面粗糙,尺寸精度很低;如改用蜡模型的精密铸造,其表面质量就可提高很多。所以一些较小的精密零件都采用精密铸。对于金属

切削机床,过去是由天轴皮带传动,机床造型庞大,布局零乱,敞露,操作极不安全,而且由于转速低,工件表面精度不高。采用齿轮传动方式后,机床造型就变得紧凑,并且是封闭的,操作安全多了。随着工艺方法的不断更新,新近出现的数控机床、电脑控制的全自动机床,比过去的老机床经济、实用、美观,加工出的零件质量高,速度快,工人劳动强度低。

在科学不断进步,工艺不断更新的今天,许多过去由手工操作的工作现在都由机器代替了,从而产品的质量有了大幅度提高。如图4-6所示的工容器的椭圆封头,现在已有统一标准,由专门厂家按特定工艺生产,比用手工弯板的单件生产质量有了很大提高。现在统一生产的椭圆封头外形圆滑,尺寸精确,生产效率高。用它组装的锅炉、储罐、反应塔等容器质量也相应提高了。

再如钢板的成型加工,采用手工方法卷板成型,其外观很难达到平滑整齐,且效率低,劳动强度大。而采用机器弯板,如图4-7所示的冷冲工艺,成型准确,产品质量优良,外形美观,棱线分明、平直,生产效率高。但制作模具的费用高,只适合于大批量生产加工。

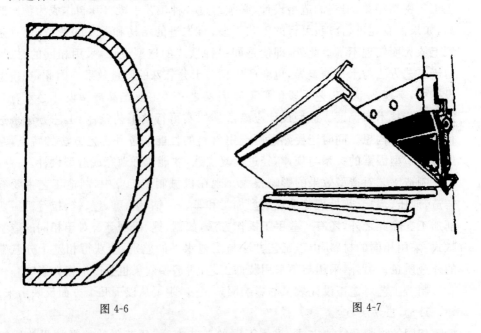

图 4-6　　　　　　　　　　　　　　图 4-7

又如木工榫眼,过去传统工艺是用凿子打眼。如果木工技术水平差,凿的眼可能不平直,与榫眼端面不垂直,木料顶端还可能出现残损。如图4-8所示,由四块木料组成的木框,是木器制作时常见的结构,如门、窗等。图中上、下两水平木料上加工榫,左、右两直立木料上、下两端凿榫眼。如果凿出的榫眼形状和位置有较大的误差时,则四块木料可能装配不到一起,或装配后四块木料不在一个平面内,这将给产品的质量带来较大的影响。现在木工普遍采用木工机床,可分别进行锯、刨、打眼等工作。用机械加工打眼,在确定一个基准面后,定好距离,加工出的榫眼将与基准面保持平行,装配时就会很顺利,且能保证产品的平直性。用机械加工比手工操作速度快,质量好。所以产品的造型质量与工艺方法有密切的联系。

不同材料和不同工艺方法所获得的外观造型效果也不相同。例如图4-9所示的几种简单的门结构。图4-9(a)为采用铸造方法造型的门,厚度大,笨重,表面平整性和边缘直线性都差,而且生产周期长。图4-9(b)为用角钢作骨架上面点焊薄钢板。制作简单,周期短,但变形大,平面性差,门框边缘结合不平整,欠美观。图4-9(c)为采用卷板方式,内加加强肋条。制作简便,周期短,外观平直,棱角分明,造型效果比较好。

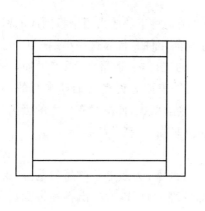

图 4-8

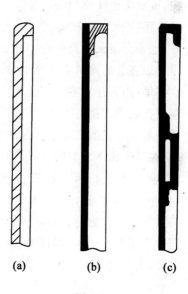

图 4-9

2. 工艺水平

材料、结构和工艺方法均相同,但由于工艺水平不同,所获得的外观效果和内在质量也不会相同。即使同一机器,由不同人操作所生产的产品质量也不尽相同。要买一辆自行车,大家一定挑选电镀件光亮、平整、镀层均匀,喷漆件漆膜均匀,没有流痕,没有露锈斑,制动可靠,焊接牢固,整车骑行轻快,转动灵活的车。如果车把粗糙、带毛刺、电镀件起皮、漆膜脱落等,这样的商品是不会有人满意的,肯定没有销路。

对于一些机床,要改变过去傻大黑粗的造型,提高机床外观质量,使人感到有挺拔、清新的艺术效果。例如,机床上的铸件常采用"方形小圆角"的风格造型,以显出棱角分明,形体表面平整光洁。但由于铸造工艺水平低,铸件很难满足要求。为了提高外观精度,许多精密机床的外表面不得不进行粗加工,以弥补铸件精度低的缺陷。并可省去刮油漆腻子的工序,可直接涂底漆进行表面涂装,效果很好。因此,提高工艺水平是保证产品造型效果的基本手段。

3. 新工艺的应用

新工艺替代传统旧工艺是提高产品造型效果的有力措施,如自行车车架的生产过程,过去旧工艺是手工焊接,焊好后用酸洗方法除锈,再碳化,最后喷漆。这些工艺,工人劳动强度大,作业环境恶劣,对工人身体健康极为不利。新的生产工艺改为机械手自动焊接,将车架所用各段钢管截好后固定在工位上,启动电钮,机械手便按照程序将各焊点的焊缝按顺序焊好。用这种方法焊接的车架焊缝牢固、平滑。由于焊接时人与工作现场隔离,所以不会受到电弧、电火花的伤害,也不会吸入焊药的粉尘。

现在新的除锈方法是用喷丸法。这种方法是将工件放入用钢板围成的密闭空间里,用直径为零点几毫米的小钢球高速喷向工件。依靠这些小钢球的击打,将工件表面的锈迹除掉。用这种方法处理过的工件,表面平滑,强度增加,不像酸洗后工件表面有蚀痕。经过喷丸处理的工件表面有许多被钢球击打的小凹坑,在显微镜下才看得出,可增加涂料与工件接触面积,使漆膜有更大的吸附力。所以不用再进行磷化处理,直接喷漆就能获得坚固、明亮的漆膜。

4. 装饰工艺

工业设计的造型美,主要是形、色、质三大因素,例如电子产品的造型,虽然形的变化不是很大,但色的变化在表面装饰处理后,可以产生出各种视觉现象。因此,表面装饰工艺的应用,不仅丰富了产品造型的艺术效果,而且提高了产品质量。

(1) 装饰与创新

"创新"是设计的一个重要环节。"新"是时代发展的特征,处在第三次文明浪潮冲击下的世界,几乎每秒钟都有大量新事物出现。从科学技术的角度来讲,新技术、新工艺、新材料不断涌现,这就需要设计师及时掌握这些新动向,运用工业设计原理,赋予产品新的开发形态和功能。在更新技术、更新工具和材料的同时,也要更新装饰工艺,由于新的光学仪器的开发,人们可以在微观中发现材料的断面、物质的内核以及动物体表中具有无穷理想的肌理,从而大大丰富和发展了工业产品造型与装饰的新领域、新途径。另外,新材料的开发也为装饰工艺带来不可估量的作用,如 PVC 木纹纸,以及具有各种理想肌理效果的烫印箔、漆、板等新材料的开发,对造型形态、表面色彩、肌理的变化产生了极大的影响,同时,把装饰工艺又向前推进了一步。

(2) 装饰与成本

20 世纪 60 年代我国的产品和造型曾盛行过分的装饰,金属材料镀铬的光亮饰件大量地应用于家用电子产品的面板、旋钮、中框、围框上。这种情况虽然满足了当时社会上一部分人的审美爱好,但其工艺复杂,花费较多的人力,对经济效益和批量生产不利。从设计美学观点来看,过分的装饰,过分的光亮易产生眩光,并不符合设计原则及视觉适应性。新型装饰材料的开发,为装饰工艺开辟了广阔的前景。以塑代木,塑料电镀,以及各种新的烫印手段,不但价格低廉,而且加工方便,从而使整体造型获得了实用、经济、美观三者的统一。

(3) 工艺美与材质美的关系

装饰工艺在产品形态面貌上是通过工艺美和材质美表现出来的。工艺美的主要特征是利用加工痕迹与形体的有机结合产生美感。如塑料的二次加工,钢铁的涂覆工艺,只要其工艺特征,颜色、光泽、肌理的效果与产品的几何形状、功能、工作环境相适宜,就会给人以美的感觉。

材质美是利用材料的外向特征、质感、手感进行巧妙的组配,使其各自的美感得以充分表现。材料自身的不同个性要在造型设计选材时充分考虑。钢材朴实、沉重,铝材华丽轻快,塑料温顺柔和,木材轻巧自然,有机玻璃清彻透亮,在造型上要使各自的美感得以表现,并能深化和相互烘托。

(4) 装饰工艺与产品批量的关系

以品种求发展,以质量求生存,这是目前各企业在竞争中所奉行的口号。但是,在保证以上两条的基础上,以数量求效益是发展生产的关键。产品批量生产有多方面的条件,其中装饰工艺及装饰材料的合理应用是重要的一个方面。如金属件装饰,大量的时间要花在手工和机械抛光上,对发展生产不利,如果以 ASB 型塑料经电镀代替金属件电镀,生产力就可从笨重的手工和机械抛光中解放出来。因此,装饰工艺和装饰材料的合理应用,对产品的批量生产是极为重要的,因此,选材时必须选用保证能实现批量生产,适合先进加工手段的装饰工艺和材料。

(5) 藏缺露优

藏缺露优工艺手段是利用变化与统一的美学法则来加强和深化造型的一种手法,突出重点或利用工艺、结构、材料、线型的特点使造型更加完美。

藏缺是装饰工艺中采用不同的工艺手段达到掩饰材料缺陷的目的。如木材的变形、毛刺、开裂等缺陷可以采用塑料贴面或贴膜的装饰手段加以弥补;注塑件采用开模的皮纹、橘纹、皱纹处理就能较好地避免气泡、凹陷等缺陷。也可利用工艺方法以减少和掩盖工艺过程残留的缺陷。如注塑电视机后盖时的进料口,大多用铭牌等盖住;在塑料二次加工工艺中,如喷涂和烫印铂片等也能起到预想的作用效果。在结构设计中,也应尽量采用藏缺处理的手段和方法。

二、铸造加工及其工艺性

铸造是熔炼金属、制造铸型并将熔融金属流入铸型、凝固后获得一定形状和性能的铸件成型方法。

1. 铸造加工的特点

铸造的方法很多,目前应用最为普遍的是砂型铸造,有 90% 左右的铸件都是使用砂型铸造方法进行生产的。除砂型铸造以外的其他铸造方法统称为特种铸造,常用的特种铸造方法有:熔模铸造、金属型铸造、压力铸造、低压铸造、离心铸造、陶瓷型铸造、连续铸造等。

目前,铸造在机械制造中占有相当重要的地位。按重量计算,在机床、内燃机、重型机器中,铸件约占 50%～70%;在汽车中约占 20%～30%。

铸造生产具有以下特点:

(1) 适应性强

铸造生产不受零件大小、形状及结构复杂程度的限制,铸件重量可轻到几克,重达数百吨;壁厚可薄到 1 毫米,厚达几米;长度可短至几毫米,长达十几米。在大件的生产中,铸造的优越性尤为显著。铸造生产一般不受合金种类的限制,常用的铸铁、钢、铝及铜等合金均能铸造。

(2) 成本低廉

与锻造相比,铸造使用的原材料成本低;单件小批量生产时,设备投资少,生产的动力消耗少,铸件的形状尺寸与成品零件极为相近,原材料消耗及切削加工费用大为减少。

但铸造生产也存在着若干不足之处:如铸造组织的晶粒比较粗大,且内部常有缩孔、疏松、气孔、砂眼等铸造缺陷,因而铸件的机械性能一般不如锻件;铸造生产、工序繁多,工艺过程较难控制,致使铸件的废品率较高;铸造工人的工作条件较差、劳动强度比较大。随着铸造技术的发展,以上不足之处正在不断得到克服。

2. 砂型铸造

砂型铸造是用型砂制做铸造模型的铸造方法,是目前铸造使用的基本方法,其工艺过程如下:

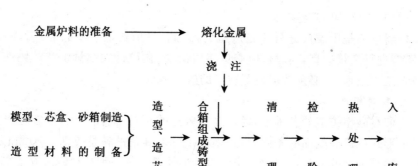

砂型铸造的造型方法可分为手工造型和机械造型两大类。

(1) 手工造型

手工造型是传统的造型方法。造型的紧砂、起模、修型、合箱等一系列过程都由手工进行。其操作灵活,适应性强、造型成本低,生产准备工作简单,但生产率低,铸件质量很大程度上取决于工人的技术水平,不稳定,且工人的劳动强度大。目前手工造型主要应用于新产品试制、工艺装备的制作、机器的修理及重型复杂铸件的生产等单件小批量生产规模。

(2) 机器造型

机器造型使紧砂和起模操作实现了机械化,和手工造型相比,具有生产率高、铸件质量高、不受工人技术水平和情绪影响,大大减轻工人劳动强度等优点。但机器造型设备和工艺装备费用高,生产准备时间长,因此只适用于成批大量生产。

机器造型按铸型的紧实度不同又可分为两类:

1) 普通机器造型

目前的造型机以压缩空气为动力。紧砂方法可分为压实、震实、震压、射压和抛砂五种,其中以震压应用最广。除抛砂机外,造砂机大都装有起模机构。起模方式有顶箱、漏模、翻转三种,其动力多来源于压缩空气。

2) 高压造型

作用在砂型表面的比压(压强)大于 0.7MPa 的压实造型称为高压造型(普通机器造型的比压为 0.4MPa 以下)。高压造型的结果是获得高紧实度的铸型。

高压造型的优点是:铸件的尺寸精确、表面光洁、重量偏差小,因而可使铸件的重量减轻 10%;铸型的紧实度高、蓄热系数大,加快了铸件的冷却速度,使其组织较为致密,机械性能有所提高。但高压造型的设备投资大,须与其他辅机配套组成流水线,才能发挥其效益,对工艺装备的精度和刚度及设备的维修、保养等要求都相当严格,因而高压造型仅适于大批量生产方式,如汽车、拖拉机发动机铸件的生产。

3) 机械造型的工艺特点

机器造型是用模板进行两箱造型的,因此,目前机器造型只能进行两箱造型,不能进行三箱造型,同时也应避免使用活块,在设计大批量生产的铸件及制定铸造工艺规程时,必须考虑机器造型的这一特点。

3. 特种铸造

人们在砂型铸造的基础上,通过改变铸型的材料、浇注方法、液态金属充填铸型的形式或铸件凝固的条件等,又创造了许多其他的铸造方法。通常把这些有别于砂型铸造的其他铸造方法统称为特种铸造。每一种特种铸造方法在铸造具有某些特点的铸件时,都能在提高铸件质量、提高劳动生产率等方面,表现出优越性。因而近些年来,特种铸造在我国发展特别迅速,在铸造生产中占有相当重要的地位。

(1) 熔模铸造

熔模铸造又称"失蜡铸造",它是在蜡模表面包以造型材料,待其硬化,将其中的蜡模熔去,从而获得无分型面的铸型的铸造方法。与砂型铸造比较,熔模铸造有如下特点:

① 铸件的精度高且表面光洁,其表面粗糙度 R_a 可达 $1.6\sim1.25\mu m$。能大大减少机加工余量或不用再进行机械加工。

② 能够铸造各种铸造合金铸件,尤其适用于那些高熔点及难以切削加工合金的铸造。

③ 熔模铸件的形状可以比较复杂,铸件上可铸出的最小孔径为 0.5mm,铸件的最小壁厚可达 0.3mm。有时可将由几个零件组合而成的部件,通过改变设计,由熔模铸造法将其整体铸出。

④ 铸件的重量不宜太大,一般不超过 25kg,目前生产的最大熔铸铸件为 80kg 左右。

熔模铸造工艺过程较复杂,且不易控制,使用和消耗的材料较贵,因而适用于生产形状复杂、精度要求较高或难以进行机加工的小型零件,如发动机叶片和叶轮等。

(2) 金属型铸造(金属模铸)

将液态金属浇入金属铸型,从而获得铸件的铸造方法称为金属型铸造,由于金属铸型可以使用多次,所以又称为永久型铸造。

金属铸型多由灰口铸铁制造,在工作条件恶劣时,有时用 45 号钢制造。金属型铸造有以下特点:

① 实现了"一型多铸"。可以节约大量工时和型砂,提高了劳动生产率。

② 铸件的机械性能高,像铝合金铸件,比砂型铸件的抗拉强度可平均提高 10%~20%,同时抗腐蚀性和硬度也显著提高。这是由于金属型铸件的冷却速

度较快、组织比较致密的原因。

③ 铸件精度较高,其表面粗糙度 R_a 可达 $6.3\sim12.5\mu m$,故可少加工或不加工。但金属模制造成本高、周期长;铸造透气性差、无退让性,易使铸件产生冷隔、浇不足、裂纹等铸造缺陷;受铸型的限制,金属型铸件合金熔点不宜太高,重量也不宜太大。

金属型铸造主要适用于大批量生产的有色合金铸件,如内燃机的铝活塞、气缸体、缸盖、油泵壳体以及铜合金轴瓦、轴套等。金属型铸造有时也可用来制造形状较简单的可锻铸铁件或铸钢件。

（3）离心铸造

将液态金属浇入高速旋转的铸型中,使金属在离心力的作用下填充铸型并凝固成型的铸造方法称为离心铸造。

离心铸造在离心铸造机上进行。根据铸型旋转轴在空间的位置,离心铸造机分为立式离心铸造机和卧式离心铸造机两类。

立式离心铸造机上的铸型是绕垂直轴旋转的,它主要用来生产高度小于直径的圆环类铸件;卧式离心铸造机的铸型是绕水平轴旋转的,主要用来生产长度大于直径的套类和管类铸件。

与砂型铸造相比较,离心铸造有以下特点：

① 工艺过程简单。铸造中空管类、筒类零件时,省去型芯、浇注系统和冒口,节约金属和原材料。

② 机械性能较好。液态金属在离心力的作用下,能使其中密度较小的气体、夹渣等聚集于铸件的内表面,而金属则从外向内呈方向性结晶,因而铸造组织致密、无缩孔、气孔、夹杂等缺陷,机械性能较好。

③ 便于铸造"双金属"铸件。如制造钢套挂衬滑动轴承,既可达到滑动轴承的使用要求,又可节约较贵的滑动轴承合金材料。

离心铸造的不足之处是铸件的内表面质量差,孔的尺寸不易控制,但这并不妨碍一般管件的使用要求,对于内孔待加工的机器零件,则可采用加大内孔加工余量的方法来解决。目前离心铸造已广泛用于制造铸铁管、缸套及滑动轴承,也可采用熔模壳离心浇注法浇铸刀具、齿轮等成形铸件。

除上述三种特种铸造方法外,常见的特种铸造方法还有压力铸造、低压铸造、连续铸造、陶瓷型铸造等。它们都具有某些特点,表现出一定的优越性,并得到了迅速发展。

4. 铸造方法的选择

各种铸造方法都有其优缺点。每一个铸件,在铸造之前,都必须根据其具体条件选择它的铸造方法。选择铸件的铸造方法,不仅要从生产批量、铸造合金的种类、铸件的重量、形状、尺寸精度及表面粗糙度要求等铸件本身的因素考虑,而且还要与后续加工的成本及生产现场条件等因素一起综合考虑。有时采用特种铸造方法生产的铸件成本比砂型铸造的成本要高,但由于节省了大量的切削加工设备和工时,提高了铸造合金的利用率,节约了金属材料,提高了生产率,往往使零件的总成本反而比砂型铸件低。

尽管砂型铸造有许多缺点,但其适应性最强,且设备比较简单。因而,它仍然是当前生产中最基本的铸造方法。特种铸造仅在一定条件下,才能显示其优越性。各种铸造方法的应用范围如表4-4所示。

表4-4 各种铸造方法的比较

比较项目	砂型铸造	熔模铸造	陶瓷型铸造	壳型铸造	金属型铸造	压力铸造	低压铸造
适用的金属范围	各种铸造合金	以碳钢、合金钢为主	以高熔点合金为主	以黑色金属为主	各种铸造合金,但以有色金属为主	多用于有色金属	以有色金属为主
适用铸件的大小及重量范围	不受限制	一般小于25kg	大、中型铸件,最大可至数吨	中、小型铸件一般小于20kg	中、小铸件、铸钢件,可至数吨	中、小件	中、小型铸件,最重可达数百千克
应用举例	各类铸件	刀具、动力机械叶片、汽车、拖拉机零件、测量仪器、电讯设备、计算机零件等	各类模具,如压铸模、塑料模等	刀具、泵轮、汽车、拖拉机零件、阀门零件、船用零件	发动机零件、飞机、汽车、拖拉机零件、电器、农业机械零件、民用器皿	汽车、拖拉机、计算机、电器、仪表照相器材、国防工业等零件	发动机零件、电器零件、叶轮、壳体、箱体等

5. 铸件的结构工艺性

不同的铸造方法和不同的铸造合金,对铸件的结构(如尺寸大小、复杂程度、精度、表面质量等)有不同的要求。因此,在设计铸件时,造型设计者不仅应使铸件的结构满足使用要求,而且还应充分考虑其所使用的铸造方法和铸造合金的铸造性能特点,使铸件的结构与两者相适应。铸件的结构相对于铸造工艺和合金的铸造性能的合理性,称为铸造的结构工艺性。铸件结构工艺性是否良好,对铸件的质量、生产成本和生产率有很大影响。

(1) 各种铸造方法对铸件结构的要求

① 对铸件结构复杂程度的要求

这种要求主要取决于起模方式和铸型的退让性。所谓"退让性",就是铸件冷却收缩时,铸型不阻碍其收缩的性质。

② 对铸件的尺寸精度和表面粗糙度的要求

铸件能达到的尺寸精度和表面粗糙度与铸型的精度和表面粗糙度有密切关系。砂型铸造的铸型表面粗糙,退让性好,起模、修模、下芯、合箱等各道工序都影响铸型的尺寸精度。因此,砂型的铸件尺寸精度和表面质量都是最差的。而各种特种铸造方法铸出的铸件均比砂型铸件的尺寸精度和表面质量高,其中尤以压力铸造和熔模铸造最高。

③ 对铸件重量和壁厚的要求

各种铸造方法能够铸出的铸件重量主要受熔炉的容积和铸型强度和大小的限制。砂型铸件的大小一般不受限制;熔模铸造使用的蜡模强度低,熔化金属的感应电炉一般只有 50~100kg,所以一般只适宜生产重量小于 25kg 的小铸件;金属型、压力铸造使用的铸型和型芯,制造困难,且成本高,也不可能太大,而且压铸件大小还受压铸机吨位的限制,因而铸件重量也不可能太大。

各种铸造方法能铸出铸件的最小壁厚与合金的充型能力有直接关系。熔模铸造一般是热型壳浇注,压力铸造和低压铸造是液态合金在压力下充型,都能有效地提高液态合金的充型能力,可铸出更薄的铸件。

(2) 砂型铸件的结构设计

为了简化造型、制芯操作,减少制作芯盒等工艺装备,便于下芯和清理,设计铸件时应注意以下几点:

① 力求使铸件的外形简单,轮廓平直,造型时只需一个分型面

铸件侧壁上的凸台、凸缘、局部侧凹等,常常妨碍起模,在单件小批量生产时,必须采用活块造型或多箱造型等方法才能铸出,很费工时。大量生产时,则不得不增加砂芯,浪费工时增加成本。这样的铸件如果在结构上稍加改进,就能克服上述缺点,如图 4-10 所示。

② 力求使铸件的内腔在铸造时,使用的型芯数目最少,装配、清理方便,排气容易

在保证铸件刚度足够的前提下,应尽量将内腔设计成开口结构,不用或少用闭口式结构如图 4-11(a)所示,以便不用或少用型芯;同时,应力求避免设计盲孔结构,如图 4-11(b)所示,使型芯在铸型中固定牢靠。

③ 结构斜度(拔模斜度)

铸件顺着起模方向的内外不加工表面,都应设计结构斜度。如缝纫机架的外型设计,如图 4-12 所示,30°的结构斜度使沟槽均不需型芯,不仅起模方便,而

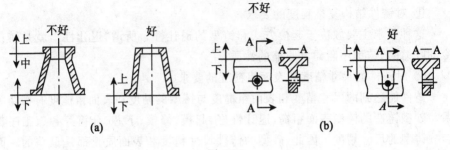

图 4-10

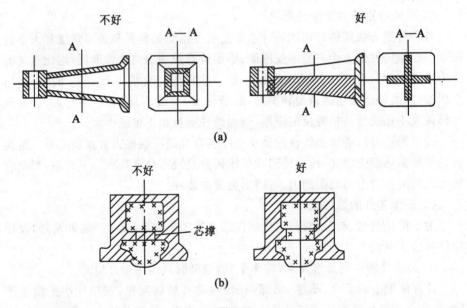

图 4-11

且造型美观,表面光洁。结构斜度(拔模斜度)的数值,可查铸造工艺手册确定。

④ 铸件应有合理的壁厚

设计铸件的壁厚时,应注意如下问题:

对于每一种铸造合金来说,在一定的铸造条件下,都存在一个使液态合金能充满铸型的最小允许壁厚,这个壁厚称为该合金的最小壁厚。因此,铸件的壁厚应不小于合金的最小壁厚。如果铸件的壁厚小于合金的最小壁厚,则由于合金的充型能力不足,而易于产生冷隔、浇不足等缺陷。在一般砂型铸造条件下,几种常用铸造合金的最小壁厚的数值,也可查铸造工艺手册确定。

铸铁的壁厚不易过厚,因为过厚的壁在其中心部易形成较为粗大的晶粒,而

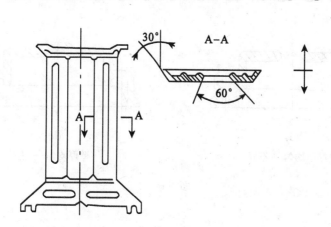

图 4-12

且易于出现缩孔、缩松等缺陷,使铸件的机械性能下降。这种现象对于灰口铸铁尤为明显。为了增加铸件的承载能力,应选择合理的截面形状(如工字形、槽形、箱形等)或采用带加强筋的结构,以减少铸件的壁厚,如图 4-13 所示。

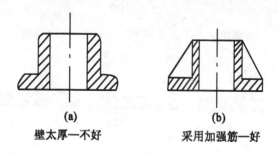

图 4-13

铸件的内壁厚度应小于外壁。由于铸件内部的筋和壁的散热条件比较差,因此,设计时应比铸件的外壁薄一些,以便使整个铸件均匀冷却,防止内应力和裂纹。

⑤ 铸件的壁厚应力求均匀

为了防止局部金属积聚,造成变形、裂纹和缩孔、缩松等铸造缺陷,应力求使铸件的壁厚均匀,如图 4-14 所示。

对铸件中壁与壁的连接还应采取一些必要的措施,如:

铸件壁的转弯处应设计成圆角(铸造圆角),这样不仅使铸件的外形美观便于造型,而且避免了局部金属积聚,防止产生裂纹、缩孔、缩松和粘砂等缺陷。

铸件中应避免壁与壁的交叉和锐角连接。确实避免不了交叉时,应采用图 4-15 所示的正确接头结构。这样不仅防止了局部金属积聚,又便于以后的清砂

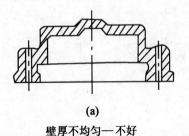 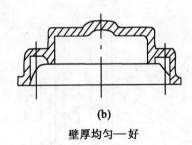

(a) 壁厚不均匀—不好　　　　(b) 壁厚均匀—好

图 4-14

处理。

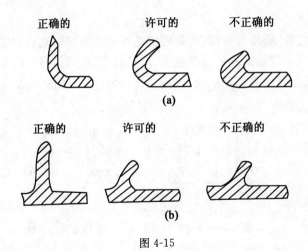

(a)

(b)

图 4-15

对于不同壁厚相连接时，应采取逐步过渡的方式，以减少应力集中现象，防止铸件在此处产生裂纹。几种壁厚的过渡形式和过渡尺寸如表 4-5 所示。

表 4-5　　　　几种壁厚的过渡形式及过渡尺寸

图　例	过　渡　尺　寸	
	铸铁	$R \geqslant (1/6-1/3)(a+b/2)$
$B \leqslant 2a$	铸钢	$R \approx (a+b)/4$

续表

图　例	过　渡　尺　寸		
（图示 $B>2a$，带 L、b、a）	$B>2a$	铸铁	$L>4(a-b)$
		铸钢	$L\geqslant 5(a-b)$
（图示 $B>2a$，带 a、c、h、b、R、R_1）	$B>2a$		$R\geqslant(1/6-1/3)(a+b/2)$ $R_1\geqslant R+(a+b/2)$ $c\approx 3\sqrt{a-b}$ $h\geqslant(4-5)c$

⑥ 应尽量避免铸件中有过大的水平面

如图 4-16(a) 所示为一含有较大水平面的铸件。在浇注铸件时，液态金属液面上升到较大水平面时，由于横断面突然增大，金属液面上升的速度锐减，致使型腔顶部的表层型砂受到较长时间的烘烤，往往开裂脱落，使铸件形成夹砂缺陷。同时，气体、夹杂物也容易停留在平面顶部，使铸件产生气孔、夹杂等缺陷。如将平面改为倾斜面，如图 4-16(b) 所示，就能防止上述缺陷产生。

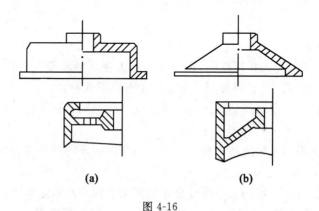

图 4-16

三、压力加工及其工艺性

金属压力加工是在外力作用下，使金属坯料产生塑性变形，从而获得具有一定形状、尺寸和机械性能的原材料、毛坯或零件的加工方法。压力加工是一种重要的塑性成形方法，因此要求金属材料必须具有良好的塑性。工业用钢和大多数非铁金属材料及其合金，都可进行压力加工。

1. 压力加工方法简介

工业生产中所用不同截面的型材、板材、线材等原材料大多是经过轧制、挤压、拉拔等方法生产的；而各种机器零件的毛坯或成品，如轴、齿轮、连杆、汽车大梁、油箱等多数是采用自由锻、模锻和冲压方法生产出来的。

(1) 轧制

使金属坯料在一对回转轧辊的孔隙（或孔型）中，靠摩擦力的作用，连续进入轧辊而产生变形的加工方法称为轧制，如图 4-17 所示。通过轧制可将钢坯加工成不同截面形状的原材料，如圆钢、方钢、角钢、T 字钢、工字钢、槽钢、Z 字钢、钢轨等。

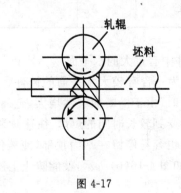

图 4-17

(2) 挤压

将金属坯料放入挤压筒内，用强大的压力使坯料从模孔中挤出而变形的加工方法称为挤压。生产中常用的挤压方法有以下几种：

① 正挤压　金属流动方向与凸模运动方向相同的挤压称为正挤压，如图 4-18(a)所示。

② 反挤压　金属流动方向与坯模运动方向相反的挤压称为反挤压，如图 4-18(b)所示。

③ 复合挤压　坯料上一部分金属的流动方向与凸模运动方向相同，而另一部分金属流动方向与凸模运动方向相反的挤压称为复合挤压，如图 4-18(c)所示。

④ 径向挤压　金属的流动方向与凸模运动方向成 90°角的挤压称为径向挤压，如图 4-18(d)所示。

适合于挤压加工的材料主要有低碳钢、有色金属及其合金。通过挤压可以

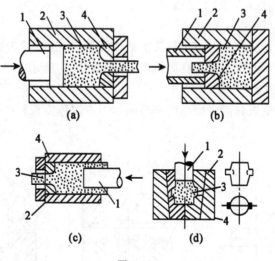

图 4-18

得到多种截面形状的型材或零件。

（3）拉拔

将金属坯料拉过拉拔模的模孔而变形的加工方法称为拉拔。拉拔生产主要用来制造各种细线材、薄壁管及各种特殊几何形状的型材。其产品精度较高，表面也较光洁。低碳钢及多数有色金属及其合金都可采用拉拔成型，如图 4-19 所示。

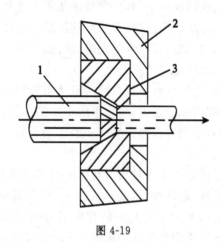

图 4-19

（4）自由锻

将金属坯料放在上、下砧铁之间，施以冲击力和静压力，使其产生变形的加工方法称为自由锻,如图 4-20(a)所示。

(5) 模锻

将金属坯料放在具有一定形状的锻模模膛内,施以冲击力或静压力而使金属坯料产生变形的加工方法称为模锻,如图 4-20(b)所示。

(6) 板料冲压

利用冲模使板料产生分离或变形的加工方法称为板料冲压,如图 4-20(c)所示。

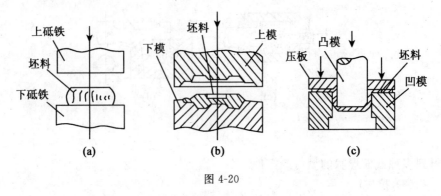

图 4-20

压力加工方法的主要优点在于通过金属材料的塑性变形改善金属的内部组织。金属材料经过塑性变形后,能压实铸坯的内部缺陷(如微裂纹、缩松及气孔等),使其组织致密;通过再结晶可使晶粒细化,提高金属的机械性能,从而在保证机械零件强度和韧性的前提下,减少零件的截面尺寸和重量,节省金属材料和加工工时。压力加工方法适用范围广,从形状简单的螺钉毛坯,到形状复杂的曲轴毛坯;从 1 克重的表针到几百吨重的发电机转轴均可生产。因此,压力加工在国民经济中得到了广泛应用。

压力加工方法的不足之处,是压力加工只适用于加工塑性金属材料,对于脆性材料如铸铁、青铜等则无能为力;而且不适于加工形状太复杂的零件。对于外形和内腔复杂的零件,采用铸造方法生产一般比压力加工方法更方便。

2. 金属材料的可锻性

金属材料的可锻性是指金属材料进行压力加工的难易程度。用金属材料的塑性和变形抗力来衡量,塑性愈大,变形抗力愈小,金属材料的可塑性愈好。影响金属材料可锻性的因素主要有材料的化学成分和组织结构影响以及变形温度、变形速度、应力状态等变形条件的影响。其中化学成分及其组织结构是基本影响因素,选材之后即已确定,生产中常以改变变形条件做为手段,来提高金属材料的可锻性,以利于金属坯料的压力加工成形。

3. 压力加工零件的结构工艺性

设计压力加工零件时,不仅要保证其具有良好的使用性能,而且还要考虑压力加工时的工艺特点。为使零件的结构便于加工,降低成本提高生产率,就要对被加工零件(毛坯)在形状、尺寸、精度等方面给予规定,提出要求。

(1) 自由锻件的结构工艺性

自由锻造采用简单、通用的工具,锻件的形状和尺寸精度在很大程度上取决于锻造工人的技术水平。所以锻件的形状不宜复杂,应具有良好的结构工艺性,自由锻件结构工艺性举例见表 4-6。

(2) 模锻件的结构工艺性

设计模锻件时,根据模锻的特点和工艺要求,主要应考虑以下几个方面:

① 为了保证锻件易于从锻模模膛中取出,锻件必须有一个合理的分模面。

② 零件上的加工面要留有机械加工余量,非加工表面与锤击方向平行的零件侧面应设计出模锻斜度。转角处要有一定的圆角。

③ 零件的形状应力求简单、平直、对称;避免面积差别过大;避免薄壁、高筋、凸起等外形结构。

④ 在零件结构允许的情况下,尽量避免有深孔或多孔结构,孔径小于 30mm 或孔深大于直径两倍者,均不能直接锻出通孔,只能先压凹。

⑤ 对于形状复杂的大型零件结构,尽量采用先锻后焊的方法,以减少敷料,简化模锻工艺,如图 4-21 所示。

表 4-6　　　　　　　　自由锻件结构工艺性举例

不 合 理	合 理	说 明
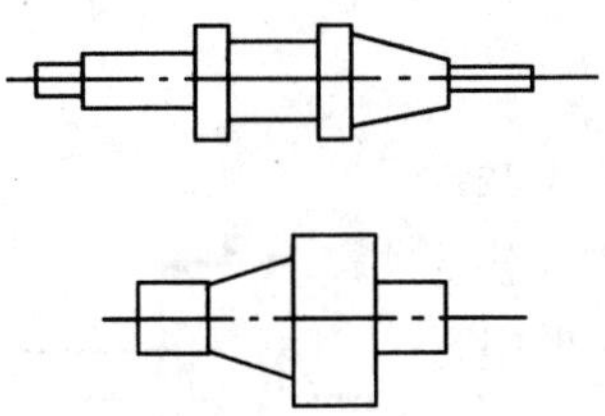	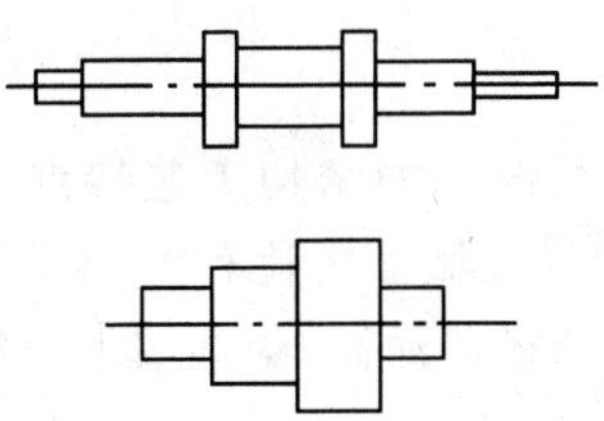	圆锥体的锻造须用专门工具,锻造比较困难,应尽量避免,与此相似,锻件上的斜面也不易锻出,也应尽量避免
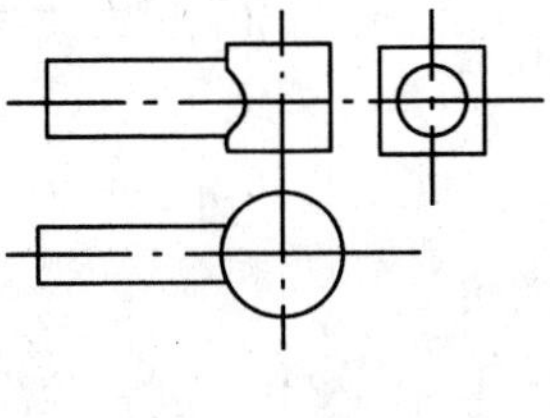	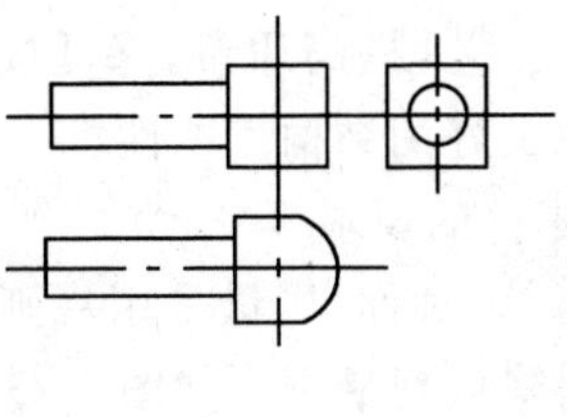	圆柱体与圆柱体交接处的锻造很困难。应改成平面与圆柱体交接,或平面与平面交接

续表

不合理	合理	说明
		加强筋与表面凸台等结构是难以用自由锻方法获得,应避免这种设计 对于椭圆形或工字形截面,弧线及曲线形表面,也应避免
		横截面有急剧变化或形状复杂的零件,应分成几个易锻造的简单部分,再用焊接或机械连接法组合成整体

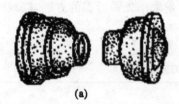 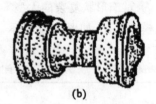

(a)　　　　　　　　(b)

图 4-21

图 4-22 表示几种模锻件的结构工艺特点,图 4-22 中所示零件,其最小和最大截面之比若大于 0.5 时,就不宜采用模锻,该零件凸缘薄而高,中间凹下很深,也很难用模锻方法锻出。

(3) 冲压件的结构工艺性

为了简化冲压生产工艺,提高质量,降低成本,在设计冲压件时应充分考虑良好的结构工艺性。

① 对落料和冲孔零件的要求

零件外形应力求简单、对称,尽量采用规则形状,并使排样时有可能将废料降低到最少。如图 4-23 所示,其中 4-23(a) 废料较少。

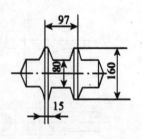

图 4-22

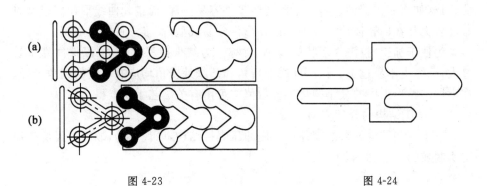

图 4-23　　　　　　　　　　　图 4-24

落料的外形及冲孔的孔形应力求简单对称。尽量采用圆形、矩形等规则形状，尽量避免长槽与细长悬臂结构，否则冲模制造困难、寿命低，如图 4-24 所示，为工艺性差的落料件。冲孔时，圆孔直径不得小于材料厚度；方孔边长不得小于材料厚度的 0.9 倍；孔与孔、孔与边距离不得小于材料厚度；零件外缘凸出或凹进的尺寸不得小于材料厚度的 1.5 倍。

为了避免由于应力集中而引起模具开裂，在落料或冲孔轮廓的转角处都应有一定的圆角半径。最小圆角半径的数值可由有关工艺手册查得。

② 对弯曲零件的要求

为防止弯裂，弯曲时应考虑纤维方向，同时冲压件的弯曲半径不能小于材料许可的最小弯曲半径，其数值亦可由有关工艺手册查得。

如图 4-25 所示，应使弯曲的平直部分 $H > 2t$，若要求 H 很短，则需先适当增长 H，待弯好后再切去多余的材料。弯曲带孔件时，为避免孔的变形，孔的位置应如图 4-26 所示，其中 L 应大于 $(1.5 \sim 2)t$。

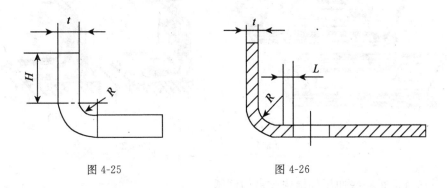

图 4-25　　　　　　　　　　　图 4-26

③ 对拉深零件的要求

拉深件的形状种类繁多，大致可分为回转体、非回转体（如盒形零件）及空间曲线形(如汽车覆盖件)等,其中回转体零件容易拉深,而空间曲线形拉深成型时难度较大。在回转体形零件中又以杯形件较易成型,而锥形件较难成型。

为便于加工,拉深件形状应简单、对称。为减少拉深次数,拉深件高度不易过大,凸缘也不易过宽。拉深件底部转角和凸缘处转角均应有一定的圆角半径。在不增加整形工序的最小圆角半径数值亦可由有关工艺手册查得。

④ 冲压结构的合理应用

对于一些结构复杂的零件可采用冲压焊接结构,以代替铸、锻后再经切削加工所制成的零件,如图 4-27 所示。

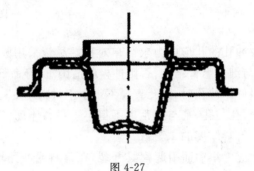

图 4-27

为减少一些组合零件,采用冲口工艺。如图 4-28 所示零件,原设计是用三件铆接或焊接组合而成,改用冲口弯曲制成整体零件可以节省材料、简化工艺。在强度允许的条件下,应尽可能采用较薄的材料,对局部刚度不够的地方,可采用加强筋方法,以减少金属消耗,如图 4-29 所示。

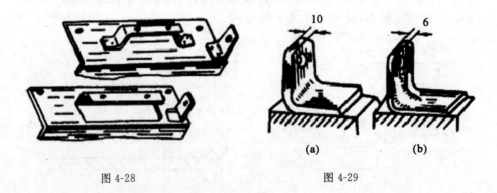

图 4-28　　　　　　　　　图 4-29

表 4-7 是一些冲压件结构改进的例子。

表 4-7　　　　　　　　　　冲压件结构改进的例子

图例		说明
改进前	改进后	
		落料与冲孔轮廓应避免尖角
		用窄料进行小半径弯曲,又不允许弯曲处增宽时,应先在弯曲处切口
		局部切口压弯时,舌部应有斜度,否则难以从凹模退出
		局部弯曲时,应在交接处切槽或使弯曲线与直边移开,以免在交界处撕裂
		带竖边的弯曲件,可将弯曲处部分竖边切去,以免起皱

四、焊接技术及其工艺性

金属焊接是借助原子间的结合，使分离的两部分金属形成不可拆卸的连接的工艺方法。分离的金属经焊接后成为一个整体。界面间的原子通过相互扩散、结晶和再结晶过程形成共同的晶粒，因而接头非常牢固，它的强度一般不低于母材（被焊金属）的强度。

1. 金属的焊接方法

由于被焊金属的接触表面不可能很平整和光洁，表面粗糙、氧化膜和污物等都是实施焊接的障碍。因此，在焊接过程中必须采用加热、加压或同时加热又加压等手段，促进金属原子接触、扩散、结晶，以达到焊接的目的。

金属焊接按其过程特点可分为三大类。

（1）熔焊

将工件需要焊接的部位加热至熔化状态，一般须填充金属并形成共同的熔池，待冷却凝固后，使分离工件连接成整体的焊接工艺称为熔焊。

熔焊的实质是金属的熔化与结晶，类似于小型铸造过程。焊接时填充金属的目的，是使焊接接头符合规定的标准尺寸和外形，渗入有益元素，使焊缝具有足够的强度等。熔焊的能量可以来自电能、化学能和机械能。

（2）压焊

在压力（或同时加热）作用下，被焊接的分离金属结合面处产生塑性变形（有的伴随有熔化结晶过程）而使金属连接成整体的工艺称为压焊。

压焊连接的实质，是通过金属待焊部位的塑性变形，挤碎或挤掉结合面的氧化物及其他杂质，使其纯净的金属紧密接触，界面间的原子间距达到正常引力数值而牢固结合。压焊过程中加热的目的是为了增加原子的动能，以提高金属待焊部位的塑性和降低顶锻力；有时使界面金属层产生微熔或熔化，其目的或是利于除去污物，或是利于熔化结晶，以保证焊接质量。压焊的压力来自于机械能，热源可以是电阻热或摩擦热。

（3）钎焊

使熔点低于被焊金属的钎料熔化后，填充到被焊金属结合面的空隙之中，钎料凝固而将两部分金属连接成整体的焊接工艺称为钎焊。

钎焊过程中，被焊金属不熔化，它与钎料之间不能形成共同的晶粒。熔化的钎料依靠对被焊金属的润湿性（浸润与附着能力）和毛细作用，填充到接头的缝隙之中，与被焊金属相互扩散形成金属结合，而将分离金属连接起来。钎焊可以用火焰或电加热作为热源。

金属焊接技术在国民经济发展中得到了广泛应用。目前，焊接方法已发展到40多种。工业中常用的焊接方法如图4-30。

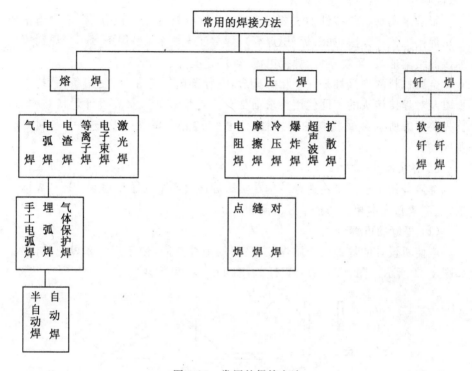

图 4-30 常用的焊接方法

焊接技术的迅速发展,是因为它具有以下优点:一是相同结构,采用焊接工艺与铆接相比,可以节省金属材料、节省制造工时,接头密封性好。以焊代铆,不钻孔,不用辅助材料,节省划线、钻孔等工序。二是对某些结构可以采用铸焊或锻焊联合结构,取代整铸或整锻结构,从而做到以小拼大,以简拼繁,它不仅节省金属材料,还简化了坯料准备工艺,从而大大降低了制造成本。三是便于制造双金属结构,如切削刀具的切削部分(刀片)与夹持部分(刀柄与刀体)可用不同材料制造后焊接成整体。也可用此法制造电气工程中使用的过渡接头(如铝和铜)等。

(4) 金属材料的焊接性

金属材料的焊接性,是指被焊金属材料在采用一定的工艺方法、工艺材料、工艺参数及一定结构的条件下,获得优质焊接接头的难易程度。焊接性包含着两层内容:一是金属材料对焊接工艺的适应能力,主要是指焊接接头产生的工艺缺陷,特别是出现各种裂缝的倾向,也就是工艺焊接性;二是指焊接接头在使用过程中的可靠性,包括机械性能和其他特殊性能(耐热、耐蚀、耐低温、耐疲劳等),即使用焊接性。在不需要采用复杂工艺措施的条件下,能获得优质焊接接头,说明这种材料的焊接性好。

影响金属材料焊接性的主要因素有:金属材料的化学成分(如碳的当量成分)、焊接工艺或方法(如熔焊、压焊等)、焊接工艺材料(如焊条、焊丝、焊剂等)、焊接的结构形式、环境条件、焊接电流、焊接速度等工艺参数。

金属材料的焊接性是一个相对概念,它伴随着工艺条件、使用条件、技术进步以及对焊接接头的不同使用要求而变化。造型设计人员在设计焊接结构时,首先要考虑所选金属材料的焊接性,注意结构的合理设计及施焊中遇到的问题。

2. 焊接结构工艺性

焊接结构工艺性是指造型结构在实施焊接过程中的难易程度。是与焊接质量、生产率和成本相关的技术经济问题。

(1) 焊缝的可焊到性

应使所设计的焊缝便于施焊,有足够的施焊空间,便于焊条和焊把的伸入,如图 4-31 所示。图 4-31(a)可焊性差,图 4-31(b)可焊性好。

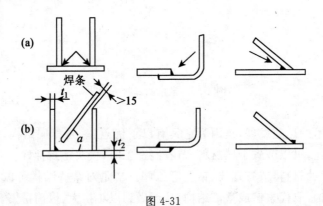

图 4-31

(2) 焊缝布置

焊缝的布置应有利于减少焊接应力与变形;应尽可能地避开承受大应力或应力集中的位置。焊接应避开加工表面,以防止破坏加工表面的精度和表面质量,如图 4-32 所示。

(3) 改善焊接劳动条件

处于小空间位置施焊,尤其在封闭空间内操作,不仅不方便,而且对工人健康不利,应尽量避免,例如容器应尽可能开单面 V 形或 U 形坡口,使大量的焊接工作在容器以外进行,把容器内焊接工作量减到最小限度。

(4) 注意节省材料

如用工字钢做成锯齿合成梁,在重量不变的情况下,结构刚度可提高几倍,

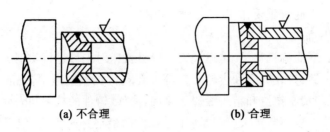

(a) 不合理　　　　　　(b) 合理

图 4-32

以适用于跨度大而承受载荷不高的梁，如图 4-33 所示。

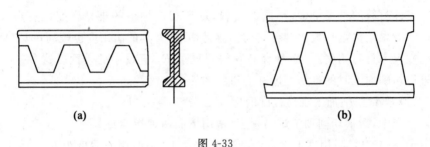

(a)　　　　　　　　　　　　　(b)

图 4-33

(5) 尽量避免仰焊焊缝

仰焊缝应尽量避免或者使设计的焊缝适合埋弧自动焊，以利提高焊接生产率。

五、机械加工及其工艺性

金属切削加工是用刀具从金属材料上切去多余的金属层，从而获得符合要求的几何形状、尺寸精度和表面粗糙度的机械零件的加工方法。

1. 金属切削加工的分类

金属切削加工可分为钳工和机械加工两部分。

(1) 钳工

钳工是利用各种手工工具对金属进行切削加工的。基本的加工方法有划线、錾切、锯割、锉削、钻孔、攻丝、套扣和研刮等。

钳工操作大部分是用手工完成，因此，生产率低，劳动强度大。为了减轻工人的体力劳动提高生产率，钳工中某些工作已逐渐被机械加工所代替。但由于钳工工具简单、加工灵活方便，可以完成目前用机械加工所不能完成的一些工作，如精度量具、样板、夹具和模具等制造中的一些钳工活；一些零部件通常需通过钳工装配成机器；损坏的机器需要钳工修配，恢复其性能。因此，钳工在工业产品制造中,仍起着重要作用。

(2) 机械加工

机械加工(简称机加工)是通过工人操纵机床对工件进行切削加工的。其主要方法是车、钻、铣、刨、磨和齿轮加工等。在现代机械制造中,一般都要进行切削加工。随着精密铸造和精密锻造的发展,锻件、铸件的精度和表面质量大为提高,其应用范围也不断扩大。但是,作为零件的最终加工手段,使零件的表面得到更高的精度和更高的光洁表面,切削加工仍是不可缺少的方法。所以切削加工在金属材料加工中仍占有相当重要的地位。

2. 工件材料的切削加工性

工件材料的种类繁多,不同的材料,进行切削加工的难易程度也有很大差异。如碳素结构钢一般比合金结构钢容易切削,刀具的耐用度也较高;加工易切削钢不仅刀具耐用度高,而且容易获得粗糙度 R_a 值较小的表面。这种工件材料进行切削加工时的难易程度称为材料的切削加工性。

(1) 衡量切削加工难易程度的标准

生产中,衡量切削加工难易程度,常用下面两种指标:

① 一定刀具耐用度下允许切削速度的大小,一般用耐用度为 60 分钟时的切削速度 v_{60} 来表示,v_{60} 愈大则切削加工性愈好,这种指标用得较多。

② 在精加工中,常用加工后所得表面粗糙度 R_a 值的大小来表示,加工后表面粗糙度 R_a 值愈小则切削加工性愈好。

(2) 改善金属材料切削加工性的措施

金属材料加工难易程度不是一成不变的,常采用以下措施来改善材料的切削加工性。

① 低碳钢和中碳钢可通过冷拔降低其塑性,以提高 v_{60}。一般经冷拔后 v_{60} 可提高 8%~10%,这表明材料的切削加工性得到了改善。

② 通过热处理改善材料显微组织来改善切削加工性。低碳钢和中碳钢可通过正火来提高硬度,降低塑性并可改善已加工表面的粗糙度,可以提高 v_{60};高碳钢和合金钢可通过退火来提高 v_{60};白口铸铁通过 950℃~1 000℃下长期退火而变成可锻铸铁,使其切削加工容易进行,提高了 v_{60},改善了切削加工性。

③ 在不影响零件使用性能的条件下,可在炼钢时加入有利于切削加工的合金元素,如硫、磷、铅、钙等元素,制成易切削钢,可以显著地提高刀具寿命和改善表面粗糙度,从而改善其切削加工性。

3. 机械加工零件的结构工艺性

零件结构工艺性是指这种结构的零件被加工的难易程度。在进行造型设计时,要考虑到零件的结构工艺性。良好的结构工艺性,是指所设计的零件,在保证产品使用性能的前提下,根据已制定的生产规模,能用生产率高、劳动量小、材料消耗少和生产成本低的方法制造出来。

随着科学技术的发展和机械加工技术的不断进步,结构工艺性的具体内容在不断变化。同时,不同的生产类型和不同的生产条件,对零件结构所提出的要求也不相同。因此,在考虑零件的结构工艺性时,要根据不同的生产条件、不同的加工方法,综合地进行分析,使零件在给定生产条件和加工方法的情况下,具有良好的结构工艺性。

切削加工对零件结构工艺性具体的要求如下:

(1) 零件结构应使加工方便

零件结构设计便于加工,可以减少加工时间,减少辅助时间。机械加工的辅助时间涉及零件的装夹、测量、对刀和切削时刀具的切入和切出等问题。为了减少机械加工的辅助时间,零件结构应符合下述要求:

① 便于装夹

机器零件装夹到夹具上才能进行机械加工。零件的结构应便于装夹;如果用专用夹具装夹,应使夹具结构简单、装夹方便。如图 4-34 所示,改进后不仅 a、b、c 处于同一平面上,而且还设计了两工艺凸台 g 和 h,其直径分别小于 e、f 孔,当孔钻通时,凸台自然脱落。又如图 4-35 所示,改进后,工件与卡爪的接触面积增大,安装较易。

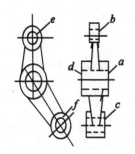

图 4-34

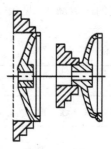

图 4-35

② 减少工件的安装次数

减少工件的安装次数能够减少装卸工件所需的辅助时间,又可减少安装误差。如表 4-8 所列,改进后,一次装夹即可完成加工,比改进前减少了一次装夹时间。

表 4-8　　　　　　　　　　减少工件的安装次数

图 例		说　明
改 进 前	改 进 后	
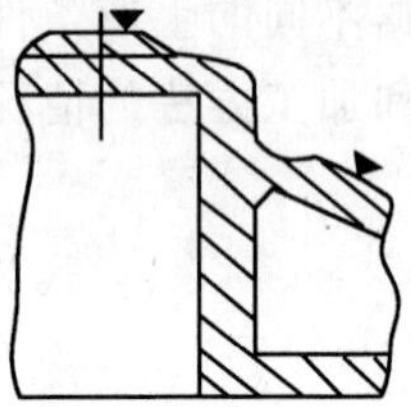	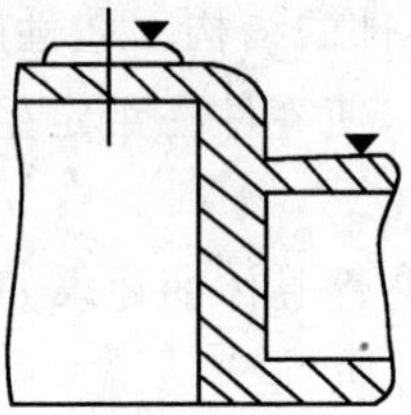	改进后只需一次安装
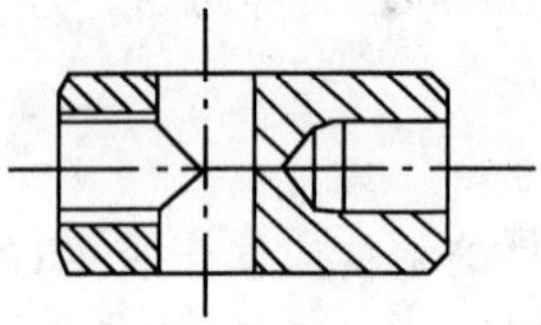	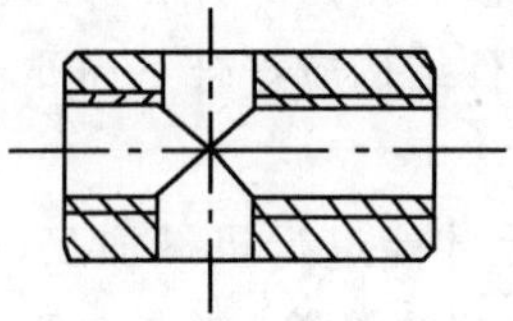	改为通孔,可减少安装次数,保证孔的不同轴度。若尚须淬硬时,还改善了热处理工艺性

③ 减少刀具的调整次数

被加工零件表面尽量设计在同一平面上,同时斜度相同,可使工件在工作台上调整的次数减少,见表 4-9 所列。

表 4-9　　　　　　　　　　减少刀具的调整次数

图 例		说　明
改 进 前	改 进 后	
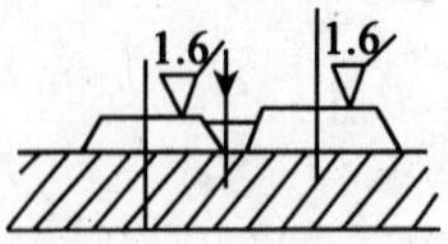	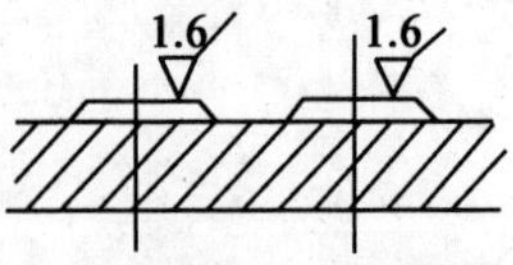	被加工表面尽量设计在同一平面上
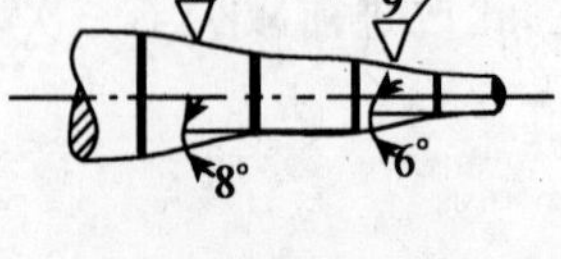	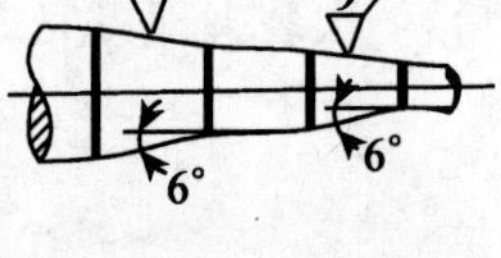	锥度相同,只需一次调整

④ 采用标准工具,减少刀具种类

表4-10所列轴类零件上的退刀槽、键槽、圆角及箱体零件上的螺孔等,应尽量一致。改进设计后,可减少加工时所使用刀具的种类,从而可减少更换刀具的辅助时间。

表 4-10　　　　　　　　　　采用标准刀具,减少刀具种类

图　　例		说　　明
改　进　前	改　进　后	
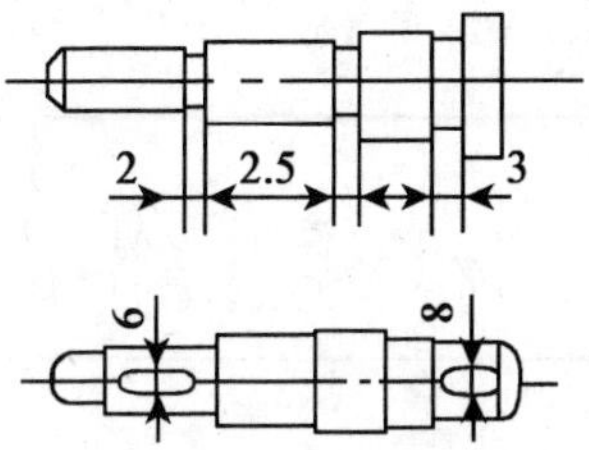 (轴的沉割槽图示:2, 2.5, 3；6, 8)	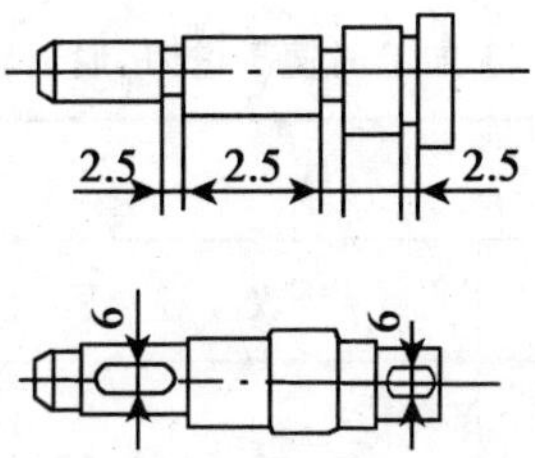 (轴的沉割槽图示:2.5, 2.5, 2.5；6, 6)	轴的沉割槽或键槽的形状与宽度尽量一致
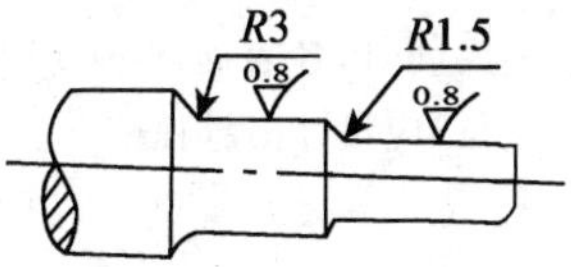 (过渡圆角图示:R3 0.8, R1.5 0.8)	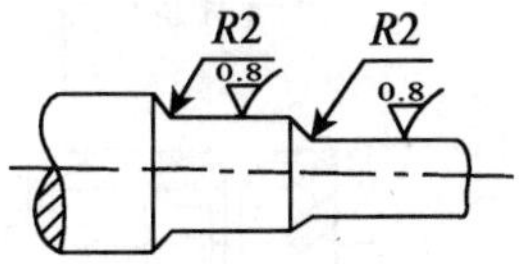 (过渡圆角图示:R2 0.8, R2 0.8)	磨削或精车时,轴上的过渡圆角尽量一致

⑤ 尽量避免零件内表面的加工

加工内表面时,刀具的形状和尺寸受到限制、对刀和测量等操作都比较困难,不仅影响生产率的提高,同时又增加了辅助时间,质量较难保证。因此尽量避免内表面加工,设计时应将内表面的加工改为外表面加工。

图4-36所示的箱体部件的结构改进后虽然增加了两个轴套,但却避免了很费工时的箱体内表面的加工;而对于阀杆和阀套部件,显然,加工阀杆上的沟槽比加工阀套的沉槽方便得多而且易于保证加工精度,从而可节省对刀的辅助时间,右边图为改进后的结构设计。

⑥ 便于加工时的进刀和退刀

造型零件上需要加工的部件,常常需设计出退刀槽、越程槽和让刀孔等结构,以便加工时进刀和退刀,如表4-11所列。

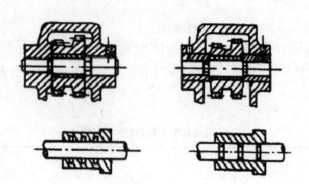

图 4-36

表 4-11　　　　　　　　　加工时便于进刀、退刀和测量

图 例		说 明
改进前	改进后	
		磨削时,各表面间的过渡部位,应设计出越程槽
		刨削时,在平面的前端,必须留有让刀的部位
		在套筒上插削键槽时,宜在键槽前端设置一孔,以利于让刀

(2) 零件的结构应有利于提高刀具的刚度、寿命和减少切削加工量

① 应有助于提高刀具的刚性和寿命

被加工零件的形状必须避免钻头单边进行工作,应能使切刀不受冲击,使铣刀有足够多的刀齿同时进行铣削等。如表 4-12 所列,在上图中,改进后,设计了工艺孔,便于选用标准钻孔和攻丝工具,避免了从右面加工,否则,需使用加长钻孔和攻丝工具,不仅工具刚度差、易折断,而且切削量不易加大。同样,在下图中避免了在曲面和斜壁上钻孔,有效地防止了钻头单边切割,损坏刀具。

表 4-12　　　　　　　　　　　提高刀具的刚性和寿命

图 例		说 明
改 进 前	改 进 后	
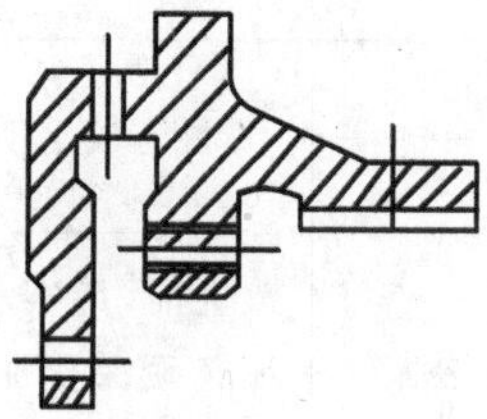	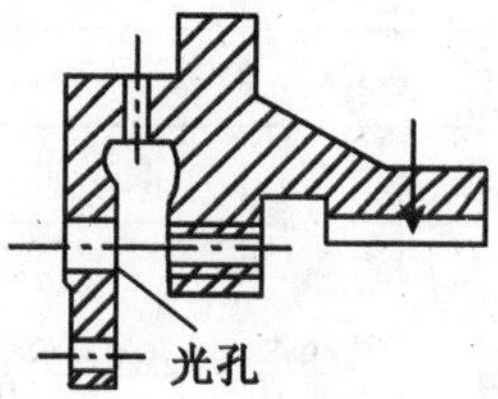 光孔	为避免从右面加工,设计了工艺孔,便于选用标准钻孔和攻丝工具
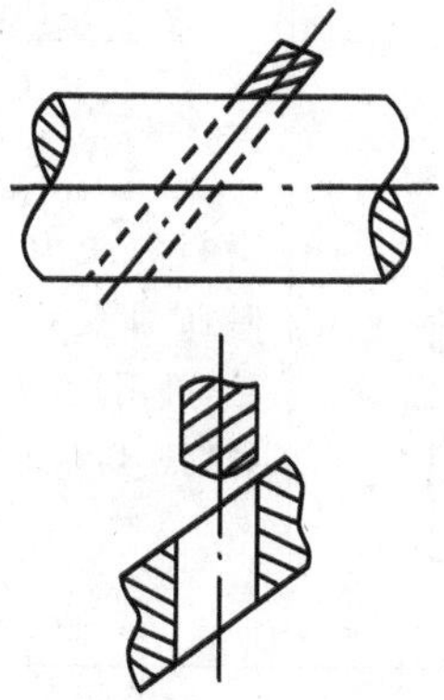	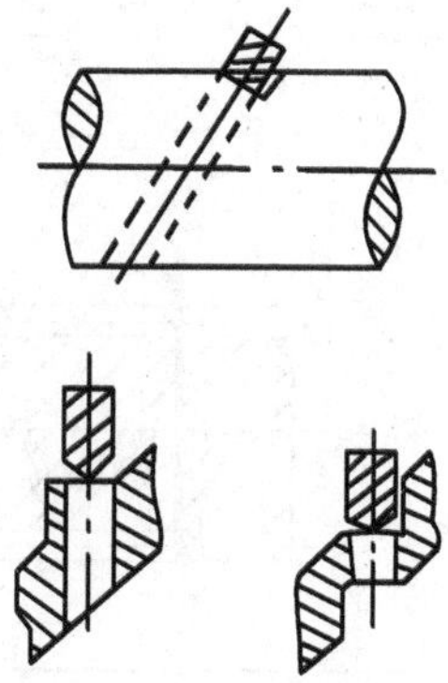	避免在曲面和斜壁上钻孔,防止钻头单边切割,损坏刀具

② 尽可能减少加工表面数和缩小加工表面面积

如图 4-37 所示,将孔的锪平面改为端面车削,可使加工表面数大大减少。

③ 使用型材,减少加工量

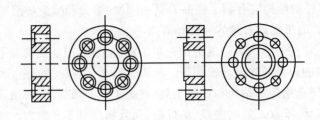

图 4-37

为减少切削加工量,在满足使用要求的情况下,尽量选择使用型材。如表 4-13 所列,用实心毛坯必须进行深孔加工,而改用无缝钢管,外缘焊上套环,则可减少加工量。

表 4-13　　　　　　　　　　使用型材,减少加工量

图 例		说　　明
改 进 前	改 进 后	
		改进前,用实心毛坯必须深孔加工,改用无缝钢管,外缘焊上套环,可减少加工量
		当齿轮受力不大时,成批生产的齿轮,可用齿轮棒料经精密切割即可

六、产品造型与装配工艺性

工业产品的造型是由具体结构来体现的。不同的结构可表现不同的造型效果。而产品的功能性、制造工艺性、装饰工艺性都是通过用一定的材料,采用一定的结构来体现的。相同的功能可以利用不同的结构方式来实现,因而可有不同的造型效果。如提高油压,即把普通大气压下的油变成所需要的具有一定压

力的油的装置,就有回转油泵、齿轮油泵、柱塞泵等许多结构形式。它们的功能相同,但由于工作原理不同,因而结构和造型也就不同。设计产品时,应根据功能需求,定出多种方案,对各个方案进行充分的比较,选其原理最好,结构造型最优的方案定型投产。产品的结构方式对产品的造型效果影响很大,尤其是外观件的结构方式更是直接关系产品的外观形象。所以,要想获得质量高、造型美的产品,必须应用性能好、布局合理的造型结构。

图 4-38(a)为车床主轴箱箱体与箱盖的一般连接结构形式,由于箱体与箱盖侧面都不经过加工,因此可能有前后、左右对不齐的现象。即使采用砂轮手工打磨,涂漆后的平整效果仍不理想。加之上部又有一凸缘及固定连接螺孔,因而外观效果很差。目前很多车床的床头箱盖结构改成如图 4-38(b)所示方案。改进后的床头箱整体性加强,看起来比图 4-38(a)方案的外观效果好,但箱壁四周的错位仍不可避免。如改成图 4-38(c)所示结构,箱盖向外凸出一点,不要求箱壁四周对齐,由于观察者的视觉敏锐程度不可能发现错位的情况,只要箱盖棱边工整,给人的视觉效果反而是整齐美观的。

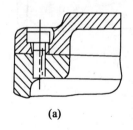 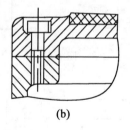 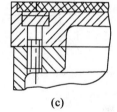

(a)　　　　　　　　(b)　　　　　　　　(c)

图 4-38

在实践中,在箱体与箱盖接触处,通常做出一个凸边起装饰作用。图 4-39(a)所示的凸边装饰结构为一般采用的结构方式,但易上下错位影响外观质量,故采用图 4-39(b),箱盖有凸边的装饰结构的形式,或图 4-39(c)箱盖有凹边的装饰结构形式。既可起到线型装饰作用,又可起到隐蔽缺陷的作用。

由刚性差的材料构成的较大平面,易产生变形,即中间凹陷,影响外观质量。如用塑料制成的电视机外壳,即易产生弯曲变形。为使整机顶面挺拔饱满,设计时可采用拱形结构,取较大的半径,使机壳顶面中间比两旁高出约 2~3mm。即使产生变形也不致往下弯曲,如图 4-40 所示。

采用薄板制做机械产品的某些罩盖时,通风口形成的暗线对产品起着线型装饰的作用。使用中应注意将冲压成型凸起的部分置于造型体的内侧,这样所获得的外观效果较佳,如图 4-41 所示。但目前国内普遍采用的方式与此正好相反。

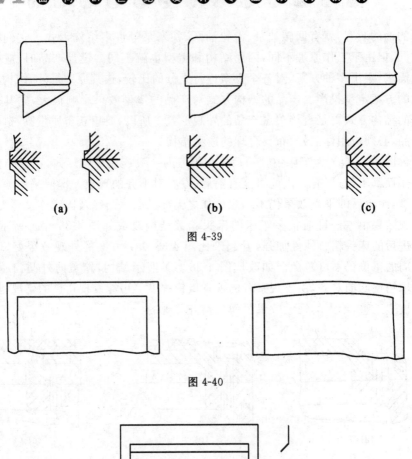

图 4-39

图 4-40

图 4-41

电视机的中框和后盖，由于注塑成型时收缩率不尽一致而发生变形，联接处常会产生缝隙和配合上的形位误差，使产品外观显得粗糙，失去美感。如果将中框和后盖设计成 1.5×45°的倒角，在联接的边口之间将形成一条 90°的环槽。由于此环槽的存在，即使联接的边口产生一些缝隙和形位误差，在视觉上仍将保持外形完整的美感。见图 4-42 所示。

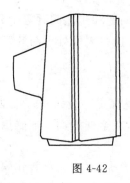

图 4-42

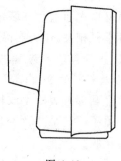

图 4-43

而在图 4-43 中,电视机中框和后盖连接的边口设计成前高后低的层次,这样不仅避免了连接边口的缝隙和形位误差,而且突出了作为视觉中心的中框,充分体现了设计的合理性。

中框和后盖侧面的连接处一般采用直线较多,若注塑时定型不当,连接边口的直线易于弯曲,影响形体美观。因此,设计时可将连接处的上半部分改为斜线,如图 4-44 所示。也可采用曲线,如图 4-45 所示。这样可使连接处的上半部分产生动态感,且可避免直线过长引起变形的弊端。

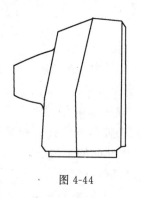

图 4-44

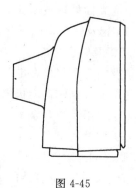

图 4-45

七、金属材料表面处理工艺

金属材料表面处理与装饰技术一般具有双重作用和功效。金属材料或制品的表面受到大气、水分、日光、盐雾、霉菌和其他腐蚀性介质等的侵蚀作用,会引起金属材料或其制品失光、变色、粉化和开裂,从而遭到损坏,因而表面处理及装饰的功效,一方面是保护产品,即保护材质表面所具有的光泽、色彩和肌理等而呈现出的外观美,并延长产品的使用寿命,有效地利用材料资源;另一方面起到美化、装饰产品的作用,使产品高雅含蓄,表面有更丰富的色彩、光泽变化,更有节奏感和时代特征,从而有利于提高产品的商品价值和竞争力。

金属材料表面处理和装饰技术所涉及的技术问题和工艺问题等十分广泛,并与多种学科相关,作为产品造型设计师需要了解这些表面处理与装饰技术的特点,并能正确合理地选用。

1. 金属材料的表面处理

许多金属都有表面生成较稳定的氧化膜的自然倾向。金属表面处理是指金属表面的原子层与某些特定介质的阴离子反应后,在金属表面生成膜层。该膜层称作转化膜。

转化膜可分为电化学转化膜和化学转化膜两大类,其中化学转化膜还包括化学氧化膜、铬酸盐膜和磷酸盐膜。转化膜层几乎在所有金属表面都能生成,但具有使用价值,在生产上较为普遍应用的是铝、铁、铜、锌及其合金,还有镁合金和银等。

转化膜的生成是金属表面在特定条件下人为产生和加以控制的腐蚀过程。因此,转化膜层不同于电沉积的镀层,转化膜是由基体金属直接参与成膜反应而生成的,所以膜与基体金属的结合要比电镀层好得多,而且膜层具有电绝缘性。转化膜层的应用极其广泛,通常用于以腐蚀防护为主要目的的场合,但转化膜经过某种特殊处理,也具有着色、装饰效果。下面主要介绍铝及铝合金、钢铁、铜及铜合金的表面处理技术。

(1) 铝及铝合金的氧化与着色处理

① 铝及铝合金的电化学氧化

铝及铝合金零件在电解液中进行电化学氧化,其工艺为电镀的逆过程,因零件作为阳极故也称铝阳极氧化。电化学氧化的结果是在金属材料表面形成一层氧化膜层。铝及铝合金氧化膜的性质,在很大程度上取决于氧化时所采用的电解液的类型及氧化过程的条件。铝及铝合金阳极氧化膜具有多孔的蜂窝状结构,其膜层的孔隙率取决于所采用的电解液的类型及氧化时的工艺条件,对有特殊使用要求的,如电容器的处理,则要选择膜层孔隙率低的电解液。

由于氧化膜具有多孔状结构,所以膜层有很好的吸附性,对各种染料表现出很好的吸附能力,故氧化膜能进行化学着色,染成各种不同颜色。另外也可在膜孔底部电沉积金属,进行电化学着色,使氧化膜不仅具有防护作用,还有装饰效果。

纯氧化铝(Al_2O_3)是一种硬度很高的材料,而有孔隙的氧化铝的硬度要低得多。如果采用硬阳极化工艺,膜的硬度可以提高,因此,氧化膜有很好的耐磨性。

电绝缘性是氧化膜的另一特点,经氧化后的铝导线可作为电机和变压器的绕线圈，但其缺点是弹性小。

另外，氧化膜还可作为有机涂层的底层。氧化膜是油漆、涂料、树脂等的良好底层，可以改善有机涂层与基体金属的结合牢度。因此采用氧化膜上再涂有机涂料的防护体系，将具有更好的防护效果。

铝及铝合金可以在多种电解液（酸性或碱性）中进行电化学氧化，在工业上大规模用于生产的是酸性电解液，有硫酸、铬酸、磷酸、草酸等，其中以硫酸电解液应用最广，常称作硫酸电解液阳极。

② 铝及铝合金的化学氧化

化学氧化是不用外来电流而仅把工件置入适当溶液中，使其表面生成人工氧化膜。一般是将铝件浸在含有碱溶液和碱金属的铬酸盐溶液中，铝和溶液互相作用，很快便生成 Al_2O_3 和 $Al(OH)_3$ 的薄膜，其膜的厚度大约 $0.5\sim4\mu m$，用化学氧化工艺获得的铝氧化膜，没有足够的强度，易磨损，抗蚀性也较差，质柔软，一般不易单独使用，但这种氧化膜具有较高的吸附能力，一般工业上作为表面涂装的底层，经化学氧化后再涂装，可以大大提高铝及铝合金外观装饰件的抗蚀能力，使涂料的保持性增强。铝及铝合金化学氧化的优点主要是生产效率高、成本低、不消耗电能、不需专门设备，适合于大批量生产。因此，化学氧化法在面饰中被大量采用。

③ 铝及铝合金氧化膜的着色

铝及铝合金经氧化处理后，得到新鲜的氧化膜层，它具有多孔性、吸附能力强，容易染上各种颜色，具有良好的装饰效果。着色方法主要有三种，即化学染色法，整体着色法，电解着色法，近年来又在电解着色的基础上发展了干涉着色法。图 4-46 是各种着色法的示意图。

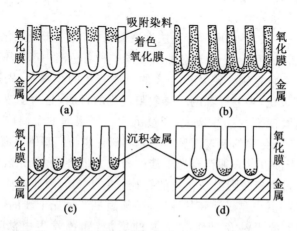

图 4-46

1) 化学染色法

染色法就是把氧化后的制件用有机染料或无机染料的水溶液来染色。因有机染料染色方便，色彩丰富、鲜艳，因此，目前广泛应用的是有机染料染色。

一般来讲，染色法的染料分子是处于氧化膜孔的上端或膜的表层；有的已向膜孔的内部深入。前者一经表面磨损颜色即无，而且吸附的染料在阳光作用下，易氧化褪色；而后者的耐晒牢度优于前者，如图 4-46(a) 所示。

2) 整体着色法

整体着色法是无机着色法。用硫酸和有机酸（通常是磺基水杨酸或磺基邻苯二酸）的混合物做氧化溶液，通以直流电，阳极氧化与着色同步进行。颜色的产生是由于在阳极氧化过程中，进入氧化膜内的有机酸阴离子，一部分变成了成色物质，掺和在阳极氧化膜的本体中。整体着色膜对阳光和风化作用都有很好的稳定性。不足之处是耗电量大、成本高，对操作条件要求严格。整体着色法可以产生金黄色、古铜色、灰色和黑色。现已逐步被电解着色所取代，如图 4-46(b) 所示。

3) 电解着色法

电解着色和整体着色不同，电解着色是分两步进行：第一步，铝在硫酸溶液中进行常规阳极氧化；第二步，阳极氧化后的多孔性氧化膜在金属盐的着色液中电解着色。用此法着色具有古朴、典雅的装饰效果，与染色法相比，其氧化膜有极好的耐晒性；与整体着色法相比，能耗小，工艺条件易于控制。电解着色沉积物主要堆积在膜孔底部，其高度大约为 $5\mu m$，并且能均匀的充填膜孔。着色时间愈长，沉积金属在膜孔中的沉积量愈高，即沉积量随着色时间的增加而增加，如图 4-46(c) 所示。

4) 干涉着色法

此法也称三步法，是由电解着色法发展而来的，即在阳极氧化和电解着色两步法之间加一扩孔步骤。干涉着色法可在同一种着色液中产生不同颜色的着色膜，扩大了铝的着色范围。铝及铝合金的干涉着色的步骤是，先进行硫酸阳极化，然后磷酸阳极化，再电解着色。磷酸阳极化的目的，是为了改变氧化膜孔的结构，使氧化膜孔底部的孔径增大，通过沉积一层很薄的金属取得光干涉的效果。颜色是由于氧化膜的上表面反射的光和氧化膜与铝基体界面折射的光产生干涉的结果。干涉着色必须符合光干涉的条件才能产生，首先沉积金属的粒子需在 26nm 左右，因硫酸阳极氧化膜的孔径只有 18nm，因此硫酸阳极氧化膜不会产生干涉效果；其二是干涉膜的厚度，必须满足产生光干涉的条件，太厚或太薄均不行。产生的干涉色随沉积金属的增加，颜色发生由淡蓝色──→浅绿色──→黄色──→浅红色的变化。

(2) 钢铁的氧化与磷化处理

① 钢铁的氧化处理

钢铁的化学氧化是将钢铁零件浸在浓碱溶液中煮沸,在金属表面生成稳定的四氧化三铁(Fe_3O_4)的过程。因四氧化三铁氧化膜呈蓝黑色,所以又称其为"发蓝"。发蓝是提高黑色金属防护能力的一种简便而又经济的方法。膜厚在 $0.5\sim1.6\mu m$,膜层具有很好的吸附性,发蓝后的零件再进行浸油及其他填充处理,能进一步提高膜层的耐蚀性,发蓝膜薄,不影响零件的装配尺寸;对表面光洁要求高或抛光的精密件,发蓝后表面既亮又黑,具有防护和装饰的效果。因此,这一工艺在精密仪器、光学仪器以及机械制造上广为应用。

由于化学氧化是在碱液中进行,一般不产生氢脆现象,因此对氢脆敏感的弹簧件,薄钢片等高强钢可用发蓝处理。为了提高发蓝的防腐能力和润滑能力,将氧化后的零件再用肥皂溶液浸渍和烘干,然后再浸油,取出后使用。

② 钢铁的磷化处理

钢铁的磷酸盐处理是将零件浸入磷酸盐溶液中进行化学处理,在金属表面生成难溶于水的磷酸盐膜的过程,简称"磷化"。磷化也是金属氧化方法之一。因此,磷酸盐膜也是一种化学转化膜。磷化是钢铁表面防护的常用方法之一,应用愈来愈广泛。有色金属如锌、铝、铜、锡等都可以进行磷化处理。

磷化溶液品种甚多,按磷化温度,可分为高温磷化($85\sim98℃$)、中温磷化($50\sim70℃$)、低温磷化($<35℃$);按磷化溶液成分,可分为锌系、锰系、锌钙系等。但应用较多的是锌系中的磷酸二氢锌和锰系中的磷酸锰铁制剂等。

磷酸盐膜的厚度可达 $3\sim20\mu m$,甚至更厚。膜与基体金属有较好的结合性,膜的性能也较好。对大气和在有机油类、苯、甲苯及各种气体燃料中有很好的耐蚀性;对润滑油有很好的吸附性;不粘附熔融金属、不影响零件的焊接性能;磷酸盐膜是高电阻膜层,有很好的电绝缘性。磷酸盐膜的颜色由暗灰到黑色,随基体合金成分及磷酸盐处理工艺的不同,可以呈现不同的颜色。磷酸盐是一种无机盐膜,其不足在于膜本身机械强度不高,有一定脆性。磷酸盐处理过程伴随着氢的析出、对氢脆敏感的材料,应考虑氢脆问题,特别是对高强钢。一般对受力较小的低碳钢或中碳钢不会造成危害。

(3) 铜及铜合金的氧化处理

铜及铜合金由于具有很好的电导性,因此,在电气工业及仪表工业中得到广泛应用。铜在干燥的大气中比较稳定,但在潮湿的大气和海水条件下很容易腐蚀,在水、二氧化碳、氧的作用下生成腐蚀产物碱式碳酸铜,俗称铜绿($Cu_2(OH)_2CO_3$),为了提高其耐蚀性,必须进行表面处理。铜及铜合金常用的表面处理方法有以下几种:

① 过硫酸盐碱性溶液氧化法

过硫酸钾碱性溶液,由氢氧化钠(浓度为 $45\sim50g/L$)和过硫酸盐($K_2S_2O_8$,

浓度为 5~20g/L）组成，一般在配好的过硫酸钾溶液中，经 60~65℃浸煮 5min 后，即可生成黑色的氧化膜。

当溶液中氢氧化钠含量过高时，金属的溶解速度将随氢氧化钠含量的增加而加快，形成疏松而较厚的氧化膜。同时由于过硫酸盐的分解，使其消耗量也随之增高。当氢氧化钠含量较低时，将形成褐色或微绿色的薄层氧化膜，此时如再加入氢氧化钠，效果不显著时，须同时加入过硫酸钾才逐步形成黑色氧化膜。

溶液中过硫酸钾含量也应控制在配方范围内。过硫酸钾含量过高，膜层不均匀，出现彩色或呈疏松状态，甚至脱落；含量过低时，氧化速度减慢，会使金属铜在氧化槽中产生过腐蚀现象。

② 铜氨溶液化学氧化法

本法适合于含铜为 52%~68% 的黄铜件，所得氧化膜为蓝黑色，用铜氨溶液获得的氧化膜的质量，比用过硫酸盐溶液所得的氧化膜质量差。为提高防护能力，氧化膜上可再涂以清漆。

③ 古铜色化学氧化铜镀层

古铜色色泽雅致、美观大方，有些制件需要装饰古色古香的外观，可采用此法。古铜色镀铜是在制件镀铜后，在硫酸溶液中活化，再以过硫酸盐碱性溶液氧化的方法将镀铜制件氧化。化学氧化后可进行机械抛光或滚光，然后再使制件浸涂清漆，以提高其防蚀性和抗变色能力。

④ 碱性溶液电化学氧化法

碱性溶液电化学氧化法适用于各种牌号的铜合金。它是以被氧化的铜制件为阳极，置入氢氧化钠热溶液中，以钢或镀镍钢板作为阴极，再通以直流电，此时，作为制件的阳极表面即会形成黑色氧化膜。

2. 金属材料的表面装饰

金属材料的表面装饰也称作金属材料的表面被覆处理。表面被覆处理层是一种皮膜。如镀层和涂层覆盖制品表面的处理过程，就是比较重要的表面装饰方法。

按照金属表面被覆装饰材料和方法不同，可分为镀层被覆装饰（电镀、化学镀、真空蒸发沉积镀和气相镀等），和以涂装为主的有机涂层被覆装饰，以及以陶瓷为主体的搪瓷和景泰蓝等被覆装饰；按照被覆层的透明程度不同，可分为透明表面被覆和不透明表面被覆等，无论制品表面采用何种装饰技术，都是为了达到保护和美化制品表面的目的，有时还可使制品表面产生特殊功能。

(1) 镀层装饰技术

镀层装饰技术能在制品表面形成具有金属特性的镀层，这是一种较典型的表面装饰技术。金属镀层不仅能提高制品的耐蚀性和耐磨性，而且能够增强制品表面的色彩、光泽和肌理的装饰效果，因此能保护和美化表面。有些制品由于具有优异的镀层,常常使制品的品位和档次得到很大提高。按镀层的表面状态可分成镜面镀层和粗面镀层(缎光面、梨皮面、不整粗面等)两类。按镀层装饰技术可分为电镀、化学镀、真空蒸发沉积镀、气相镀等;此外还有一些特殊方法,如刷镀法和摩擦镀银法。随着制品多样化和镀层功能性的要求,现又发展了合金镀、多层镀和复合镀、功能镀等方法。

常用镀层装饰的金属有 Cu、Ni、Cr、Fe、Zn、Sn、Al、Pb、Au、Ag、Pt 及其合金等见表 4-14。

表 4-14　　　　　　　　镀层的颜色、色调和耐候性

镀层金属	镀层金属的颜色	镀层的色调	耐候性	指示影响
金	黄　　　色	从带蓝头的黄色到红头的黑色	厚膜时不变	不变
银	白色或浅灰色	纯白、奶黄色、带蓝头的白色	泛黄、褪光	变
铜	红　黄　色	桃色、红黄色	泛红、泛黑	变
铅	带蓝头的灰色	铅　　　色	—	不变
铁	灰色,银色	茶　灰　色	变成茶褐色	变
镍	灰　白　色	茶灰白色	褪　　　光	微变
铬	钢　灰　色	蓝　白　色	不　　　变	不变
锡	银白,黄头白色	灰　　　色	褪　　　光	微变
锌	蓝　白　色	蓝白色、黄色、白色	产生白锈	变

(2) 涂层装饰技术

在制品表面形成以有机物为主体的涂层,并干燥成膜的工艺,称为涂装技术,这是一种简单而又经济可行的表面装饰方法,在工业上通常简称为涂装,涂装的目的有三个方面:

① 保护作用

防止制品表面受腐蚀、被划伤、脏污,提高制品的耐久性。

② 装饰作用

将制品表面装饰成涂层所具有的色彩、光泽和肌理,使制品外观在视觉感受上成为美观悦目的制品。

③ 特殊作用

使制品具有隔热、绝缘、耐水、耐辐射、阻尼、杀菌、吸收雷达波、隔音、导电等特殊功能。特别是通过涂装与其他表面处理技术相叠加的多重处理,可获得能适应相当苛刻条件和使用环境的防护装饰涂层。

涂装所用的材料是各种涂料。它们一般由主要成膜物质、颜料和溶剂混合加工而成。其中主要成膜物质是涂料中的主要组分,大多数为各种合成树脂,其

主要作用是将其他组分粘结成一个整体,并能附着在被覆金属制品表面,形成坚韧的保护膜,所以也称固着剂。由于有机溶剂涂料在使用时对环境有污染,同时为了节省资源,现代涂料已从有机溶剂型向水性涂料、粉末涂料、高固体组分涂料和反应性涂料转化,并向非有机溶剂涂料过渡。

涂装工艺一般包括制件表面涂装前的前处理、涂敷涂料及涂层干燥三大步骤,由于涂层的厚度较薄,若涂装工艺实施不当,制件的涂层容易出现劣化、脱落、起泡、膜下浸蚀等,因此必须严格实施正确涂装工艺,保证涂装质量。

(3) 搪瓷被覆技术

公元前3世纪在埃及已有了在铜器表面被覆搪瓷的技术。此后作为工艺技术被继承下来,发展为被称作景泰蓝的工艺美术品,很受人们器重。这种技术在工业制品上应用则被称为搪瓷。搪瓷和景泰蓝是用玻璃质材料在金属制品表面形成一被覆层,然后在800℃左右的温度下进行一定时间的烧制而成。

铁、铜、铝、不锈钢以及金、银都可被覆搪瓷和景泰蓝。通过搪瓷处理的制品具有坚固性和耐蚀性,并有优良的装饰性。但其不足是受到冲击、急剧温度变化等,搪瓷层容易剥落,这主要是基体金属和玻璃质釉料的膨胀率不同,附着力不足的影响。实践中常采用多层搪瓷的处理方法控制膨胀率的差异程度和附着力的大小,以此改进搪瓷制品的质量。搪瓷制品现已广泛应用于厨房用具、医疗用容器、生活用品、化工装置和工艺品等。

3. 其他面饰工艺

为了使工业产品具有优良的内在质量和赏心悦目的外观效果,金属材料制品的面饰技术种类很多,除上述介绍之外,还有其他一些常用的面饰手段。

(1) 表面精整加工

将金属材料的表面加工成平滑、光亮美观或具有凹凸模样的表面状态的过程称为表面精整加工。表面精整加工除直接具有装饰效果外,作为电镀和涂装的前处理也是重要的加工处理方法。

① 切削与研削加工

切削是利用刀具对金属表面层进行加工的方法;研削是利用砂轮对金属表层进行加工的方法。在切削和研削中有切屑产生。切削与研削一般可迅速加工出高精度表面的产品。表面精密加工中的珩磨和超精加工技术,是切削和研削的一个分支。

② 研磨

研磨的方式有的是通过坚硬微细的研磨料进行的机械研磨;有的通过电解金属表面溶解而进行的电解研磨;还有的是通过试剂作用引起的金属化学性溶解而进行的化学研磨。其中以机械研磨最为普遍。

1) 机械研磨　对于一般金属表面,机械研磨常用的磨料有 Al_2O_3、SiC 和

Cr_2O_3 等系列磨料。提供的形式有研磨料、油脂性研磨料、研磨布、研磨纸、研磨带、砂轮及液体研磨料等,可根据不同要求和研磨对象选择使用。在表面精密加工中,有滚筒研磨、抛光研磨和擦亮研磨等方法。其中抛光研磨,使用简便,并能迅速加工出不涉及尺寸精度的平滑的或具有镜面光泽的表面,是一种高效率的研磨方法。

2) 电解研磨和化学研磨 在电解研磨和化学研磨中,其主要作用是使金属表面的凸部选择性溶解而使表面平滑。电解研磨的实质是基于以电解作用使金属表面溶解;化学研磨则是基于以强溶剂引起的直接的化学性溶解。由于这两种研磨方法能获得独特的色调和光泽的加工面,所以在日用品、照明类器具以及机械零部件的表面加工中得到了广泛应用。

③ 蚀刻

蚀刻是利用化学药品的作用使被加工金属表面的特定部位浸蚀溶解而形成凹凸模样的一种加工方法。在蚀刻过程中,首先将整个金属表面用耐药品浸蚀的膜(称隔离膜或掩蔽膜)覆盖,而把材料表面上要求凹下去的部位的膜用机械的或化学的方法除去,使这部分的金属表面裸露,然后将药液倒入其中,使材料裸露部分的金属溶解而形成凹部。最后,将剩下的掩蔽膜用其他药液除去,这部分表面就成为凸部。这样,在金属表面就描绘出所设计的凹凸模样。

17 世纪发明并普及的铜板画,就是将铜板全部涂蜡,然后用针尖在蜡膜上描绘肖像或风景画,并置铜板于硝酸液中浸蚀,使被描绘的图像成为凹陷的部分,这一过程即是蚀刻凹版的制版工艺过程。对于这种技法,通过对掩蔽膜、蚀刻药液及描绘方式等的改进,使之得到进一步的发展。特别在形成掩蔽膜方面发明了利用照相冲洗技术的照相制版法,并有效地利用此法得到表面复杂而色调微妙的特征部分。由于照相制版可进行精细的加工,因此,使得蚀刻工艺得到了广泛的应用。

(2) 其他表面装饰方法

金属材料的表面被覆技术,除上述所介绍的镀层、涂装技术外,还有许多种表面被覆装饰方法,随着技术和材料的发展,不断得到发展并广泛应用。

① 层压塑料薄膜

用层压法把塑料薄膜粘结在钢板上,制成塑料薄膜层压钢板。选用的粘结剂能把钢材基件和塑料薄膜牢固地粘结在一起,而且不影响塑料薄膜的性能。在塑料膜层上可以压制出各种图案,如木纹、布纹或皮革纹等。这种工艺被广泛地用于建筑、车辆和电器的装饰技术,目前各种装饰性的薄膜钢板与日俱增。下面介绍几种薄膜材料及应用。

1) 丙烯酸树脂薄膜 丙烯酸树脂薄膜主要层压于镀锌钢板上,薄膜厚度为 $75\mu m$,层压膜可使用长达 20 年不褪色,不脱落,不产生裂纹,主要用于建筑装饰。

2) 氯乙烯薄膜　氯乙烯薄膜有优良的韧性、耐候性和抗化学药品腐蚀性，薄膜的色彩鲜艳、品种繁多，单层厚度为 200μm，广泛用于钢板和钢带的层压，各工业部门都有应用。

3) 聚乙烯薄膜　聚乙烯薄膜可以压制出各种花纹，也可以进行印刷。薄膜厚度可达 100～300μm，层压钢板具有良好的绝缘性和抗刮伤性，建筑业上用于隔墙材料，在仪表工业上常用于产品的外罩。

4) 聚氟乙烯薄膜　聚氟乙烯薄膜具有良好的耐候性、耐热性和耐化学药品性能，最高持续工作温度为 100℃，薄膜厚度为 12～100μm，可在镀锌钢板和铝板上进行层压。这种薄膜的抗老化性能很强。用于建筑装饰面板和其他室外器材，经 20 年的使用，不产生褪色、脱落和开裂现象。

② 热浸涂层

热浸涂层就是将金属制件浸入熔融金属中获得金属涂层的一种方法。显然，热浸法作为一种涂覆方法只适用于低熔点金属。可作为热浸涂层的金属主要有锌、锡、铝和铅。这些涂层金属的基体材料主要是钢铁材料，其次有铸铁和铜。在铜上浸锡主要用作铜导体的锡焊预处理。

与其他涂覆过程一样，为了保证涂层与基体结合牢固，必须进行涂前的表面准备，其目的是清除基体金属表面的各种油污及腐蚀物。

热浸涂层一般均由两层组成，外层是纯的浸涂金属，内层是基体与浸涂金属组成的合金层。当经过前处理表面已洁净并均匀涂覆一层助熔剂的基体金属浸入熔融金属浴中时，保护性的助熔剂离开基体，使基体金属与熔融金属迅速反应，通过互相扩散作用生成一层合金组织。当制件取出离开熔融金属浴时，带出纯的熔融金属，覆盖在合金层上，形成了"纯熔融金属——熔融金属与基体金属的合金层——基体金属"的标准热浸涂层组织。合金层硬度一般比基体金属还要硬，故可耐相当大的冲击及摩擦而不剥落。尽管纯熔融金属层被损坏，仍能保持涂层的完整性及连续性。

1) 热浸锌层　钢铁材料热涂锌层是有效的保护方法，既实用又经济。锌在大气环境下具有很好的防护性能，尤其纯锌涂层较厚，而且锌——铁合金层与基体结合紧密，有良好的耐磨性和耐蚀性。锌涂层相对钢铁基体属阳极性涂层，具有牺牲性阳极防护特性，当锌层遭受损伤时，对基体仍有保护作用，是其他涂层难以比拟的。

近年来，以采用热浸锌——铝合金涂层以及热浸涂锌再涂装的两层体系法，其防护效果更好。特别是在特殊恶劣环境下作为长期使用的防腐方法。一般在室外大气暴晒中使用的钢材，多采用热镀锌层或两层体系法保护。

2) 热浸锡层　热浸涂锡作为钢铁基体的涂层，它虽不具备阳极保护作用，但在密封的罐头盒内,电位会发生逆转。锡在有机酸中稳定、无毒,且锡金属本身不易变色。因此,涂锡铁皮的主要销路是包装工业和食品罐头工业,电器行业也广泛应用。但由于锡资源的缺乏,价格不断上涨,对浸锡涂层的应用受到一定的影响。

3) **热浸涂铅** 热浸涂铅主要用来包覆电缆及用于汽车工业中的汽油箱等。

③ **暂时性防护涂层**

为了使工业制品的表面和外观在封存、运输以及加工过程的工序间得到保护,往往需要采取暂时性的防护措施,而在实践中暂时性的防护措施常常使用暂时性防护涂层。目前集装箱运输都采用暂时性防护方法。

所谓防护的暂时性,是指当需要使用金属材料或金属制件时,可以很容易地将防护层除掉,恢复原有金属材料的表面色彩、光泽和肌理,使其没有任何损伤或留下任何痕迹。此外还有些金属制件如量具、刀具、轴承等,表面精度较高,不易采用其他的防护措施。根据涂层种类和涂覆方法的不同,暂时性防护涂层的防锈能力,可以是数日、数月,有的可长达几年或十几年。因此,所谓"暂时性"是指金属材料表面涂层本身的暂时性,并指防护涂层的防护效果。

暂时性防护涂层的主要材料是防锈油、防锈纸、可剥性塑料等一些非金属材料。如防锈油脂、防锈水、油溶性缓蚀剂、气相缓蚀剂、水溶性缓蚀剂等。可剥性塑料是以塑料为基本材料,加入矿物油、缓蚀剂、增塑剂等其他添加剂制成。采用浸、喷、涂等方法把塑料涂覆于金属制品上,待冷却后就形成了一层塑料薄膜,起到防止金属腐蚀和保护金属表面的作用。可剥性塑料启封方便,防锈效果好,防锈作用可长达 5~10 年。

金属材料及制品表面的防护和装饰方法,种类繁多,但归纳起来可将金属造型材料表面防护和装饰技术分为三大类,即金属表面精整加工、金属表面层改质处理和金属表面被覆装饰技术。现归纳如表 4-15 所示。

表 4-15　　　　　　　　　　金属材料表面处理的分类

分　类	处理的目的	处理方法和技术
表面精整加工	有平滑性和光泽,形成凹凸花纹	机械方法(切削、研削、研磨) 化学方法(研磨、表面清洗、蚀刻、电化学抛光)
表面层改质处理	有耐蚀性,有耐磨耗性,易着色	化学方法(氧化、磷化处理、表面硬化) 电化学方法(阳极氧化)
表面被覆装饰	有耐蚀性,有色彩性,赋予材料表面功能	金属被覆(电镀、镀覆、热浸);有机物被覆(涂料、塑料层压);陶瓷被覆(搪瓷、景泰蓝)

八、造型设计与装饰工艺性

1. 装饰工艺选择原则

现在工业产品造型在取得合理的功能设计后,形态表面的色感、量感、质感的设计和配置,是吸引人、唤起购买者兴趣的重要方面。这些感觉的取得(如明和暗、冷和暖、硬和软、重和轻),都是通过产品表面的配色、肌理来强调的。还有形态表面所需的理想光点、光带以及物体对光的正确显示等,也都必须以某种肌理作为基础。这些肌理的产生、制作,除少数物质、材料表面所固有的性质外,绝大多数理想的肌理是依靠各种工艺技术取得的。所以装饰手段的合理应用,对于产生理想的产品造型形态至关重要。一般来说,装饰工艺的选择有如下原则。

(1) 形态的时代性

工业产品是随着科学技术的进步而发展,科学技术是工业产品造型的物质基础,是造型发生变化的重要原因。产品的装饰工艺反映了时代的科学技术水平。产品的造型只有在提供了新材料、新工艺、新技术的基础上才可能反映出产品的时代性。在科学技术的每个发展时期,或科学技术在某个方面取得较大的突破时,都会出现与此相适应的产品造型。

(2) 功能的合理性

在体现功能的合理性上应该做到:装饰工艺应突出产品功能的主体部分,强调功能的正确使用要求,运用色彩和色光渲染使用功能的特性。

(3) 产品档次的经济性

各种产品,尤其是电子和家用电器产品都是机械化批量生产,由于消费层次的差异,产品分为高、中、低不同档次。在对产品选择装饰工艺时,必须考虑产品档次的经济性,以求得产品的合理装饰,使生产获得理想的经济效益。

高档产品又称豪华型产品,它象征使用者富有、气派。在选用装饰工艺时,一是对产品外观进行多侧面装饰,或提高材料本身的质感,或改变材料的肌理,使产品呈现精美感;二是采用多种新的装饰工艺,使产品具有现代感、贵重感。

中档产品是消费层次较广的一种产品。由于此类产品销售面广,价格适中,因此在选用装饰工艺时既要使产品保持一定的档次高度,不失现代感,又要考虑产品的价格,不可随意使用装饰。这类产品的装饰一般选用1~2种最新的装饰工艺,即能恰到好处地体现装饰的现代感。

低档产品也称为普及型产品,由于售价低廉,应尽量少使用装饰,以获得生产的经济效益。

(4) 情感的审美性

美观是每一个人都喜欢的,每一个设计师都希望自己的产品美观。然而"美"不能用一个标准去衡量。美的确定是人们在生活中的感觉,它与人的主观条件,如想象力、修养、爱好分不开,它离不开生活,离不开对象,而又因人、因时代、因地域、因环境等因素而异。满足人们情感需求的审美性,是选择装饰工艺的又一原则。

(5) 求简的单纯性

产品形态设计简洁、单纯是现代工业产品的鲜明特色,是时代的要求。因此,在选择装饰工艺时,必须经过充分的提炼、概括、删繁就简,以清新的时代面貌展现产品单纯性的美感。

第五章 工业产品造型设计与造型艺术

第一节 产品造型的形式法则

任何一种工业产品,其物质功能都是通过一定的形式体现出来的,在审美活动中,形式先于内容作用于视觉并直接引起心理感受,形式不美妨碍内容的表达,也无法使人得到愉悦。研究形式美的法则,是为了提高美的创造能力和对形式变化的敏感性,以利创造出更多更美的工业产品。

一、统一与变化

统一与变化是形式美法则的集中与概括。

在艺术作品中,强调突出某一事物本身的特性称为变化,而集中它们的共性并使这种共性更加突出即为统一。

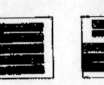

统一 变化

图 5-1

统一能使人感到畅快、单纯、秩序、和谐。但只有统一而无变化会使人的精神、心理由于缺乏刺激而产生呆滞、美感不能持久,从而使造型显得刻板、单调、乏味。

变化是刺激的源泉,通过变化能产生心理刺激而唤起兴趣,能打破单调乏味的过分统一。但变化应有一定限制,否则由于混乱、繁杂易引起精神上的骚动而产生疲劳,从而使造型显得零乱、杂散、没头绪。

因此,在设计中片面强调矛盾的一方都是错误的,必须在统一中求得变化,在变化中体现统一,如图 5-1 所示。

图案中的统一给人以整齐的规整美,但是过分的统一,则使人感到有些单调乏味,图案显得呆板、枯燥,缺少变化所特有的生动;而图案中的变化,则显得活泼,有一定的动感且又不失规整。

值得注意的是,在不同的场合,统一与变化的侧重点应有所不同。

在统一的前提下,求取变化,这是大统一中的小变化。一般来说,单个的工业产品设计,由于结构特点和相互的功能关系决定其形体多呈现出某种统一的必然性,因此其造型的主要任务就是在整体统一的前提下,求得各造型元素(如过渡圆角,装饰线、色彩等)的某些变化,见图5-2。

　　在变化的前提下追求统一,这是大变化中的小统一。对于系列产品,成套设备、成套家具等,由于各自不同的功能决定了它们具有不同的外形结构,造成形体上的差异,其造型的主要任务就是在变化的前提下,利用各造型元素(如色彩、线型、形态、装饰风格、细部结构等)使得产品具有成"套"感,形成统一协调的陈列环境,见图5-3,图5-4及图5-5。

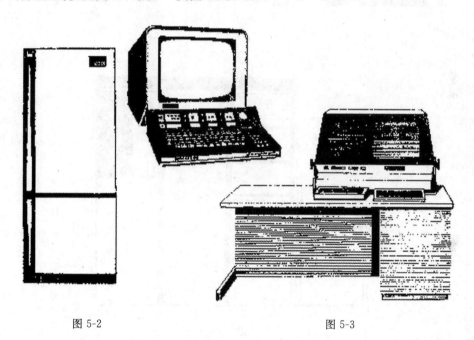

图5-2　　　　　　　　　　　　　　　　图5-3

1. 统一

　　产品的结构、功能、材料、加工工艺及配置选用件等各种因素,形成了产品形象的客观差异性。因此要加强产品的统一性就要合理协调上述因素之间的关系,不应一味追求统一而影响产品功能的正常发挥,以致造成结构复杂或加工困难。构成产品协调统一的造型风格常采用以下几种方式:

　　(1) 比例与分割的协调统一

　　同一产品的总体与部分及部分与部分之间应尽量选取相同或相近的比例关系,以加强各部分之间的相互联系和共性。比例统一可加强条理性,容易达到统一的整体效果。图5-6为一套测试装置,由电气柜、主测试台、试件保存柜等三

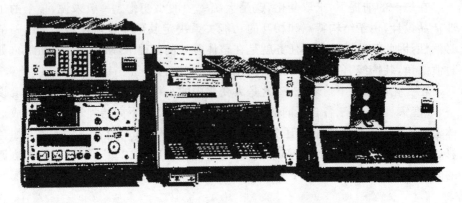

图 5-4

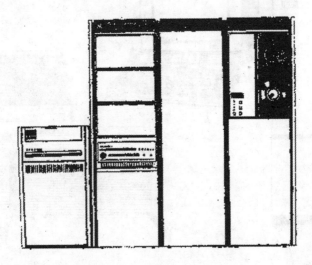

图 5-5

部分组成,其高低、大小和形状均有差异。为了获得统一,采用了整数比例的形式,在高度方向上采用 6 个单位作为重复因素,根据工作的要求选取单位尺寸,从而加强了各部分的内在联系,达到协调统一的整体效果。

　　因产品功能的需要或其他原因,需将同一整体进行分割划分,可采用等比例的重复分割或渐变分割,使划分效果具有一定的秩序感和韵律感,加强条理性。图 5-7 为一电器柜的板面分割。

　　(2) 线型风格的协调统一

　　将一件产品作为一个完整的系统来对待,其总体的轮廓线型及组成产品的各独立部分的轮廓线应大体一致,有确定线型的主调,如直线平面型或曲线曲面

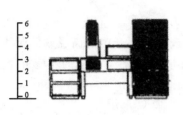

图 5-6

型。图 5-8 中小轿车的总体线型风格的设计就做到了前后呼应、整体一致。

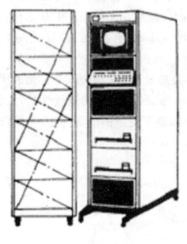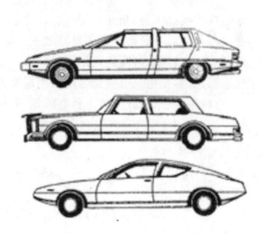

图 5-7　　　　　　　　　　　　图 5-8

（3）色彩配置的协调统一

运用色彩是获得产品协调统一的有效手段。任何一件产品都应具有主体色调。所谓主体色调即产品颜色的总倾向。只有突出产品的主体色彩，才会使产品总体形象统一；否则一种产品配色过多，就会造成色彩纷乱而难以统一，也会使工艺复杂化。在确定产品的主体色调时应考虑以下几方面因素：

① 人的心理、生理因素

色彩配置不宜过分刺激，避免造成心理和生理上的不适感。同时要充分考虑人对不同色彩的喜好和禁忌，要考虑人们的欣赏习惯、流行色等因素。

② 产品功能因素

要根据产品的功能进行配色，如饮食器皿、卫生设备、医疗器械常配以洁净色;交通工具配以醒目色;仪器仪表、办公用品配以稳重色;儿童玩具配以活泼、明快色等。

③ 环境因素

产品的总体色调应与其使用环境相协调。如生产中的高温或低温环境,日常的工作环境、休息环境、娱乐环境、公共环境等,要针对不同的环境结合色彩的功能进行产品的合理配色,使人感到舒适和谐。

2. 变化

产品造型形式的变化是相对统一而言的。如果产品过分统一就会显得呆板、生硬和笨重。在统一中寻求适当的变化,是取得造型形式丰富多彩、生动活泼并具吸引力的基本手段。在整体造型形式统一的基础上寻求变化的方式主要有对比变化和节奏变化。

(1) 对比变化　对比是为突出表现产品造型各要素的差异性。对比变化主要表现为彼此作用、相互衬托,显明地突出产品的功能和形态特点。但是这种对比只存在于同一形态要素的差异之中。如形状的大小、曲直、方圆、位置;色彩的明暗、冷暖、轻重;材质的粗细、优劣等。

(2) 节奏变化　节奏是运用某些造型要素(如形状、色彩、质感)有变化的重复、有秩序的变化,以形成一种有条理、有秩序、有重复、有变化的连续性的形式美。图5-9中,小汽车车窗和车门的形状就充分体现了线条的节奏变化,其线条

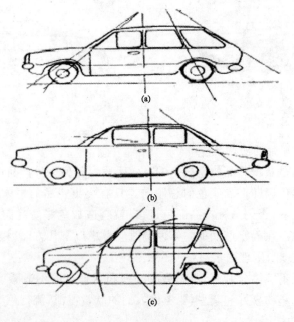

图 5-9

的排列、形状及其组合关系构成了具有一定节奏的表现形式,不同的节奏也就形成了小汽车的不同风格。

二、比例与尺度

任何一种受人们欢迎的工业产品,都必须具有良好的比例和正确的尺度,比例与尺度是构成产品造型形式美最基本、最重要的手段之一。

1. 比例

工业产品造型设计中的比例包括两个方面的含义:首先,比例是整体的长、宽、高之间的大小关系。其次,比例是整体与局部或局部与局部之间的大小关系。良好的比例关系不只是直觉的产物,而且是符合科学理论的。它是用几何语言对产品造型美的描绘,是一种以数比的词汇来表现现代社会和现代科学技术美的抽象艺术形式。正确的比例关系,不仅在视觉习惯上感到舒适,在其功能上也会起到平衡稳定的作用。

(1)比例的几何法则

我们知道,抽象的几何形状有的美,也有的不美。通过研究发现,几何形状的美感主要取决于其外形的"肯定性",外形的肯定性越强(即数值关系的制约越严格),引起美感的可能性越大。具有肯定性外形的几何体主要有以下几种:

① 三原形　包括正方形、等边三角形、圆形。由于具有肯定的外形,易引起视觉注意,都具有引起美感的特性。

② 黄金率矩形　指长边与短边之比为黄金分割比的矩形。由于同样具有肯定的外形,因此,也具有引起美感的特性。

A. 黄金比 Φ 的定义:在一直线 AB 上取点 C,使得:$AC:CB = AB:AC$,该比值即为黄金比 Φ,见图 5-10。

设:$CB = 1$;$AC = X$

则有:$X^2 = 1 + X$;$AC = 1.618$

则:$\Phi = AC:CB = 1.618:1 = 1.618$

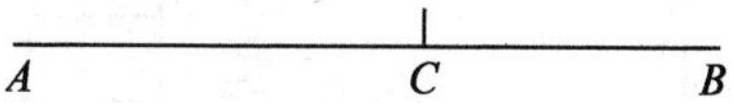

图 5-10

B. 黄金矩形的作图法:

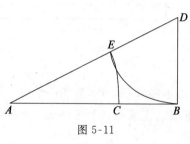

图 5-11

a. 在任一直线段 AB 上求黄金分割点 C,见图 5-11。

取 $BD = 1/2\ AB$

以 D 为顶点,取 BD 为半径 R 画弧交 AD 于 E;

以 A 为顶点,AE 为半径画弧交 AB 于 C 点;

C 点即为黄金分割点。

b. 在正方形外侧作黄金矩形,见图 5-12。

在正方形 $ABCD$ 中,取 E 点等于 1/2 边长。

以 E 为圆心,E 与对角的连线为半径 r 画弧交 E 点所在边的延长线于 F。

过 F 点作 $FG \perp BF$,且 AD 延长线于 G。则 $ABFG$ 即为黄金矩形。

C. 黄金矩形的美感

a. 黄金矩形由于长宽比一定,因此,具有肯定外形的美感。一般的矩形则容易产生倍数或类似的感觉,见图 5-13。

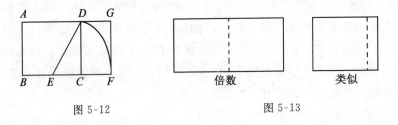

图 5-12   图 5-13

b. 见图 5-14。在黄金矩形中除去一个正方形所余下的矩形仍就是一个黄金矩形。黄金矩形这种可被无穷划分为一个正方形和一个黄金矩形的性质,形成一种"动态均衡"的严格制约,在视觉上能产生独特的韵律美感。

c. 在黄金矩形中用圆弧连接正方形相应顶点即可形成一条黄金涡线。这条黄金涡线具有一种"生生不竭"的特征,在视觉上能造成一种独特的韵律美感。

人们偏爱黄金矩形有其心理和生理的缘故。如图 5-15 所示,当人的双眼平

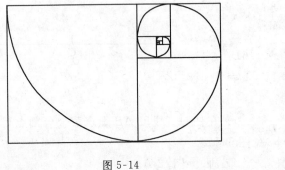

图 5-14

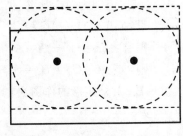

图 5-15

视时,用涡点(黄金涡线的渐进消失点)作为人眼平视时凝停点,最能产生视觉舒适。因为人眼有偏高的视觉习惯。而人眼所形成的视域基本上正好是一个黄金矩形。

d. 黄金矩形的广泛运用又形成了一种美学上的美感。从古希腊起,世上许多美好的造型都是依这个比例创造出来的。如古希腊的著名雕塑维纳斯、阿波罗、雅典女神,以及巴黎圣母院、埃菲尔铁塔,我国的秦砖汉瓦等,直到现代生活中的窗户、桌面、电影基片以及自然界的许多自然形态,都具有黄金率的特征。

图 5-16 为法国著名现代建筑师勒·柯布奇耶,根据黄金比 Φ 而创造的设计用尺(人体黄金尺)。该"尺"目前被刻制在著名的现代建筑马赛公寓大楼的墙面上。人体黄金尺的提出,使比例与尺度、技术与美学之间建立了一种关系,为造型艺术的发展,处理人与造型物之间的关系做出了重要贡献。

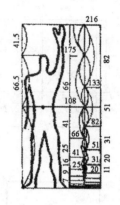

图 5-16

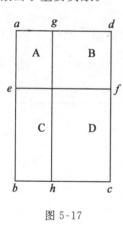

图 5-17

图 5-17 为运用黄金分割的例子。图中,A 与 D 形状相似,方向一致,大小不等。形成了比例相同、方向相同而大小对比的关系。而 B 与 C 形状不同,但面积相等,因而形成比例不同而面积相同的关系。

③ 平方根矩形　平方根矩形也称根号矩形。由于同样具有肯定的外形,因此,也容易引起视觉上的美感。常用的平方根矩形有 $\sqrt{2}$、$\sqrt{3}$、$\sqrt{5}$ 矩形。其矩形短边与长边之比分别为:$1:\sqrt{2}$、$1:\sqrt{3}$ 和 $1:\sqrt{5}$。

A. 平方根矩形的作图法　见图 5-18 及图 5-19。其中图 5-18 为水平向作图,图 5-19 为垂直向作图。

B. 平方根矩形的性质

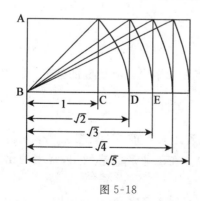

图 5-18

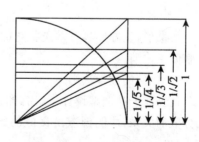

图 5-19

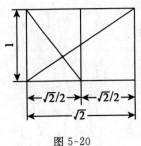

见图5-20($\sqrt{2}$矩形),过根号矩形对角线垂线的延长线与根号矩形长边的交点作一个矩形,所得到的矩形仍就是一个根号矩形。即:大的$\sqrt{2}$矩形由两个小的$\sqrt{2}$矩形组成。

同理,对于$\sqrt{A}$矩形,采用相同的作图法,可把$\sqrt{A}$矩形分为A个小$\sqrt{A}$矩形,见图5-21。

图5-20

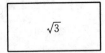 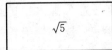 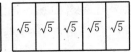

图5-21

如将两个黄金矩形$ABCD$与$EFGH$的正方形部分重叠所形成的新的长方形$AEDH$,这时长方形$AEDH$为$\sqrt{5}$矩形,见图5-22。

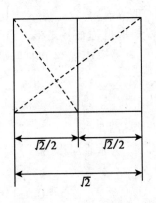 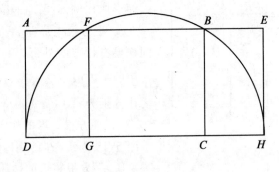

图5-22

如果说,正方形具有端正稳重的面貌,那么$\sqrt{2}$矩形具有稳健的外形,而$\sqrt{3}$矩形则偏于俊俏。

(2)比例的数学法则

在工业产品造型设计中,比例的数值关系必须严谨、简单、相互间形成倍数或分数的关系,才能创造出良好的比例形式。在工业产品造型中,常用的比例有。

① 等差数列比　见图5-23,形体之间显得整齐有序,发展变化均匀,比例关系柔和。但略显呆板。

② 调和数列比（倒数数列）　见图 5-24，形体之间做有序的渐变，具有一种独特的韵律。

③ 等比数列比（几何数列）　该数列以 R 为公比，依次为：$1,R^2,R^3,R^4,\cdots$

④ 根号数列比　如：$\sqrt{2},\sqrt{3},\sqrt{5},\cdots$，其中 $\sqrt{2}$ 与 $\sqrt{5}$ 应用最多。这些无理数都是难以运算的数值，但却都是很容易用作图的方法求得。

⑤ 弗波纳齐数列比（相加级数）　该数列为前两项的和等于第三项，如 1, 2, 3, 5, 8, 13, 21, $\cdots$。其特点与黄金分割比相近，如 2∶3 = 1∶1.5；3∶5 = 1∶1.67；5∶8 = 1∶1.6，$\cdots$，因此，运用弗波纳齐数列比造型与运用黄金比造型效果有近似之处。

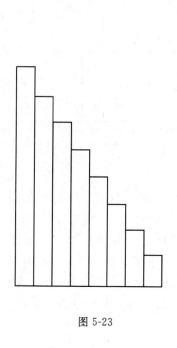

图 5-23

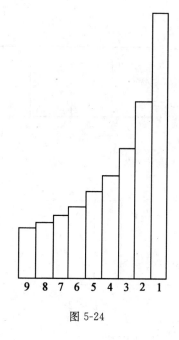

图 5-24

(3) 比例的模数法则

模数是一种度量单位。模数法则是指造型从整体到部分，从部分到细部是由一种或若干种模数推衍而成，并由此而产生的统一、和谐的美感。图 5-25 是以高宽比作为模数的一系列矩形。图(a)中，共同的对角线意味着相同的比例。因此显得和谐、统一。图(b)中，由于其中有一个矩形的对角线不在公共对角线上，显得不和谐，因而破坏了整体的统一性。

对于若干毗连或相互包含的几何体，如它们的对角线平行（图 5-26）或垂直（图 5-27），那么这些几何体就具有同等的比率，如处理好，它们之间就可得到良好的比例效果。

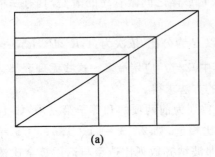
(a)

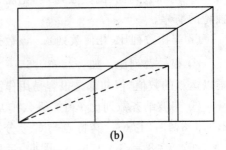
(b)

图 5-25

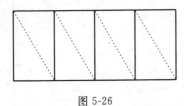

图 5-26

图 5-27

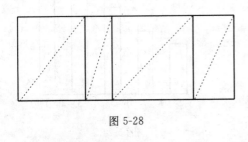

图 5-28

图 5-28 为没有采用模数法则的形体。显得杂乱、不和谐。图 5-29 为采用模数法则的分割造型。图 5-29(a) 为一般的冰箱,图 5-29(b) 为加大冷冻室的冰箱,由于二者均采用了对角线垂直的方法,因此,两种冰箱均具有和谐的美感。

(4)比例的改变

随着物质技术条件和产品物质功能的不断变革、发展以及人们观念的变化,比例的形式亦会产生很大的变化。因此,我们不能脱离物质技术条件及产品的物质功能来讨论某种数学或几何上的纯比例,而应根据具体情况,对比例关系进行具体的研究。比例的变化主要表现在以下几个方面。

① 力学结构科学和材料科学的发展,促使产生新的比例关系

比如,现代的钢木结构家具与纯木结构家具、钢绳斜拉桥与普通拱桥或桥墩式桥梁,具有完全不同的造型。随着科学技术的进一步发展,将来还会有大量的新产品具有与原来产品完全不同的新的比例关系。

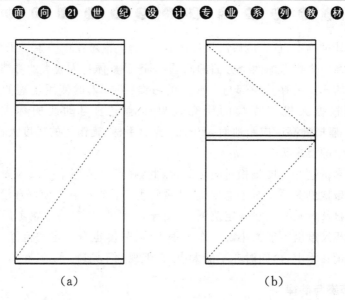

图 5-29

② 不同的物质功能,产生不同的比例关系

工业产品,用于具有不同的物质功能,其造型自然就有不同的比例关系,控制柜的比例关系不同于计算器的比例关系;机床各部分的比例关系亦不同于家用电器的比例关系。

③ 人类审美情趣的变化,导致产生新的比例关系

随着科学技术的不断发展和社会文明程度的提高,人们的审美情趣也在不断的变化。如电影,当人们开始不满足于老式比例的画面时,就创造出了宽银幕。宽银幕正是保持了原普通电影黄金比原理,又增加了少量时间运动的四维因素,其造成的视觉真实感,更易受到人们的普遍接受。

总之,由于材料、结构、工艺条件和产品功能的制约,工业产品的造型比例具有不同的特征。手工业时代的比例形式美的理论,对于机器工业时代人们的审美观来说,无疑具有一定的局限性。形式美也是随着社会的发展、科学技术的发展而不断发展的,因此,前人的优秀成果应该是形式美探索的起点和动力。

2. 尺度

尺度指的是产品与人两者之间的比例关系。尺度与产品的功能效用是分不开的。工业产品上诸如操纵手柄、旋钮等,虽然具有不同的物质功能,使用者的生理条件和使用环境也各异,但它们的尺度却必须较为固定。因为它们无论被设计在什么产品上,都必须与人发生关系。因而,它们的设计必须与人的生理心理特点相适合,而不能单纯从比例美的角度出发,来确定它们的尺度。因此,产品的尺度,应该在产品物质功能允许的范围内进行调整和确定。而良好的比例关系和正确的尺度,对于一件工业产品来说是非常重要的。一般来说,在工业产

品造型设计过程中,首先应解决尺度问题,然后再推敲比例关系。研究工业产品的尺度关系应主要考虑两个方面的问题:即产品整体与人或人的习惯标准、人的使用生理的比例关系及局部与人或人的习惯标准、人的使用生理的比例关系。比如我们根据人机工程学的研究成果而确定的自动线的标准高度应为1 060mm;座椅的高度应距地面380mm;操纵手柄、旋钮等的尺度大小必须符合人机工程学的要求等。

一般来讲这些尺度是相对固定的,因此,在产品造型中一般应先设计尺度,然后再推敲比例关系。对于电视机,从视觉生理特点出发及使用环境考虑,其屏幕的大小自然就被限定在一定范围;而对于起重机,从起吊重物考虑,其本身的自重和体积尺度就不能太小。而作为手表,其尺度也有一定的范围,不能太大,太大不便带在手上,但同时亦不能太小,否则视觉不清晰。

三、节奏与韵律

1. 概念

节奏是客观事物运动的属性之一,是一种有规律的、周期性变化的运动形式。节奏的形式广泛地存在于自然界和人们的劳动、生活中。如:四季的变化、潮涨潮落、机器、车轮的运转、声响、心脏搏动、说话的停顿……无不体现出节奏的存在;又如音乐中的节拍、音响的轻重缓急、文学作品中的条理性、重复性、连续性的艺术表现形式、诗歌中的格律(五言、七言)、绘画中形象的有序排列、疏密分布、渐移过渡等,都形成一种节奏感。由于节奏与人的生理机制特征相吻合,因而给我们造成一种富有律动的美感。造型设计的节奏,表现为一切造型要素有规律的重复。

韵律是一种周期性的律动作有组织地变化或有规律地重复。也就是说,韵律是在节奏的基础上,赋予情调,使节奏具有强弱起伏、抑扬顿挫的美感。由此可见,节奏是韵律的条件,韵律是节奏的深化。

现代工业产品的标准化、系列化组合机件在符合基本模数单元构件上的重复等,都使得产品具有一种有规律的重复和连续,而产生节奏和韵律感。

2. 韵律的形式

产品造型设计中节奏与韵律主要是通过线、形、色来体现的,其形式主要有如下几种:

(1)连续韵律

体量、线条、色彩、材质等造型要素有条理的排列,其造型要素无变化的重复称为连续韵律,如图5-30即为几种形式的连续韵律。

(2)渐变韵律

造型要素按照某一规律作有组织的变化称为渐变韵律。渐变韵律既有节奏

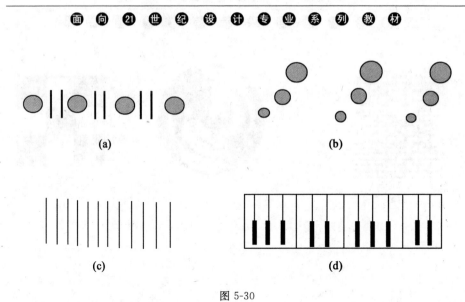

图 5-30

又有韵律,且手法简单,因此运用较多,如图 5-31 所示。

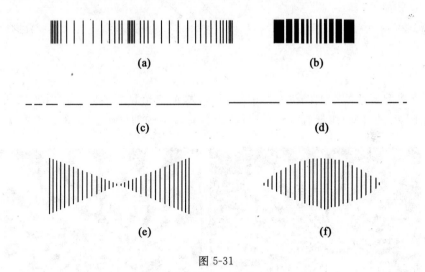

图 5-31

(3) 交错韵律

造型要素按照一定的规律进行交错地组合而产生的韵律,如图 5-32 所示。其中图 5-32(a)为线条交错,图 5-32(b)为色块交错。

(4) 起伏韵律

造型要素使用相似的形式,作起伏变化所形成的韵律。这种韵律产生的动态感比上述韵律强,可取得较为生动的效果,如图 5-33 所示。

(5) 发射韵律

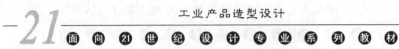

图 5-32

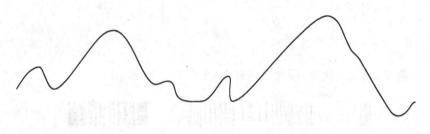

图 5-33

造型要素基本上围绕一个中心,犹如发光的光源那样向外发射所呈现的视觉形象。这种韵律具有一种渐变的效果,有较强的韵律感。如图 5-34 所示。

图 5-34

上述各种韵律形式中,共同的特性是重复与变化。没有重复,就没有节奏,也就失去了产生韵律的先决条件;而只有重复,没有规律性的变化,也就不能产生韵律的情趣。在造型设计中,运用韵律的法则可使造型物获得统一的美感。某种要素的重复可使产品各部分产生呼应、协调与和谐。

在图 5-35(a)中,对仪器面板上的元件进行等距分割,因而在水平方向形成了连续韵律。但由于这个韵律的首尾没有通过其他造型要素加以明确,失去了形式的完整性。图 5-35(b)中,在水平方向上,左右加上韵律首尾的终端设计,使构图形式完整紧凑。

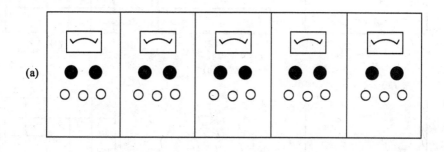

图 5-35

又如图 5-36,如需要同时对某一平面进行垂直与水平的分割,那么这种分割必须呈现出主次以便于视觉按先后次序接受。图 5-36(c)中,由于垂直方向与水平方向的分割线条等宽,没有体现出分割的主次,视觉感受失去层次感。图 5-36(b)中强调水平方向的分割,体现出分割主次,视觉感受为横-横-纵,为重复韵律。而图 5-36(a)中强调垂直方向的分割,同样体现出分割主次,视觉感受为横-纵-横。因此,图 5-36(a)比图 5-36(b)更有变化,更有动感,视觉的感觉为交错韵律。

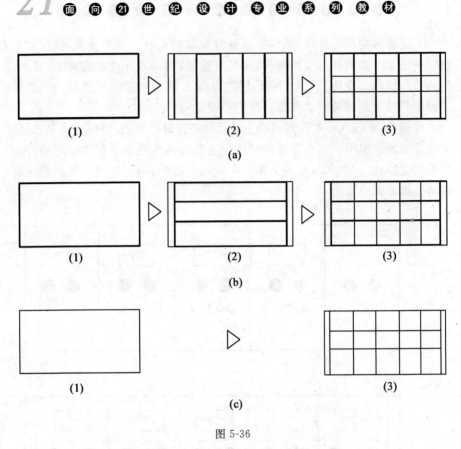

图 5-36

四、对称与平衡

对称与平衡的法则,来源于自然物体的属性,是保持物体外观量感均衡,达成形式上安定的一种法则。

对称是生活中到处可以见到的一种形式,是人类发现和运用最早的法规,比如,在设计室里,我们常说的"从中线开始",实际上就是自觉地在运用对称的法则。对称能取得较好的视觉平衡,形成美的秩序,给人以静态美、条理美。对称形式能产生庄重、严肃、大方与完美的感觉。但对称又会使视觉易停留在对称线上,在心理上产生静感和硬感,难免显得单调呆板。

工业产品的造型设计多采用对称手法,以增加产品的稳定感。如:汽车、飞机、火车等动态产品,采用对称形式造型,可以增加心理上的安全感;起重机、吊车等大型机械设备,采用对称造型,同样可增强稳定与安全感,体现出产品造型的形式与功能的一致性。图 5-37 为一监视器工作台,图 5-38 为一显示设备,均采用了对称造型的形式,因此,设备呈现出安定与稳重,给人以可靠感。

第五章 工业产品造型设计与造型艺术

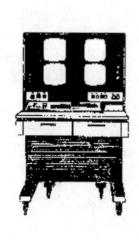

图 5-37

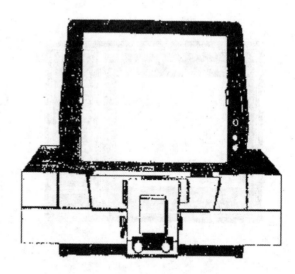

图 5-38

产品造型的平衡形式主要是指产品由各种造型要素构成的量感,通过支点表示出来的秩序和均衡。平衡是以支点为重心,保持异形双方力的平衡的一种形式,是自然界里静止的物体都必须遵循的一条力学原则。而工业产品造型的平衡形式,主要指产品由各种造型要素构成的量感,通过支点表示出来的秩序和均衡。

量感是指视觉对于各种造型要素（形、色、肌理等）和物理量（重量）的综合感觉。如大的形体比小的形体具有更大的量感;复杂的形体比简单的形体具有更大的量感;纯度高的色比纯度低的色具有更大的量感;明度低的色比明度高的色具有更大的量感;前者较后者具有更大的量感。

采用平衡造型的形式,可以使产品形态在支点两侧构成各种形式的对比,如大与小、浓与淡、疏与密,从而形成一种静中有动、动中有静的条理美、秩序美的造型形式。在造型设计中,处理好体量的虚实、浓淡、大小、疏密、明暗等,是取得产品造型良好平衡效果的关键。如在图 5-39(a)中,产品造型采用了大与小(面积感)、重与轻(色彩感)、浓与淡(光感)、疏与密(布局)的生动对比,使整个产品呈现出一种稳定、条理、含有动态的美感。而图 5-39(b)中,是在结构不变的情况下利用其他造型要素加强形态稳定感的例子。图 5-39 中,使用了一系列水平线或竖直线加强了水平矩形或垂直矩形的量感,从而增加了整个形体的稳定感。

平衡有各种形式,如图 5-40 所示,设（A）中两形体量感相等。

图 5-41,是一些平衡造型的实例。

一般来说,人们对于对称造型的形式容易认识和理解,易于接受,因为在对

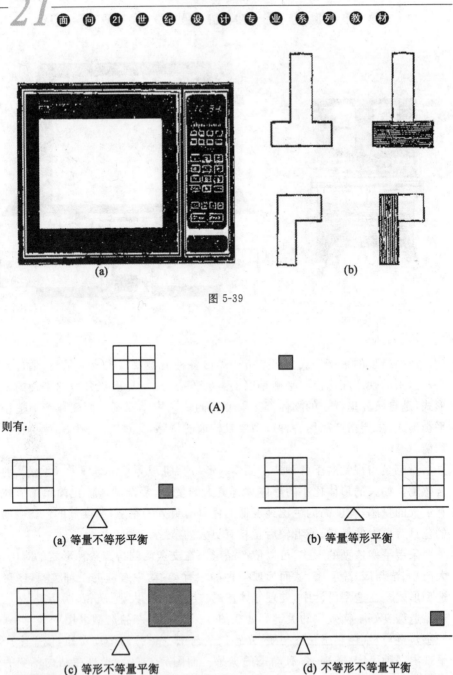

图 5-39

(A)

则有：

(a) 等量不等形平衡   (b) 等量等形平衡

(c) 等形不等量平衡   (d) 不等形不等量平衡

图 5-40

称造型中，人们容易求得对称中心线或对称点。平衡造型的认识和理解，则是一个较为复杂的问题，因为平衡具有的稳定感，除了自然的启示外，亦会随着科学

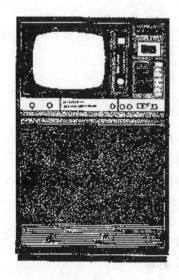
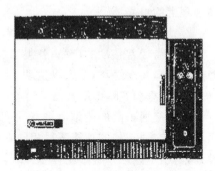
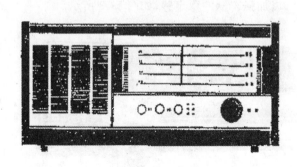

图 5-41

和社会的进步及观念的变化而产生新的平衡形式。

五、稳定与轻巧

稳定具有两个方面的含义：一是实际稳定。它是指产品实际重量的重心符合稳定条件所达到的稳定，这是工程结构设计必须解决的问题。二是视觉稳定。是指产品外观的量感重心，满足视觉上的稳定，主要是造型设计讨论的问题。

产品的物质功能，是产品造型追求稳定或轻巧感觉的主要依据。产品的物质功能不同，造型要求也不同。

1. 既要求实际稳定，也要求视觉稳定的造型

对于吊车、起重机、大型机床设备等，体量一般较大，因此，工程设计时，重心

必须低,以满足实际稳定的要求。而造型设计时,量感重心亦应与实际重心一致,这也是视觉心理所要求的。同时对于机床一类的造型还应追求精密感,以提高心理上的可靠感。

2. 结构上要求实际稳定,但在视觉感受上却要求轻巧的造型

对于需经常移动的产品、各类家电产品、台式仪器仪表等,结构上要求稳定,但造型上却要求轻巧,给人以生动、活泼、亲切和快感。

3. 既要求实际稳定和视觉稳定,又要求有速度感的造型

各类交通工具的造型既要求平稳、安全、舒适,同时还要求体现出速度感。而且各类交通工具的功能不尽相同,其造型亦应有所不同。见图 5-42。如轿车设计,其稳定感通过梯形主体来体现,而不强调内部空间感。轿车的速度感则是通过车体外轮廓(侧面)采用富有动态感的曲线(流线型)来实现的。而对于大客车设计,由于必须追求一定的空间,因此,其稳定感是通过对称设计,并采用长方形主体以增加车内空间来实现的,而大客车速度感由于受空间制约,不易进行流线型设计,则通过在车体上增加装饰线的方法来体现。但不管哪一种车型,其正面基本上都是采用对称设计,以加强车辆的稳定感,如图 5-43 所示。

图 5-42

第五章 工业产品造型设计与造型艺术

图 5-43

一般来说,稳定与轻巧感觉与下列各种因素有关:
(1) 物体重心　重心高显得轻巧;重心低显得稳定。
(2) 接触面积　接触面积大显得稳定;接触面积小显得轻巧。

因此设计时重心较高的物体接触面设计不能太小(欠稳定),如图 5-44 所示。重心较低的物体接触面设计不宜太大(笨重),如图 5-45 所示。而对于重心较低的物体为求得轻巧感,可采用抬高形体或架空的方法,如图 5-46 所示。

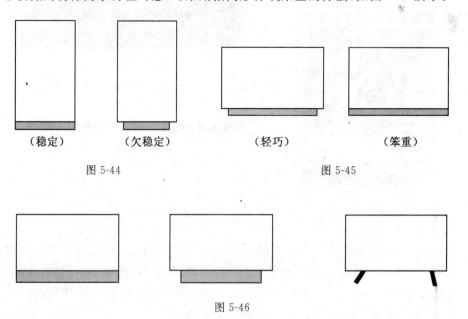

图 5-44　　　　　　　　　　　　图 5-45

图 5-46

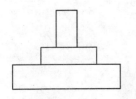

图 5-47

(3) 体量关系

量感重心接近安置面有稳定感。如图 5-47 所示。

(4) 结构形式

对称形式具有稳定感。

平衡形式具有轻巧感。

(5) 色彩及分布

明度低的色,量感大,装饰时在上显得轻巧,在下显得稳定;彩度高的色,量感大,装饰时在上显得轻巧,在下显得稳定,见图 5-48。

图 5-49 为两个设计实例。

(6) 材料质地

材料质地产生的稳定或轻巧感由两个因素决定:一是表面质量粗糙、无光泽的量

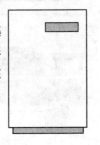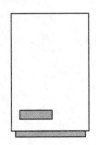

图 5-48

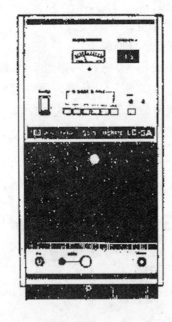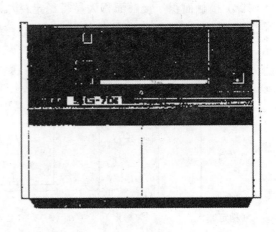

图 5-49

感大,表面质量致密、有光泽的量感小;二是不同材料的比重,具有不同的量感,这主要与生活经验有关。日常生活的经验积累,使我们对不同的材料有着概念上的重量认识。如:黑色金属材料重,在造型时应注意形态轻巧感的创造;而塑料、铝合金轻,在造型时应注意形态稳定感的创造。

（7）形体分割

形体分割又分色彩的分割，材质的分割，面的分割，线的分割等。图5-50为一空调机色彩分割的实例。整个造型具有生动、变化、轻巧、丰富的感觉。

图5-51为一电视机侧壳面的分割实例，目的是为了轻巧。因显像管工艺技术的制约，显像管在目前的情况下，难以再缩短，因此，通过机壳的分割来获得轻巧感。

在几种不同的分割方式中，图5-51(d)显得最轻巧，图5-51(b)显得较笨重。

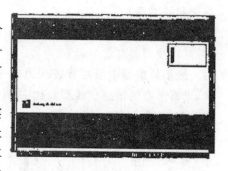

图 5-50

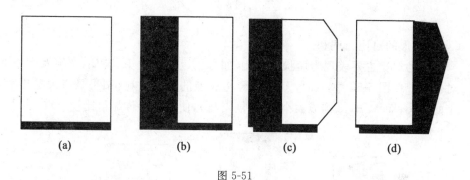

图 5-51

六、对比与调和

对比是突出事物各自相互对立的因素，通过对比使个性愈加鲜明。对比可使形体活泼、生动、个性鲜明，是取得变化的一种手段，但如果对比太强，没有调和的约束，会有杂乱、动荡的感觉。调和是在不同的事物中，强调其共同因素以达到协调的效果。调和对对比的双方起约束作用，使双方彼此接近产生协调的关系。调和可使形体稳重、协调、统一、沉着、安全、可靠，是取得统一的一种手段，但过分调和，没有对比，则造型难免显得呆板、平淡。一般来说，家具造型，应为学习、工作、休息提供安静、整洁、沉着的气氛。机械、仪器仪表、电子产品等工业设备，应给人以安全可靠的心理感觉。因此，在常规的工业产品造型中为获得产品的稳定、安全、可靠效果，主要应以调和为主。

对比与调和这两种形式，都只能存在同一性质的因素之间，如形体与形体，色彩与色彩，材质与材质之间。工业产品造型一般可在以下几个方面构成对比与调和的关系。

1. 形体方面的对比与调和

(1)线型的对比与调和

线型是造型中最富有表现力的一种手段。线型对比能强调造型形态的主次,丰富形态的情感。线型对比主要表现为线型的曲直、粗细、长短、虚实等,如图 5-52 所示。

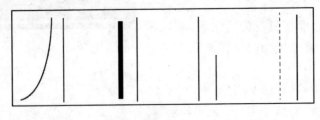

图 5-52

(2)形的对比与调和

形的对比主要表现为形状的对比,如方圆、凹凸、上下、高低、宽窄及大小的对比等。在图 5-53 中,(a),(b),(c)构成型的大小对比,结果显得大的更大,小的更小;而 c,d,e 构成大小调和(弱对比),使三个形体显得比较一致。

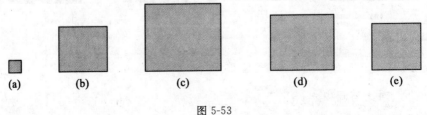

图 5-53

又如图 5-54 中,(a),(b) 同样用一条中线来进行分割;在图 5-54(a)中,分割的结果形成大小形的对比,显得生动活泼。而在图 5-54(b)中,分割的结果没有形的对比只有形的调和,因此,显得呆板。

(3)方向的对比与调和

由形态构成理论我们知道,不同方向的形或线会产生不同的心理感受。如:垂直方向的线给人以迸发、进取、硬直、刚强的感受;水平方向的线给人以安详、宁静、稳定、持久的感受;而倾斜方向的线则有不稳定、运动之感。因此,形与线的方向对比会增加产品造型的感染力。方向对比主要表现为,水平与垂直、正与斜、高与低、集中与分散等。是运用较多的对比构成方法。如在图 5-55 中,(a)分割的结果形成水平与垂直两个方向的形的对比,造型显得生动活泼;(b)分割

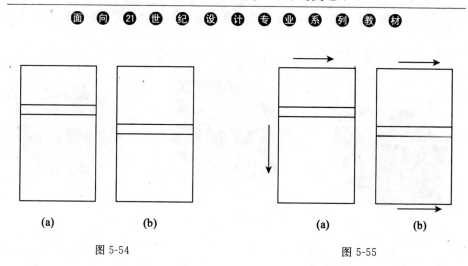

图 5-54　　　　　　　　图 5-55

的结果均为水平方向,没有构成对比,因此,造型显得呆板。

（4）虚实的对比与调和

"虚"是指产品透明或镂空的部分,它能使产品显得通透、轻巧。"实"是指产品的实体部分,它能给人一种厚实、沉重之感。合理运用虚实对比,能使形体的表现更为丰富。

2. 色彩方面的对比与调和

它是指不同色彩的明度、纯度、彩度的对比,及由色彩派生出来的冷暖、明暗、轻重、进退等的对比。色彩的对比与调和在色彩构成中有详细的论述。

3. 材质的对比与调和

使用不同的材料可构成材质的对比。材质的对比主要表现为人造材料与天然材料的对比;金属与非金属的对比;有光泽材料与无光泽材料的对比;粗糙与光滑;坚硬与柔软等的对比;材质对比与色彩对比一样,虽不能改变造型的形体变化,但由于具有较强的感染力,因而也能使人产生丰富的心理感受。

七、过渡与呼应

1. 过渡

过渡是在两个不同形状、不同色彩的组合之间,采用另一形象或色彩,使它们互相协调的联系手段,以取得和谐的造型效果。形体的过渡一般分为直接过渡和间接过渡。

从一面到另一面没有第三面作过渡面,称做直接过渡。直接过渡由于没有第三面参与,线角尖锐锋利,造型的轮廓清晰、肯定。但同时也给人一种造型过于坚硬、难以亲近的感觉,见图5-56。间接过渡是采用第三个面（平面或曲面）来联系两个面,使两个面的转折比较柔和。由于采用了第三面做过渡,使产品既感到柔和且轮廓线也清晰、肯定,见图5-57。但应注意如采用曲面过渡时,曲率半径不能过大,否则产品由于轮廓不清而产生臃肿感,缺乏力度,图5-57(b)。

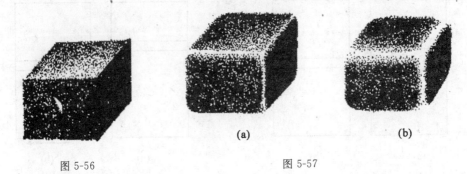

图5-56　　　　　　　　　　图5-57

2. 呼应

呼应是指在单个或成套设备的造型中,产品中的各个组成部分或产品与产品之间运用相同或近似的"形""色""质"进行处理,以取得各部分之间的艺术效果的一致性。

如图5-58为一混凝土搅拌车,由于物质功能不同,驾驶室与搅拌机的外型不易取得统一,造型设计时,采用绿色带装饰,以求得整个产品各部分的呼应。

图5-58

八、主从与重点

在工业产品造型设计中,主体在造型中起着决定作用,客体起烘托作用,主从应互相衬托融为一体。主体可以是观赏、观察的中心,如一台控制台,面板就是整台机器的主体,即重点部位。也可以是表现造型目的的特征部位。

产品造型中的重点由功能和结构等内容决定,重点的处理,可以形成视觉中心和高潮,避免视线不停的游荡,没有主次的设计会使造型呆板、单调、结构繁琐杂乱。如图 5-59 与图 5-60 所示。

图 5-59 为一多用信号源频率计,其面板上各种功能元件的设计,缺乏组织,重点不突出,构图零乱,不仅形式上不美,而且容易产生操作上的失误。图 5-60 为电视信号发生器,由于对面板上的各功能元件进行了编组,因此,其条理清楚,重点突出。

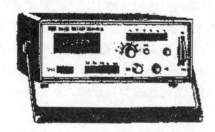

图 5-59

图 5-60

突出重点(视觉中心)的设计,常用以下方法来实现:

1. 采用形体对比,突出重点

如用直线衬托曲线;静态形衬托动态形;简单形衬托复杂形,如图 5-61 的设备采用了下部简单衬托上部复杂的构图形式。

2. 采用色彩的对比,突出重点

如用淡色衬托深色;冷色衬托暖色;纯度低的色衬托纯度高的色,如图 5-62 (b)为一电视机的设计实例。右侧上下的深色底板衬托中间浅色旋钮盘。

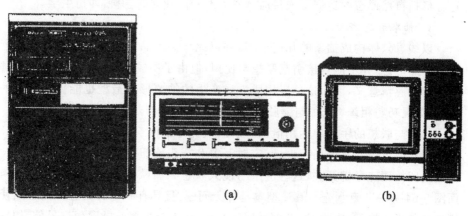

图 5-61　　　　　　　　　　图 5-62

3. 采用材质对比

如采用非金属衬托金属,轻质材料衬托重的材料等。

4. 采用特殊或精密工艺
5. 采用线的变化和透视感引导视线集中一处,以形成重点

九、比拟与联想

比拟就是比喻和模拟,是事物意象间的寄寓、暗示和模仿。联想则是思维的延展,它是由一事物的某种因素,通过思维延展到另外的事物上。人们对工业产品的审美,常常会产生与一定事物的美好形象有关的联想。如对称的结构让人联想到大方、稳重;水平柔软的曲线让人联想到流畅与轻快;而简洁的外形、明快的色彩,常让人联想到亲切、轻巧和舒适。因此,任何一件工业产品都具有能与美的事物相比拟或相联想的可能。产品造型方法同比拟与联想的关系主要有以下几种形式:

1. 模仿自然形态的造型

这是一种直接以美的自然形态为模特的造型方法,联想与比拟的对象明确、直接、易理解。但在运用这种方法时,应注意物质功能与形式的统一性。其缺点是联想范围窄。

2. 概括自然形态的造型

接受自然形态的启示,对其形体进行概括、抽象,使产品造型体现出某一物像的美的特征,这种造型方法注重的是神似,要求形象简练、概括、含蓄。概括自然形态的造型,往往是产品物质功能所必须的。比如,为了减少行进阻力,潜水艇的造型采用鱼形;为了产生升力,飞机机翼的断面形状与飞鸟的翅膀相似等。这种概括自然形态的造型方法目前已发展成一门独立的学科,即仿生学。

3. 抽象形态的造型

以线、面、体构成抽象的几何形态,并以此作为产品的造型。这种方法所产生的产品形态,并不能直接引起联想与比拟,但由于构成造型的基本要素本身具有一定的感情意义,因而这种以构成方式产生的抽象形态造型也能传递一定的情感,如灵巧与粗笨,纤细与臃肿,运动与静止,冷静与热烈等。

比拟与联想的手法应运用恰当、准确,避免牵强附会,弄巧成拙。如图 5-63 是一台式电风扇底座的面板设计,定时开关和摇头旋钮对称分布,指示灯居中,下边是四挡调速琴键开关,这种造型易使人联想到骷髅头,产生恐怖和憎恶感;而图 5-64 为一儿童水壶。其造型本身并无问题,且具有一定的美感。但与其使用功能却极不协调,喝水时,尤如吸取脑髓,易让人产生恶心的联想。另外,如一些城里的狮子,熊猫形象的垃圾桶,其形式与内容毫不统一。狮子是威严、力量的象征,而熊猫则是我国的国宝,用来放置垃圾,同样严重地破坏了形式与内容的统一。

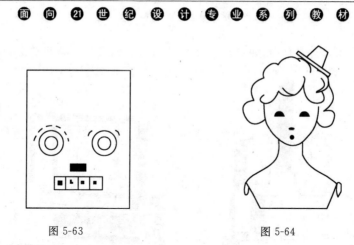

图 5-63　　　　　　　图 5-64

第二节　工业产品造型要素

一件工业产品的造型,需要多工种、多工艺的共同协作,通过各种造型方法,以形成一个完美的外观造型,因此,影响造型的因素是很多的,这些因素主要是以下几个方面。

一、体量

产品的物质功能是形成产品体量大小的根本依据,体量分布与组合的结果、将派生出多种形体,形成不同方案,并构成不同的造型。因此,在产品造型上,体量分布与组合会直接影响产品的基本形态和结构,是造型设计的关键。一般来说,结构对称的产品,多为对称造型,它能使产品具有端正、庄重、稳固的性格。但应适当注意合理使用变化因素,使造型显得生动。对于结构不对称的产品,首先要考虑符合实际均衡的要求,以保证造型的稳定性。同时,体量的组合要避免单调和杂乱。如大体积的产品,常采用线或色的分割方法,使其显得生动、活泼。而对于小体积、多体量的产品,常采用归纳,概括的方法,使产品即简洁而又有个性。另外,设计时,还应注意体量的大小、虚实的对比以及主从、韵律的安排,以创造统一和协调的产品造型。

二、形态

构成产品外观的线、面、体等形态要素具有各种不同的形状,如方、圆、扁、厚、粗、细、几何体与非几何体等等。形态的统一,就是将造型繁复的变化转化为高度的统一,形成简洁的外观。获得形态的统一感有两个主要方法:一是用所有次要部分去陪衬某一主要部分;二是使同一产品的各组成部分在形状和细部上保持相互协调。如图 5-65 及图 5-66 所示。在造型中,采用同一基本形体(矩形体),形态简洁、明朗有力,能迅速传达产品的特征和揭示产品的物质功能。

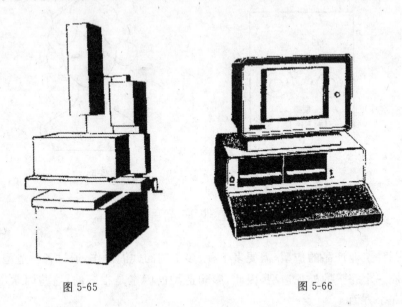

图 5-65　　　　　　　　　　　图 5-66

而图 5-67,则在以直线为主的构图中,某一部位运用曲线使造型显得活泼、生动;在图 5-68 中,上面采用理智曲线(直线与小圆弧过渡)构成的显示器造型与下面以直线为轮廓的箱体形成对比。

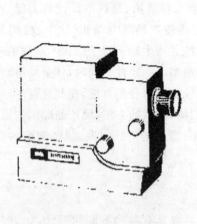 

图 5-67　　　　　　　　　　　图 5-68

三、线型

造型物的线型包括视向线和实际线两大类。视向线指造型物的轮廓线。由于观察者的观察视线不同,产品的轮廓线不是固定不变的,因此,产品的轮廓线会随着观察者的观察视向不同而改变。实际线指装饰线、分割线、亮线、压条线等,这些都是客观存在的线。在产品造型设计中,线型是最富表现力的一种手段。因此,线型设计直接影响造型物的质量及外观的艺术效果。

1. 线型的选择

不同的线型,决定着造型物形态的不同基本性格。同时体现出造型物的形式美。而线型的选择主要与下列因素有关:

(1)线型的选择应与产品的物质功能相适应。如交通工具,要求运行阻力最小,因而多采用流线型造型,以体现其速度感及力学特性;机床及机械设备,要求安定、操作方便,因此,常采用直线型造型,以体现产品的稳定感。

(2)线型的选择应考虑各种线型的性格特征,使之与人的心理需求相适应。如以直线为主的基本几何形,具有庄重、工整、冷静、浑厚的感觉,而以自由曲线构成的形体具有奔放、活泼、轻快、生动的感觉。

(3)线型的选择要考虑整个产品的形式美。即在变化中追求统一,在统一中寻求变化,曲中有直,动中有静。

不同的工业产品,由于功能不同,在人们心目中的性格表现也有所不同,因此,线型的选择就应与产品的物质功能相一致。如图 5-69 所示,以理智曲线创

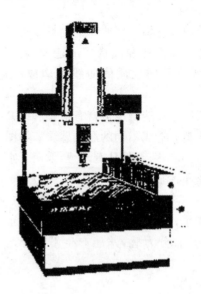

图 5-69

造台式仪器的轻巧感；以直线创造机床的稳重感。

2. 线型的组织

（1）突出产品某一方向的线型以产生线型主调。由于任何造型物的线型组织至少是在水平与垂直两个方向上进行的，因此在线型的组织过程中，必须突出某一方向的线型以产生线型"主调"使造型物具有鲜明的性格特征。线型主调不但与造型物的物质功能有关，而且还与造型物的动式有关，而动式是造型物具有生命力的体现。如机床的造型，见图 5-70，线型主调为水平线，强调机床的稳定感。而对于小汽车的造型，采用了水平线和斜线的组合，水平线形成的线型主调，强调了汽车前驱的运动趋势和速度感，同时又给人稳定及安全感。

（2）在线型组织中要注意同族曲线的运用。同族曲线的运用能使造型物既统一协调、又有变化趣味。

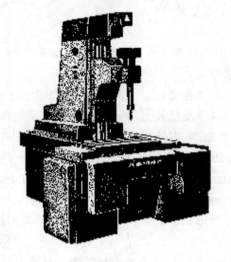

图 5-70

所谓同族曲线是指不同曲率的同性质曲线，如圆，椭圆，双曲，抛物……。因为，仅使用相同曲率的曲线构成的造型，由于缺乏变化，难免会使产品显得呆板、单调；而没有共同性质的曲线所构成的造型，由于缺乏统一性，也会显得零乱。

由于线型在造型中最富有情感和表现力，因此，方向不同、曲直不同、曲率、斜率不同都会造成不同的心理感受。如图 5-71 中的两种轿车造型，均采用水平线为线型主调，两者都具有动感，但两者水平线斜率的稍许差别却引起心理感受的较大差异：图 5-71(a) 中，汽车造型头部略高于尾部，使人联想到动物奔跑的姿势（昂首奔跑）。但我们知道，动物奔跑时重心轨迹是抛物线，会让人产生跳跃感和耗能感；图 5-71(b) 中，汽车造型为前低后高的楔形，使人联想起鱼在水中穿梭，无垂直分力感，并能产生平滑舒适的感觉，其速度感明显比图 5-71(a) 强。

3. 装饰线

从产品的整体出发，以加强产品的动势为目的进行设计，主要有以下几种

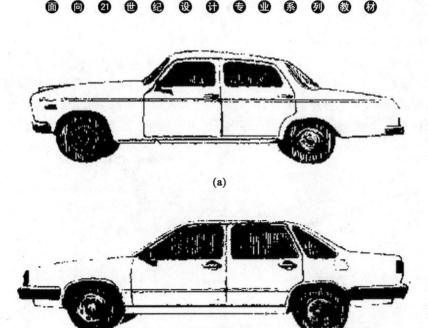

图 5-71

方式。

(1)明线装饰　明线装饰是采用与造型物不同材料,不同色彩的立体装饰条,固定在造型物的外表面上,起着装饰的作用(有时也可用色线装饰)。但应注意,采用明线装饰时,装饰条(线)的工艺应精致、美观,这样才能给造型物增添生气。

(2)暗线装饰　暗线装饰是在造型物上做出凸线或凹槽以形成装饰线。这种线与造型物色彩一致,视觉效果协调、素雅、又富有层次感。同时,这种线型装饰还具有省工、省料的特点。暗线装饰还可以起着藏缺的作用,它可以把某些加工误差、材料表面缺陷及其他缺陷通过阴影掩盖起来,增加造型物的紧密感。

(3)流线型　"流线型"是 20 世纪初为了表现产品的流线特点而使用的名词。在现代人们心目中,流线型一词有两种含义:一是指自然界中许多事物和人类制造的产品为了适应快速运动所具有的形态;二是指人类在流线型形态的影响下所产生的产品形态的美感形式,如用曲线代替直线,造型物平滑柔和的线型,对琐碎细节的包容等。自然形态的流线型具有运动、活泼、浑圆、柔和及韵味感。人为造型的流线型则体现出理智、高速、流畅的感觉。因此,流线型的造型极易为人们所接受。在日常产品中,应用流线型造型的目的是改变产品的呆板、冷漠、坚硬的造型形式。

应该说明的是,流线型美感经验的来源在很大程度上受自然形态和交通工具造型的影响。流线型的概念也随着社会和科学技术的进步而发展变化着。如早期的流线,主要表现的是浑圆、柔和带有波浪起伏韵味,而现代的流线型则更强调其科学性,更单纯、简洁和洗练,如图5-72所示。产品造型更强调现代材

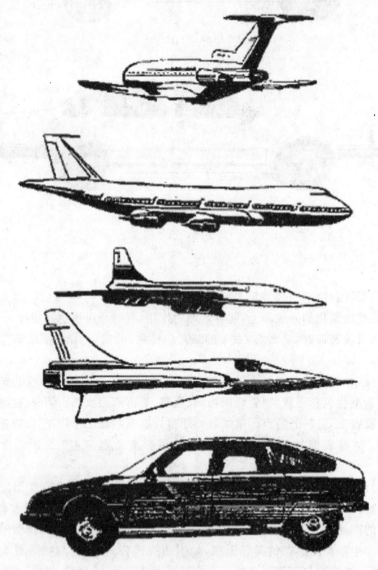

图 5-72

第五章 工业产品造型设计与造型艺术

料和现代工艺的自我表现,面的转折明确、形态大方,更符合人机工程学的原则,也更适应于现代生产工艺的要求,如图 5-73 所示。进入 20 世纪 70 年代以后,人们开始由流线型构图渐变为理智曲线构图的造型,这种以直线和小圆弧连接的曲线能产生理智、精确、简洁、轻快的造型特征,如图 5-74 所示。

图 5-73

图 5-74

四、方向与空间

在造型设计中,常常采用方向的对比或空间的安排,以丰富产品的外观形象。方向与空间的安排,同样必须建立在对产品功能的正确理解与对材料、结构的确切表达的基础上。

方向是指形体形状的方向,即水平与垂直、陡与缓、同向与反向等。空间是指前与后、上与下、左与右、虚与实等。由于人们会进行各种联想,对上述情况常常有明显不同的感受,因而空间和方向对于产品造型设计的艺术表现力也起着重要的作用。

如图 5-75 所示的汽车,其形体方向与运动方向一致,并在车身上装饰与运动方向一致的色块和线条。形体方向与运动方向一致不仅体现了形体方向的科

图 5-75

学性,同时,形体方向与运动方向一致,也满足了视觉要求的需要。

五、色彩

工业产品的色彩设计,总的要求是使产品的物质功能,使用环境与人们的心理产生统一、协调的感觉,在色彩设计时,通过色彩显示产品功能是色彩设计的首要任务。如医疗器械的色彩应以调和为主,以追求安静的气氛;急救用品,色彩应醒目,便于发现;高速运动的物体,色彩应对比强烈,以提醒人们注意;起重设备,应以深色为主,使人有稳固感。由于色彩在长期的设计实践中,已形成了一些固有的象征色,如在家用电器中,白色一般表示冷藏;红色或绿色则象征保鲜;冷色调代表送凉、消暑等。

对于一些无法以准确的色彩来意象功能的产品,如录音机、录像机、计算机等,则常用黑、白、灰的含蓄手法来表示。黑、白是色彩的两个极色,具有与任何色都能协调的性质,素有黑精白俏的美称。灰色是黑、白的混合色,是典型的归纳色。

在产品的色彩设计时,应注意色彩配合应有"色彩主调",避免色相、明度、纯度的过于近似及色彩面积的对等。且色相不宜太多,一般以二到三种为宜。

通常情况下,常以大面积的低纯度、高明度色调占优势地位,在局部点缀小面积高纯度的色彩进行对比,容易取得和谐、丰富、醒目的效果。而且还应注意不同造型形体对色彩感觉的影响。不同的形体,其明暗对比是不同的。如用相同色彩装饰体积相同的立方体、球体会发现球体表面色彩的明暗对比比立方体强烈,会产生与立方体表面略有不同的色彩效果。

在对亮色(金、银、铬等)和透明色的运用时,由于亮色是带强烈反光的金属色,要避免大面积的反光和过多的透明显示,因为反光太强会增加刺激,易产生视觉疲劳。

还应该指出的是,进行色彩设计时,要注意产品与使用环境、民族风俗、地理气候条件保持一定的适应关系。如医疗器械,应以白色、浅灰色、亮度较高的为主。而矿山机械则应以灰色、深灰色为主。在民俗方面,如阿拉伯民族偏爱绿色,中国人偏爱红色,不同的国家,不同场合,人们对色彩的喜欢是不同的。

六、材质

产品造型是由材料、结构、工艺等物质技术条件构成的。因此,在造型处理上,要体现构成产品的材料本身所特有的合理的美学因素,体现材料运用的科学性和生产工艺的先进性,求得外观造型中形、色、质的完美统一。在造型设计过程中,能否合理地运用材料、充分发挥材料的质地美,不仅是现代工业生产中工艺水平高低的体现,而且也是现代审美观念的反映。人们不必把过多的时间花费在产品的精雕细刻上,而是让材质的特征和产品功能产生恰如其分的统一美和单纯美。材质美的运用是现代审美观念对虚假装饰的批判。

质感指的是物质表面的质地,如粗糙、光滑、坚硬、柔软、交错、条理等材质特性。不同的材质具有不同的质感。如钢材具有深厚、沉着、朴素、坚硬、挺拔的材质特征;塑料具有致密、光滑、细腻、温润之感;铝材显得华贵、轻快;木材具有朴素、温暖、轻盈的特点;有机玻璃给人以明澈、通透的感觉。

材料质感的表现往往与色彩运用相互依存。如本来从心理上认为沉闷、阴郁的黑色,如将其表面处理成皮革纹理的质地,则会给人以庄重、亲切之感。可见,材料的质感能呈现出一种特殊的艺术表现力。

在处理产品表面质感时,要随时了解科学技术的发展水平,应该注意到新材料、新工艺的不断产生,给各类材料充分发挥其质地美提供了可能。如普通钢材表面的喷丸、滚花、拉毛、皮纹等处理工艺,大大加强了材料的表现力。塑料的电镀工艺,也使得低档材料高档使用成为了可能。

第三节 工业产品的色彩设计

色彩能通过抽象的形态来表达各种感觉和各种复杂的感情,其原因就是在于色彩本身的三个要素的变化(明度、纯度、色相)及色彩的冷暖感觉、扩张与收缩感觉等。讨论与掌握色彩的感情抽象表现,对于产品的造型设计具有重要的意义。各种不同的产品具有不同的使用功能,在人们心目中具有不同的形状与色彩的概念象征。产品色彩的设计应该体现出这些抽象概念,不能与之相违背。

如机床是进行金属加工的机器,应具有坚固、稳定、精密感觉的造型设计,而不应使设计出来的产品在形体与色彩方面体现出与其功能不一致,甚至相反感觉的形态。又如,用于精密测量的仪器,其造型应具有高度的现代精密感和可靠感,同时应具有理智、朴素的线型与色彩。而家用电器则应体现出活跃的现代感。

工业产品色彩设计的目的是使产品具备完美的造型效果。因为工业产品的色彩装饰,对产品外观的美感起决定性作用。同时,有助于使用者产生良好的工作情绪,提高工作效率,降低疲劳。

提高产品色彩设计的能力首先应该熟悉色彩的各种性质,掌握色彩与情感的关系及必要的配色规律,并逐步的掌握一些配色技巧。

一、配色的一般规律

1. 色调不同具有不同的心理感受

明调 —— 亲切、明快　　灰调 —— 含蓄、柔和　　黄调 —— 柔和、明快
暗调 —— 朴素、庄重　　彩调 —— 鲜艳、热烈　　蓝调 —— 凉爽、清静
冷调 —— 清凉、沉静　　红调 —— 热烈、兴奋　　橙调 —— 温暖、兴奋
暖调 —— 热情、温暖　　绿调 —— 舒适、安全　　紫调 —— 娇艳、华丽

2. 与色相有关的不同配色,具有不同的心理感受

色相数少 —— 素雅、冷清　　色相对比强 —— 活泼、鲜明
色相数多 —— 热烈、繁杂　　色相对比弱 —— 稳健、单调

3. 与明度有关的不同配色,具有不同的心理感受

长调(明度差距大的强对比) —— 坚定、清晰
短调(明度差距小的弱对比) —— 朴素、稳定
高调(以高明度为主的配色) —— 明亮、轻快
低调(以低明度为主的配色) —— 安定、庄重

4. 与纯度有关的不同配色,具有不同的配色效果

高纯度 —— 鲜艳夺目　　高纯度的暖色相配 —— 有运动感
低纯度 —— 朴素大方　　中等纯度的配色 —— 有柔美感

纯度高、明度低的配色,有沉重、稳定、坚固感,称为硬配色;
纯度低、明度高的配色,有柔和、含混感,称为软配色。

5. 与色域有关的不同配色,具有不同的配色效果

面积相近的配色 —— 调和效果差
面积相差大的配色 —— 调和效果好
不同明度色彩配置 —— 明度高的在上有稳定感;明度高的在下有动感。

6. 不同色相相配,具有各种不同的配色效果

黑、红、白色相配具有永恒的美。黑、红、黄色相配具有积极、明朗、爽快的感觉。白色与黑色相配具有沉静、肃穆之感。高明度的暖色相配具有壮丽感。白色配高纯度红色,显得朝气蓬勃。白色与深绿色相配,能产生理智之感。白色与高纯度冷色相配,具有清晰感。

总之,要设计好一组色彩,除了要掌握必要的配色基本理论外,还必须通过长期的、刻苦的训练和实践。

二、工业产品色彩设计

1. 配色的基本原则

工业产品的色彩设计,不同于绘画作品和平时视觉传递设计。它受工艺、材

质、产品物质功能、色彩功能、环境、人机工程等因素的制约。配色的目的是为了追求丰富的光彩效果,表达作者情感,感染观众。产品的色彩设计,作为产品造型设计的内容之一,应该体现出科学技术与艺术的结合、技术与新的审美观念的结合,体现出产品与人的协调关系。

(1) 整体色调

指从配色整体所得到的感觉,由一组色彩中面积占绝对优势的色来决定。整体色调因为受画面中占大面积的色调所支配,所以可以通过有意识的配色,使之呈现出一个统一的整体色调,以提高表现效果。色调的种类很多,按色性分有冷调、暖调;按色相分有红调、绿调、蓝调……;按明度分有高调、中调、低调等。集中用暖色系的色相具有温暖感,而集中用冷色系的色相则具有寒冷感;以暖色或彩度高的色为主能产生视觉刺激;以冷色或纯度低的色为主色彩感觉平静。以高明度的色为中心的配色,轻快、明亮;而以低明度的色为中心的配色,沉重、幽暗。

不同的色调使人产生不同的心理感受因而具有不同的功能。因此,对于工业产品来说,色调的设计必须满足下列基本要求:

① 产品的物质功能的要求

各种产品都具有自身的功能特点。产品的色调设计首先必须考虑与产品物质功能要求的统一,让使用者加深对产品的物质功能的理解,有利于产品物质功能的进一步发挥。

如消防车的红色基调,医疗器械的乳白色、淡灰色基调,军用器械、军用车辆的草绿色基调,制冷设备的冷色基调等,都从产品各自的物质功能特点出发,选择了不同的色彩,作为产品的色彩基调。

② 人机协调的要求

不同色调使人产生不同的心理感受。适当的色调设计,能使使用者产生舒适、轻快、振作的感受,从而形成有利于工作的情绪;不适当的色调设计,可能会使使用者产生疑惑不解、沉闷、萎靡不振的感觉而不利于工作。因此,色调设计如能充分体现出人机间的协调关系,就能提高使用时的工作效率,减少差错事故,并有益于使用者的身心健康。

③ 色彩的时代感要求

不同的时代,使人们对某一色彩带有倾向性的喜爱。这一色彩就成为该时代的流行色。产品的色调设计如果考虑到流行色的因素,就能满足人们追求"新"的心理需求,也符合当时人们普遍的色彩审美观念。

④ 不同国家与地区对色彩的好恶

由于种种原因,不同国家与地区的人们对色彩有着不同的好恶情绪。色调设计迎合了人们的喜好情绪,就会受到热烈的欢迎;反之,产品在市场上就会遭到冷遇。

(2) 配色的平衡

配色时应从色的强弱、轻重等感觉要素出发，同时考虑色彩的面积和位置以取得产品的整体平衡。

① 色彩强弱与平衡的关系

暖色和纯色比冷色和淡色面积小时，可以取得强度的平衡，在明度相似的场合尤其如此。因此，像红和绿这种明度近似的纯色组合，因过于强烈反而不调和。可以通过缩小一方的面积或改变其纯度或明度。

② 色彩轻重对比与平衡的关系

在工业产品色彩设计中，把明亮的色放在上面，暗色放在下面则显得稳定；反之则具有动感。

③ 色彩面积对比与平衡的关系

在进行大面积的色彩设计和环境色彩设计时（如建筑、墙壁、柜、箱、控制屏、户外广告牌、大型机械设备等），除少数设计要追求远效果以吸引人的视线外，大多数应选择明度高纯度低、色相对比小的配色。以使人感觉明快舒适、和谐、安详，以保证良好的精神状态以利于长时间的工作与活动。

在进行中等面积色彩设计时（如服装、家具及绝大多数的工业设备），应选择中等程度的对比，这样既保证色彩设计所产生的趣味，又能使这种趣味持久。

在进行小面积色彩设计时，应依具体对象而定。如商标设计，宜采用强对比以使形象清晰、有力、注目性高，并能有效地传达内容。装饰品宜采用弱对比以体现产品的文雅、高贵。而对于小型工业产品、家电、仪器仪表等，可适当选择纯度高、对比强的配色，即可突出产品的形象，增添环境生气，比惯用的全灰色具有更生动的艺术效果。

(3) 配色的层次感

各种色彩具有不同的层次感，这是由人们的视觉透视和习惯造成的。因此在产品色彩设计时，可利用色彩的层次感特性来增强产品的立体感。

一般来说，纯度高的色，由于注目性高，具有前进感；纯度低的色，注目性差，有后退感。明度高的色，有扩张感；而明度低的色，有收缩感。因此前者具有前进感，后者具有后退感。同样，面积大的色，有前进感；面积小的色，有后退感。形态集中的色，有前进感；形态分散的色，有后退感。位置中下的色，有前进感；位置在边角的色，有后退感。强对比色，有前进感；弱对比色，有后退感。

暖色与其他色对比，具有前进感，并且以红色最明显；冷色与其他色对比，有后退感，其中以蓝色最明显。

(4) 配色的节奏

几种色彩并置时，使色相、明度、彩度等作渐进的变化（在色立体中按某一直线或曲线配色),或者通过色相、明度等几个要素的重复,可以给人以节奏感。

2. 常用配色的基本技法

(1) 渐变 通过将色彩三属性中的一个或两个作渐进的变化,所表现出的独特的美感。

(2) 支配色 通过一个主色调来支配产品的整个配色,从而使配色产生统一感的技法。类似用滤色镜拍摄彩色照片的效果。

(3) 分隔 对色相、明度和纯度过分类似,区别太弱的色彩,或者相反,色彩的色相、明度和纯度对比太强时,可在对比色之间用另一种色彩的细带使之隔离,这种方法特别适用于大面积用色。如高纯度的红和绿色相配时,若在中间加一条无彩色的细带,就会使其沉静下来。常用的细色带可以是白、灰、黑等无彩色或金、银色。

第四节 工业产品的形态设计

一、形态的概念

1. 形态的分类

世间一切物质都有形态,而且形态各异。就其形成的原因,可分为自然形态和人为形态两大类。

自然形态是自然界中客观存在并自然形成的形态。包括各种生物、非生物及各种自然现象,如:动物、植物、山川、流水等。此外,还有一些自然界中无人为目的而偶然发生的形态,如:碰撞、撕裂、挤压等产生的自然形态。

自然形态表现出来的各种生命力、运动感、力度感和自然美,是创造人为形态的源泉,人们从自然形态中得到启发,从而设计和制造出各种优美的产品形态。

人为形态是人类用一定的材料,使用各种工具和机械,按照一定的目的要求而设计制造出的各种形态。如:建筑物、汽车、家具、生活用品、机电设备等等,人类就生活在由大量的自然形态和人为形态所组成的环境之中。

人为形态大致可分为三种形态:原始形态的造型、模仿自然形态的造型及抽象几何形态的造型。人为形态对现代人的生产、生活至关重要,它不仅满足了人们生产、生活的物质需要,同时,人为形态所表现出来的形式美感,无时不在影响着人们的感情,陶冶人们的情操。在人类发展的历史进程中,人们也无时不在追求对具有美感形态的创造。从新石器时代的彩陶到现代陶器,从中国的古代建筑到现代建筑,无不包含具有不同时代特征的美的生活空间。不同时代的人为形态的美的形式与人们的审美观念有关,而人们的审美观念是随着社会和科学技术的发展及人们生活水平的提高而发展的。从而就构成了不同时代人们进行物质生产的不同特点,见表5-1。

表5-1　　　　　　　　不同时代人类进行物质生产的特点

时　代	科学技术	生产手段	效　率	服务对象	产品风格	销售市场
原始社会至19世纪末	农业发明	手　工	效率低小批量	少数人	精雕细刻	小商店
19世纪末	机械化现代工业	机械生产	效率高大批量	多数人	简洁化大众化	超级市场
20世纪70年代	微电子技术	自动化生产	效率更高多品种、小批量	各种不同的人	更精美更个性化	专卖商店

2. 产品形态的演变

任何一种工业产品,其物质功能都是通过一定的形式体现出来的,在审美活动中,形式先于内容作用于视觉直接引起心理感受,形式不美妨碍内容的表达,也无法使人得到愉悦。研究形式美的法则,是为了提高美的创造能力和对形式变化的敏感性,以利创造出更多更美的产品。从人类社会产生以来,人类所需的各种用具的形态随着生产力的不断发展而不断改变着。在漫长的应变过程中,人类所创造的产品大致可分为三种形态。

(1) 原始形态

人类初期各种用具的造型。由于当时生产力低下,加上人类对事物认识的肤浅,其用具的造型只是简单地以达到功能目的为依据,毫无装饰成分,如石斧、陶器等。

(2) 模仿自然形态的造型

模仿自然形态是人类模仿自然界中具有生命力和生长感的形态而进行重新创造的形态。自然界中有许多形态是由于物质本身为了生存、发展与自然力量相抗衡而形成的。人们从中得到启发,进而模仿、创造出更适合于人类自己的形态。如植物的生长发芽,花朵的含苞、开放都表现出旺盛的生命力,给人类带来一片生机,动物的运动所表现出的力量、速度等,人们从中得到美的和实用性的启发,而设计和创造出自然形态更优美、更适用的人为形态。如根据自然界的植物形态而设计的现代装饰灯具、玻璃器皿、瓷器等生活用品;根据鸟类的翅膀而设计的飞机机翼;根据贝类动物能抵住强大水压的曲面壳体而设计的大跨度建筑屋顶;根据鱼类在水中快速游荡的特殊形态而设计的潜艇;根据空气流速特点而设计的现代轿车的车身线型等,无不体现人类理想的结晶。

图5-76(a)为壳体形建筑,(b)为鱼形轿车。

第五章 工业产品造型设计与造型艺术

图 5-76

  同时,人类在许多人为形态的设计中,还充分地考虑了人类本身这个自然形态的特点。从而设计出与人的形态相协调的各种物品。如设计与人手经常接触的一类物品时,就要使接触部位适应人手的功能。这样,人们使用起来,就更方便、更适用。

  图 5-77 所示的佳能照相机的形态设计就较利于人手的把握和操作。

  这一类产品不仅具有较为完善的物质功能,且拥有原始形态所缺乏的精神功能。在模仿自然形态的造型设计中,应避免造型注重于摹仿对象特征的具象细节,使造型显得琐碎、零乱,失去内容与形式的统一美。

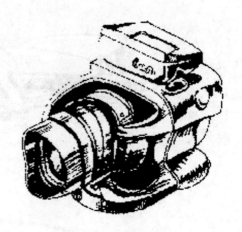

图 5-77

在模仿自然形态的造型设计中,造型仍未完全摆脱自然形态的束缚,难免存在物质功能、使用功能与造型形式的矛盾。

(3)抽象几何形态的造型

抽象几何形态是在基本几何体(如长方体、棱柱体、球体、圆柱体、圆锥体、圆台体等)的基础上进行组合式切割所产生的形体,其形态简洁、明朗、有力,能迅速传达产品的特征和揭示产品的物质功能,简洁的外形,完全适合现代工业生产的快速、批量、保质的特点。基本几何体具有肯定性,因此组成的立体形态,亦具有简洁、准确、肯定的特点。同时,基本几何体易于辨认具有一种必然的统一性,因此,组合后的立体形态在整体上易取得统一和协调。再者,几何形态具有含蓄的、难以用语言准确描述的情感与意义,因而能较好地达到内容与形式的统一。

简单的几何形体给人以抽象的确定美,使人得到理智的,并非纯感情的感受,能对人的情感具有一定的启发。具有一定审美意义的几何形体造型能使思维高度发达的现代人产生无穷的联想。

抽象形态包括具有数理逻辑的规整的几何形态和不规整的自由形态。如图 5-78 所示。几何形态给人以条理、规整、庄重、调和之感。如平面立体表现出严格、率直、坚硬;曲面立体表现出柔和、富有弹性、圆润、饱满。自由形态是由自由曲线、自由曲面或附加以一定的直线和平面综合而成的形态,具有自由、奔放、流畅的特点。

抽象形态是人类形象思维的高度发展而对自然形态中美的形式的归纳、提炼而发展形成的。在人类生活中有很多内容绝非具象的自然形态所能充分表现的,而却能从抽象的形式中进行表现。如各种工业产品的造型就是如此充分地表现出人的各种情感。如均衡与稳定、统一与变化、节奏与韵律、比例与尺度等。

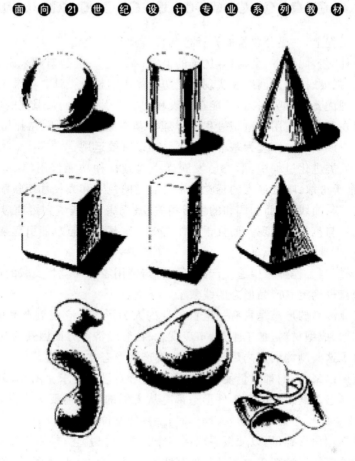

图 5-78

3. 工业产品的形态

什么是工业产品的形态？简单地说，工业产品的形态就是工业产品的外表面或结构所表现出的形象，也是工业产品得以被察觉的一种方式，由于在人与工业产品间存在着一种重要的协调关系，因此，不能把工业产品的形态单纯地作为数学或功能性的问题来对待。必须让其站在潜在的使用者的角度，以透视的眼光来审视，并与其周围的环境相联系。与传统的雕塑不同，工业产品不能被孤立地看做是一件艺术品，除了一般意义上的审美因素外，工业产品形态还能传递某些理性的信息，例如可靠、复杂、危险、松弛、时髦或高效率等，这些信息中的一部分是以风格或样式的方式传递的，而大部分则有赖于其真实的形状。

物体被人感知的程度是因人而异的，但首先能引人注意的总是它的形态，然后才是它的色彩和风格。同样一辆赛车对于一位门外汉来说，引起注意的只是其引人注目的外形，但对于一位有经验的赛车手来说，它就包含着更多的内容，并能从赛车所选择的特定形态中细察出各要素间的相互关系。

在工程上，一座公路桥的设计也同样传递着双重信息：对于外行，它可被看做是一件"艺术品"，一个匀称、优美的范例；而对于一名建筑师来说，这是一个涉及平衡、强度、拉力的问题和实现一定功能作用的材料设计。如果这项设计能够同时做到优美和有吸引力，就能在外表和功能上引起人们最适宜的反应。因此，一定存在着一种适用于造型过程的心理学基本原理，工程师在开始考虑产品形态时就应该以这一原理为基本出发点并加以有效运用。

在人类进化过程中，形态已发展成为起着种种功能作用的一个确定部分。例如：富于进取、咄咄逼人的感觉常常与明亮的色彩和大尺寸相联系；亲切、温柔的感觉则与曲线、曲面和调和的色彩相关联；而警惕、戒备则可通过与背景浑然一体的形与色得到表现。而且很可能有史以来某种形态总能引起某种相应的反应，并一直延续到今天。

这样，当工程师希望通过产品来取得与使用者和环境相关联的作用时，就可以从中获得确定其产品形态的线索了。

工业产品的形态是具有一定目的性的人为形态。它受到产品的使用功能、内部结构、成型材料、加工工艺、审美观念、社会经济等方面因素的制约。只有充分考虑了这些制约因素之后，所创造出的产品形态才有价值。

长期以来，人们都尽量使产品的形态适合自己的要求。图5-79所示截止阀的总体形态及其组成的各零件形态都是从人们的使用需要为出发点而设计的。例如：手轮的形态是梅花形，人操作时，手在任意位置都可以握紧它；阀体上下体装置是用六角形螺母，以便扳手能在多个位置上拧紧它；轴上有螺纹，其功能是将手轮的旋转运动变成内部阀瓣的直线运动；两个法兰盘为圆形，利于人们将阀体与管道连接，阀体内腔形状利于液体流动等。这些形态的产生都与产品本身的使用功能分不开。

由此可见，任何一件产品的形态设计都是以其本身的使用功能作为设计的出发点。而且不同的使用功能就构成产品形态的不同的基本结构。例如：一只茶壶，其使用功能决定了它的基本结构必须有壶身、壶嘴和把手。那么每一部分各自的形态如何，它们之间的组合方式如何，怎样才能体现壶的最佳使用功能等，设计师都要在产品基本结构已经确定的基础上，考虑这些因素，进行构思及方案的比较，从而设计出功能合理、使用方便、造型美观的产品。图5-80为不同形态的茶壶。

在产品基本结构确定的基础上进行结构单元及单元组合方式的形态设计过程称为定量优化过程。定量优化过程，是产品形态设计的基本过程。它不仅为产品形态设计提供多种方案，而且还可能促进产品使用功能的改变和扩展。如电话机的基本结构是话筒、键盘、传声结构，通过产品结构的定量优化后而产生了台式、挂式、袖珍式等结构和形态各异的电话机造型，如图5-81所示。

因此，工业产品形态设计的基本点是产品形态结构的优化，只有在形态结构优化的基础上，才有可能进行总体造型的优化，否则，只能给结构不合理的产品涂脂抹粉，而不可能创造出优良的产品形态。在形态设计的过程中还要在掌握形态结构变化规律与方法的基础上，根据消费者的不同层次和心理需求，去探索、创造出既新又美的产品形态。

二、产品形态设计的原理和方法

1. 产品形态设计要素

在工业产品设计的整个过程中，直接影响产品形态设计的主要因素有五个。

（1）形态结构

一件工业产品通常都是由多个不同的简单形体组合而构成总体形态。这种以使用功能为目的的基本形体间的相互关系称为产品的形态

图 5-79

图 5-80

图 5-81

结构。不同的形态结构表现出产品形态设计的不同风格和特点。因此,在设计构思阶段就要充分考虑产品形态结构的合理性、宜人性以及所表现出的均衡、稳定、秩序、轻巧等效果。目前许多现代设计方法,例如有限元设计、优化设计、计算机辅助设计(CAD)等的普及和应用,为产品的形态结构设计提供了新的途径。

(2)单元形态

单元形态指组成产品各个单元本身(零、部件)的形态。单元形态是根据产品所实现的各种功能确定的。如为实现运动、固定、连接、显示、操作等要求,就产生了不同的单元形态。组成产品的单元之间互相联系又互相制约。所以单元形态的设计是建立在总体结构设计和总体造型的基础上。要尽量保证单元形态之间的协调和统一。

(3)尺度比例

单元形态本身的尺寸大小以及单元之间,单元与总体之间的比例关系也是形态设计的主要方面。优良的形态设计都具有良好的尺度比例关系。尺度与比例设计是在保证实现实用功能的前提下,以人的生理及心理需求为出发点,以数理逻辑理论为依据而进行的设计。

(4)材料选择

材料是实现产品的基本条件,随着现代科学技术的进步,许多新材料不断被发明和应用,因此,根据不同产品结构、功能和要求,选择适宜的材料,也将会成为产品形态的多方案设计提供各种可行性的依据。

(5)表面处理

产品的表面处理主要体现在加工工艺和外观装饰方面。众所周知,产品的表面处理是外观产品精神功能的主要方面之一,尽管产品造型形态优美,而如其加工工艺粗糙、装饰不当,也会使产品的形态黯然失色。因此,采用先进的加工工艺和现代装饰手段也是进一步提高产品功能、提高产品全面质量的重要途径。

以上五个方面是设计者可以处理的可变因素,对这些因素综合优化处理,才能使产品的形态达到设计的预想目的。

2. 产品形态设计准则

工业产品的功能、风格(样式)和人机关系对产品形态设计起着准则的作用,因此,在产品的形态设计时必须进行深入的探索。

(1)产品形态与功能

工业产品的"功能"、"材料"、"制造工艺",是工业设计中的三大技术要素。而"功能"又是三大技术要素中居于主导地位的因素,它对产品的形态有决定性的影响。

就现代工业产品而言,功能包括供人使用的物质功能和满足人们生理、心理要求的精神功能,此外还包括安全、舒适等要求,以及是否会造成环境污染等人机环境问题。因此,功能的合理性是衡量产品功能与形式的基本原则。

一般来说,功能与形式二者互为矛盾,又互为统一。功能包含了作为社会的人使用产品的需求,形式是保证需求的具体措施,如形态造型、色彩、装饰等。产品功能的合理性是工业设计的原则,也是选择装饰工艺的原则。合理是指合乎客观规律、时代观念、社会标准和人类理想,不但要能充分体现产品的功能效用,而且还应使产品具有审美效果。因此,任何工业产品的设计,都要首先以功能为前提进行设计。以汽车为例,现在各种汽车的功能差异越来越大,每一种汽车的特殊性越来越显著,因此汽车造型的差异也越来越大。卡车、大型旅行车、大轿车、小轿车、专门用于比赛的赛车、各种装卸用车,如铲车、叉车等,各有各的功能,各有各的造型,千差万别,不可胜数。

卡车要求快速多载,易于装卸,因此,需要有长而敞露的车箱。有的卡车还附设有起重设备,以解决自身的装卸问题。对于专门用于装载矿石、煤、沙、土等的汽车,附设有自卸翻斗装置,可以自动卸货。

小轿车要求高速和舒适,因此,车身必须根据空气动力学的原理设计成流线型的小阻力造型。为了保证乘坐安全,车身重心应尽量低,以防止翻车事故的发生;车的前端必须有较长的距离以保证在发生撞车事故时较大的缓冲余地。

竞赛汽车的最重要的功能是高速度。因此,车身低矮,只有四个轮子和一坚固而密封的驾驶舱,不要任何装饰结构及附属设备。当发生撞车、翻车时,即使车轮被撞掉,车身翻滚几次,驾驶员也不会有生命危险。

以上叙述说明了"功能决定形态"的基本设计原则,但绝不能将功能的标准绝对化,成为功能主义。设计任何产品,既要做到功能完善,又要符合实际需要,满足人们的生理和心理要求。某些产品由于经济和美观的需要而稍稍减弱其功能或者增加一些与功能无关的装饰。例如在汽车外形设计中,在风洞试验中获得的最佳流线外型是最理想的汽车外型。因为这样的外型往往是炮弹形的,但在制造这种形状时需要深冲压,大大增加了加工的难度和成本。因此,经过反复权衡后认为采用较平坦的流线型则较为合理。

在工程设计中对产品功能方面的关注是十分自然的。产品的许多零部件均具备着由它们特定的用途及其他各种必须考虑的因素(如应力、加工工艺等)所确定的形态。对于产品造型设计而言,我们所关注的主要是产品外露部分的零部件以及由产品作为一个整体所传递的功能信息的视觉表达。

首先,工业产品的形态应是功能的表达。如图5-82(a)所示的金属托架虽说它也许在结构强度上完全可靠,但由于其形态会令人联想起易于轻易弯折的柔嫩的植物枝叶而使人对其强度产生疑虑。这时形态实际上传递了背离其功能的视觉信息。如图5-82(b)所示的金属托架则采用了直线型造型,其简洁、坚挺的风格充分显示了托架具有足够的强度支撑相当的重量。这时形态所传递的信息与其功能是一致的。所以,只有当产品外观与它的使用目的、功能以及材料质地也取得一致时,才能获得理想的效果。

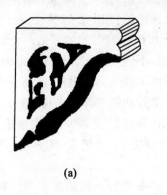 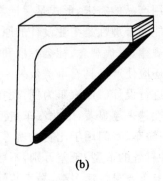

(a)　　　　　　　　　　　　　(b)

图 5-82

当产品所有的可见单元呈现出一个整齐、统一的功能印象时,产品的形态设计就可以以其最单纯的形态获得,而毋须任何硬凑的风格样式。设计应该是自然的,没有任何虚假的装饰,而不是用以掩饰设计上粗陋细节的不必要的外壳。如图 5-83 中的液晶数字表是一个以其功能性支配了形态设计的例子。

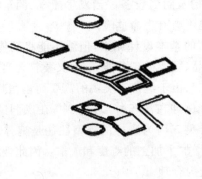 

图 5-83

在外观上,该表具有 4 个基本部分:电池、时间集成电路块、显示器以及联结这些元件的壳体。这里,壳体的设计完全是整个系统合乎逻辑的反映。壳体由不锈钢制成,履带式的框架将 3 个主要元件紧密地结合在一起,并呈弯曲状,以改进显示的可见性。按动电池的突出结构就可控制一个安装在电池下的压力开关。

然而在形态设计中,纯功能性的考虑并不总是正确的,有时如能引入一些更讨人喜欢的形态,也许会更有效。这样的形态本身并不具备任何功能的价值,但却有助于整个设计及其外观,因而体现出一种形态的风格样式。这样的形态成分往往会更有助于而不是妨碍机器功能的完美的视觉表达。因此,功能不是确定形态的惟一因素,甚至在有些情况下不是形态设计时考虑问题的主要方面。

一般情况下只有在人与产品之间无直接联系的场合,才可能需要强调功能的优先地位,而人与机器间的关系才是最重要的。例如在电气控制装置中,其外型受其内部电子元件的功能约束就很小。此时其外型设计就主要根据操作者或使用者的需要来确定。只要其控制台或控制元件充分符合操作者的功能要求和人机工程学的要求,其功能元件可以适应不同产品的造型。

相反地,出于美学或心理学方面的理由,有时却必须在产品形态设计中故意隐蔽或掩饰产品的功能。如大部分的医疗设备就属于这一类。这时在形态设计上可充分运用曲线,并精心隐蔽其电子及高压装置,以减弱其视觉表达上的严肃性,消除病人对机械设备和治疗过程的恐惧。类似地,提供给残疾人使用的矫正器械,如假肢、矫正靴等,其外观均应尽量掩饰其辅助使用者行走的作用效果,以免损伤残疾人的自尊。

因此,产品形态设计必须十分注重产品与使用者之间相互关联的功能性。尤其是在那些人与产品直接有关联的场合,对人机工程学和心理学方面的考虑至少应与纯机械设计的功能性考虑同样重要。工业产品不仅必须能有效运用,而且还必须能有效地被操作。

(2)产品形态与风格

随着技术条件、制造和材料的日趋标准化,要区分不同厂家的同类产品,如果没有风格的因素就会变得十分困难。因此,造型的个性与风格的设计已不再只局限于诸如服装等项目的产品上,而开始进入以工业化为背景的条件下生产的产品,如照相机和汽车。甚至很可能在不久的将来,工程设计中的造型设计和运用将会像今天的时装设计师们所采用的那些方法。

随着产品市场竞争的日益加剧,由于大多数产品在制造工艺水平上不相上下,因此,工程师单凭自己掌握的各种现代最新技术是不够的,还必须将自己的感情融入到设计中去,必须确定何时何地将风格因素结合到具体的设计中,使其格调与色彩的运用能适合现代的趋势,并完美地将它们与功能性因素结合在一起,才能够真正设计出受市场欢迎的产品。汽车是这方面的一个最好例子。在汽车的设计领域中,不同风格的造型充分体现了不同时代的流行特征。如图5-84美国福特汽车公司生产的T型轿车(1915年)与图5-85美国通用汽车公司生产的CADILLAC牌轿车(1940年)所示。

运用特殊的形态以暗示产品的某些功能特点,如速度、强度、精确度和操作

图 5-84

图 5-85

特点等,以体现一定的特征风格,这也是设计中常用的方式。如图 5-86 在摩托车的设计中就将其车身上的油箱设计成往前倾斜的形态,并在机身两侧罩壳上饰以与前进方向一致的倾斜、形如双翅的线条,大大增加了机身形态的前进感。

精密仪器的外形如附以锐角、直角的形态处理,也可大大强化其高精密度的印象。例如图 5-87 中的坐标测量机,整体采用直棱、直角,从而充分显示了其精密、可靠的特征。

图 5-86

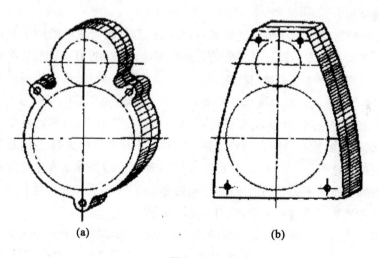

(a)　　　　　　　　(b)

图 5-87

  当形态的风格与产品的功能性表达相一致时,形态会具有较长的生命力。而其他类型的表达,如流行性,则生命力较为短暂。如 20 世纪 50 年代,人们曾将汽车尾部装饰部分设计成飞机尾翼的形状,试图令人联想飞机快速飞行的表现,如图 5-88 所示。结果表明这实在是一种过于夸张、不自然和生命力较短的样式。

  在功能设计中,所选择的表面修饰处理通常是为了适应产品所运行环境的

图 5-88

目的。比如想保持产品与环境在视觉上的一致性,或出于防止产品受环境锈蚀破坏等目的。而风格设计采用的式样、特殊的表面处理(有时还包括图案)则纯粹是出于装饰的目的,并往往与当时的流行、时髦的特征相互联系,目的在于增加产品的吸引力。

  风格的装饰可以采用雕塑的形式,或将某些部件组合成雕塑的形状,这时,装饰的形式与其形态的设计是一致的。例如用于汽车和摩托车的轻质合金轮圈就是一种既展现功能又表现出装饰风格的一类产品。最初,这种轮圈是采用铝合金、以砂型铸造的。具有8个外轮辐和8个内轮辐(见图5-84),并与制动器的鼓形壳体组合在一起。当时的设计纯粹出于纯功能性的考虑,目的在于降低重量,改善制动器的散热状况。随着高强度材料的出现和压铸法的运用,独辐轻质合金轮圈现在已得到了广泛应用(见图5-85),各种造型各异的合金轮圈成为一件件风格迥异而又不失其功能性的"立体雕塑"。这对改善汽车整体外观起了一定作用。若使其风格与整车协调一致,则效果更好。

  风格装饰的另一种方式是增加单独的装饰件。例如附加在形态上的镀锌条带,也可采用电镀等表面修饰处理,以产生特殊的视觉特征。这样的线性装饰还能在产品表面进行分割,以改进不合适的比例分割区域。

  (3)产品形态与人机关系

  随着电子技术的发展,微型集成电路块和其他微型电子元件在工程中得到了越来越广泛的应用。产品的造型尺度也开始逐步摆脱了传统结构对它的制约。这种制约因素消失的结果,使产品有可能完全任意地发展本身的造型,先前不能接受的外壳形式现在都有可能得到实现。例如电话机的设计就是一个最好的例子。由于整个电话电路已可集中于一个单独元件之中,从而允许设计者可以集中精力,从形态的美学角度及人机工程学的要求出发,刻意创造出各种不同造型风格的电话机,从而彻底摆脱了传统电话机在造型上的束缚。

在这样的背景条件下,如果孤立地来考虑,无论是人还是产品都无法给产品提供一种恰如其分的造型形式,因而,产品的形态只能从人与产品间的关系中去寻求造型尺度的合理依据,于是这种人机关系在今天就上升为产品形态设计的主要因素了。

手表的设计可以作为一个很好的例子。现代生产技术的发展完全允许将手表设计得相当小巧、精致,甚至小到无法正常辨读表上的时间指示和进行调整。这时决定手表尺度大小的因素正是手表的使用者——人。当代成功的电子表正是在兼顾使用者和机构的前提下设计的,而占其首位的还是对于消费者的考虑。

同样,在现代音响系统中,不少微型元件也已取代了原来的功能件。其中许多元件都已可以设计得相当小,以便组装成较小的单元。这时,还是消费者的需要支配了这类产品的尺寸大小。考虑功能和美学的因素,例如台式机要适应家庭的环境,所以设计者就在较大的规格尺寸下进行设计;而"随身听"便携式收录机就要从便于携带的角度出发,在较小的规格尺寸下产生出恰如其分的造型形式。

3. 产品形态设计原理

(1) 极限原理

任何一件产品在实现主要功能的前提下,无论是其使用特性,还是形态结构都存在设计构思中所允许达到的极限状态。因此,将产品设计推向极限的思考方法就称为产品设计的极限原理。

通过产品内部结构的变化来改变产品的形态。如电视机,通过增加显像管的扫描角度(由 $70°\rightarrow 90°\rightarrow 110°\cdots\cdots$)来缩短它的长度,在技术条件允许的情况下,电视机的厚度极限就可向薄型方向发展,继而产生了悬挂式薄板型电视机。再如:为减轻自行车的重量和缩小其体积而开发的钛合金车只有 6kg 重,小型折叠式自行车的体积可以缩小到 56cm×20cm×20cm。

通过增加或减少产品组件到一定极限来改变产品的使用特性和形态结构。如:自行车增加变速装置,电话增加录音装置等都会大大提高产品的使用特性。这里更重要的是减少组件数量这种极限状态。对产品形态设计的各个方案,都必须仔细分析组成产品的各个单元,确定实现主要功能的必不可少的组件,这样就产生了实现产品功能所允许的功能单元极限。例如:去掉刻度以至表盘的手表,人们照样可以观看时间,而且使其形态更简洁、新颖。此外,减少产品组件也可增加产品形态的变化。例如:汽车去掉操纵手柄而变成自动驾驶的汽车,去掉车轮而成为气垫车等。

采用先进的有限元设计和优化设计,可以定量地确定产品结构、形态及所选用材料的各种极限,从而更合理、更有效地设计产品。

(2) 反向原理

在产品设计中将思路反转过来,以背逆常规的途径进行反向思维以寻求解决问题的方法。任何事物都有正反两方面。通过反向思维,在因果、功能、结构、形态等方面把设计从固定不变的传统观念中解脱出来从而产生出全新的构思。

例如:电风扇的设计,通常是外罩不动、借助风扇摆动来实现多方位送风,但是这种形式的电风扇送风角度直接,风力生硬。通过反向思维,对产品结构重新设计,使风扇不动,而外罩上的风栅转动,使风受到干扰后排出,这样送风角度大,风量柔和,同时也简化了结构。又如:根据加热杯而反向设计的速冷杯,它是在杯体上安装一个散热导流装置,当杯中盛放热水或热饮料后,热量将经散热导流装置迅速传走,从而达到快速冷却的目的。它具有成本低、结构简单、制冷快的优点。

(3) 转换原理

不同产品或事物之间的功能、形态、结构、材料等方面互相转换而启发出新的构思和创造性方案。这种转换通常是通过联想、借鉴、类比、模拟等手段进行。

瑞士科学家阿·皮卡尔通过平流层气球的原理转换设计出深潜器。平流层气球利用氢气球的浮力使载人舱升上高空。皮卡尔用钢制潜水球和灌满汽油的浮筒组成深潜器。当潜水球沉入海底后,只要将压舱的铁砂抛入海中,即可借助浮筒的浮力上升;控制铁砂量并配上动力,深潜器就可在任何深度的海水中自由行动。利用这种深潜器,人类第一次下潜到10 916.8m深的海底。

(4) 综合原理

将现有技术和产品通过功能、原理、结构形态等方面的有机综合而形成新的设计和产品。常用的综合原理有以下几种形式。

① 主体附加 —— 在原有设计中补充新内容;即在原有产品上增加新部件,创造产品的新功能。如自行车附加发动机而产生轻便摩托车;又如小轿车尾部附加独立升降的横向小车轮,调头时可以增加灵活性,且能节省燃料。

② 异类综合 —— 两种以上不同功能的产品综合;如可视电话、带电子表的计算器、带日历的台灯等,互相渗透并进行结构改进,能产生新的使用价值,并使成本降低。

③ 同类综合 —— 具有相同或近似功能产品之间数量与形式的综合;如组合式多功能冰鞋可任意组装成双排或单排轮旱冰鞋以及冰刀式冰鞋,鞋身可从大到小伸缩变化以适应不同人穿用,并且可以由简到难地进行系列化训练。

④ 重新综合 —— 分解产品原来的组成,用新的意图通过重新综合以增加产品功能或提高其使用性能,改善造型形态;如螺旋桨式飞机的一般结构是机首装螺旋桨,机尾有稳定翼,美国的卡里格卡图按照空气浮力和气动原理进行重新综合,他设计的飞机螺旋桨放于机尾,而稳定翼放于机首,这样使得整架飞机具有尖端的悬浮系统和更合理的流线型机体,提高了飞行速度,排除了失速和旋冲的可能,增加了飞机的安全性。

4. 产品形态的变化方法

(1) 结构变化

结构变化是以组成产品的主要形体单元的相互排列和组合形式作为形态设计的变量,从而产生多种设计方案,以供优化选择最佳形态。

产品的形态结构关系是决定产品形态的关键。设计中,设计师要全面考虑各种可能的方案,并以草图的形式快速表达出每一种构思。在此过程中可以暂不考虑基本单元的各自形态及所用材料,只着眼产品基本单元之间的相互排列和组合关系,通常可从以下几方面考虑结构变化。

① 改变运动形式,如变水平运动为垂直运动或相反,变直线运动为旋转运动或相反;

② 改变单元位置,如将组成产品主要单元的顺序改变、上下颠倒、里外颠倒、正反颠倒;

③ 增加或减少单元数量;

④ 采用其他产品的某些部件;

⑤ 增大或减小机构行程;

⑥ 改变机构载荷方向。

上述结构变化形式,受诸多因素的制约。合理的产品结构形式应满足以下要求:

a. 功能的改善和增加,即产品应更适合人们的生理和心理需求,使用更方便、耐用。

b. 性能的提高,即产品应更安全可靠,利于维修保养,并节约能源和不污染环境。

c. 成本费用的降低,即在产品的生产制造,材料选择及整个流通领域中的包装、运输、销售等方面有利于降低费用。

图 5-89 为运用结构变化方法而产生的吸尘器的各种方案。

由图 5-89 可以看出,同一产品的不同结构就产生了截然不同的产品形态。通过产品的结构变化,不仅可以从中选择最佳方案,同时也可以发现产品的不同形态直接影响到产品的使用功能。由此人们设计出了可以在不同环境、不同条件下,具有不同使用功能的各种吸尘器,如图 5-90 所示。

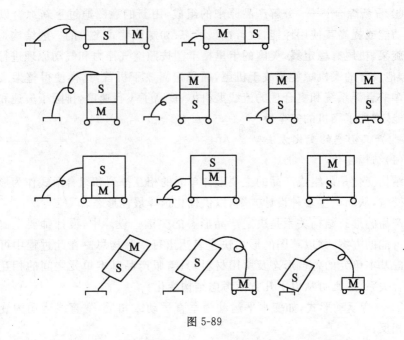

图 5-89

当进行现有产品改型设计时,首先要对现有产品结构作充分分析,而后再构思出其他可能实现的结构。图 5-91 为贴标机的结构变化草图,示意出已有的结构和可能实现的结构。

结构变化方法不仅用于产品的总体结构设计,也可用于产品的局部结构设计。挖掘机的挖掘部分的结构变化如图 5-92 所示。根据这些结构的变化而产生了不同功能和形式的挖掘机,如图 5-93 所示。

(2)造型变化

产品的造型变化是在产品结构设计方案基本稳定的基础上所进行的总体形态和单元形态多方案、多形式设计的变化方法。

产品造型变化过程就是单元的局部形态与总体形态之间的协调统一过程,也是造型形态优化和优选的过程,在此过程,不仅需要一定的经验、技术、艺术等方面的综合处理,更重要的是必须以产品所实现的功能作为造型变化的基本点,换言之,即产品的功能决定产品的造型形态。无论是产品的总体造型,还是单元的局部造型都必须通过它本身的功能和它与环境的功能关系来确定。因此,造型变化必须以对产品及组成产品的每一单元所实现的各种功能的认真分析作为基础。

① 基本单元的功能

基本单元须按一定结构形式排列组合以构成产品总体形态,因此,其造型变

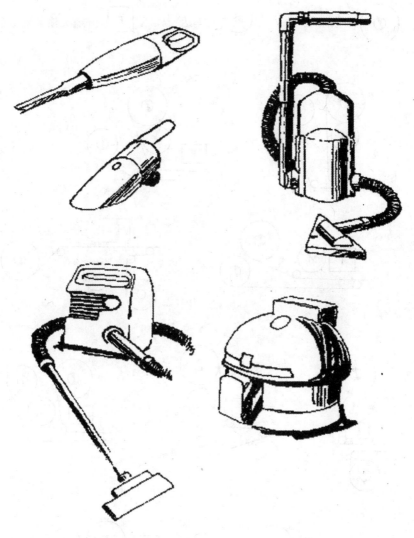

图 5-90

化要相互协调、配合得当,这就是基本单元所具备的协调功能。基本单元更重要的功能是完成不同的运动、动作及相互间的作用关系,因此单元造型变化的重点是技术功能(如精度、有效度、可靠度等)的实现。

② 总体造型的功能

总体造型要在一定产品结构的基础上进行,因此,它的主要功能就是产品的使用功能。优良的总体造型可以提高产品的工作性能,更利于使用功能的改善。除此之外,总体造型还具有一定的精神功能,优美的造型形态可以增强产品的艺

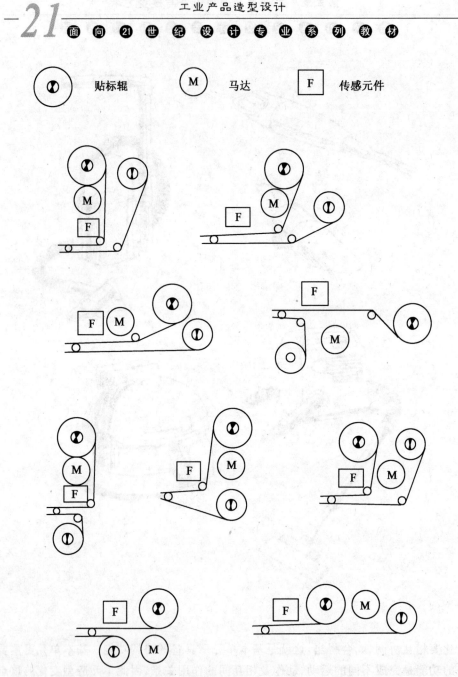

图 5-91

术感染力,提高产品的价值。

③ 功能面的归纳

功能面是产品或单元在工作时起作用和运动的表面,如:螺钉的槽口和螺纹

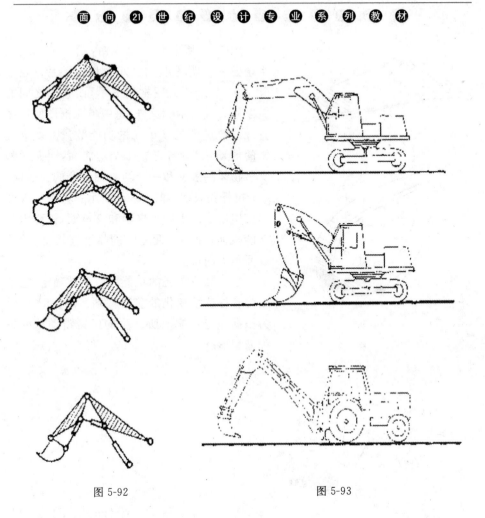

图 5-92　　　　　　　　图 5-93

部分,锯子的锯齿和手柄都属该产品的功能面。功能面是产品造型设计的基础。无论总体造型还是基本单元造型都必须根据功能面去进行各种形态的设计。因而首先要分析确定产品的各种功能面。如以一个简单的开瓶起子为例(图5-94):开瓶起子具有三个工作的功能面(图中所画斜线处)。图中,两个起子的功能面的性质相同,但造型却截然不同。其形态的差异是由所选用的材料、功能面的连接形式和功能面的排列三方面的不同所造成的。图 5-95 展示出开瓶起子功能面的其他排列和连接形式所导致的造型变化的各种可能性。

　　由此可见,产品的造型设计和变化方法取决于两方面:一是功能面的确定,二是功能面的排列和连接形式,也就是功能面的变化。

　　功能面的确定,对于由单一的单元构成的产品,比较容易,凡参与工作和起一定作用的表面都为功能面,如支承面、固定面、运动面、施力面、工作面等。而对于由多单元组成的产品,就要按每一单元的工作性质来确定功能面。

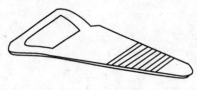

图 5-94

图 5-96 所示为一桌虎钳,我们可以利用系统图来表明各单元之间的相互关系。在图 5-97 中,每个单元用框图表示,而它们之间的关系用直线表示。这样,每一单元框图所连接直线的数量就是该单元的功能数量。以桌虎钳的滑动爪为例,它有 4 个功能面,即夹紧和支承物体的表面和一个与心轴配合的孔表面、2 个拉杆孔表面,如图 5-98 所示。其中实现产品使用功能的表面为夹紧和支承面,被称为外功能表面,而各单元之间的相互连接、活动的表面称为内功能表面。

当产品或单元的功能面一旦被确定,它就成为各种造型变化的演变基础。图 5-99 所示为根据一定功能面所产生的虎钳滑动爪的各种造型形态。

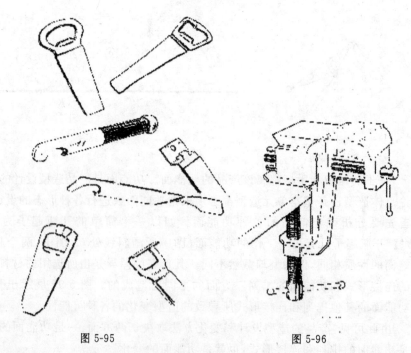

图 5-95   图 5-96

通过虎钳滑动爪造型的例子可以看出:当功能面所有参数都固定的情况下,可演变出一系列造型形态;而当功能面再稍加变化时,就更加扩大了造型变

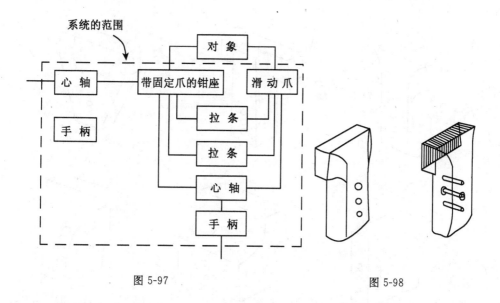

图 5-97　　　　　　　　　　　　　　图 5-98

化的范围,从而增加了实现多方案设计构思的可能性。

功能面的变化参数包括:功能面的排列、功能面的数量、功能面的形式。

功能面的排列是指在完成同一功能的条件下,功能面之间及功能面与其他形体之间的排列位置,这样就构成了同一功能不同造型形态的变化,如图 5-100 所示。

功能面的数量是指完成同样功能而功能面数量的不同所引起的单元数量和单元形式的变化,如图 5-101 所示。

功能面的形式是指在功能不变、结构关系不变的情况下,功能面本身的尺寸大小和完成特定功能时所表现的形式,如图 5-102 所示。

功能面的变化除受本身功能限定外,还要符合力学原理、符合结构关系的合理性、操作和工作时的方便性。同时,还需充分考虑到产品各单元之间的制约关系,在功能面变化时,不应对其他单元造成阻碍。

(3)分解与组合变化

分解与组合变化是在产品总体结构和单元结构优化过程中的一种较实用的造型设计手段,尤其是在产品改进性设计时,通过对原有产品的分解和组合变化,从中产生新的设计方案。

分解的过程可按功能面进行,也可按几何形态进行。按功能面划分,可以将产品或单元分解为各种不同的功能单元;按几何形态划分,可以将产品或单元分解为各种不同的形态单元。组合的过程是一个综合多种设计因素而重新组织的过程。首先要对分解的各部分做充分深入的分析,并找出其中结构与造型的合

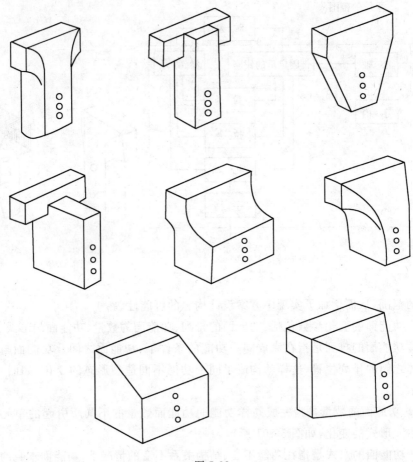

图 5-99

理部分及不合理部分。对不合理部分加以修正,或者进行转换,即以其他产品的类似结构和造型进行替换。所谓替换,并不是实物的替换,而是设计构思的替换。

在重新组合的过程中,无论是功能单元的组合还是形态单元的组合,都应对以下几方面进行充分考虑:

① 有利于产品使用功能的改善和提高;
② 有利于提高产品有效度、可靠度;
③ 有利于提高产品的审美价值;
④ 有利于产品的加工与制造;
⑤ 有利于降低成本和提高价值;
⑥ 有利于包装、运输及维修;
⑦ 有利于产品的标准化、通用化和系列化。

第五章 工业产品造型设计与造型艺术

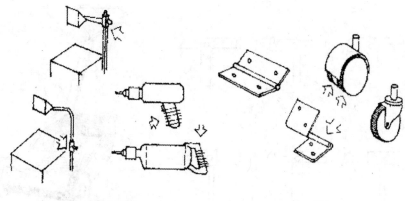

图 5-100   图 5-101

功能单元的分解与组合变化是在功能和功能面不变的情况下,巧妙地改变功能单元的数量,从而实现相同功能面而不同结构的设计。我们可以通过一个最简单例子来加以说明。图 5-103 所示为一个具有四种功能面的棘爪,其中分断开区、支承区、外压力区和系统压力区。其功能是借助外压力松开棘爪使机器系统运行。在功能一定和功能面不变的情况下,棘爪可以通过分解与组合变化使其功能单元的数量由 1 个分解为 5 个,或者反过来,由 5 个单元组合为 1 个单元。这种结构上的变化,尽管没有功能上的改进,但在加工制造、材料利用及优化结构等方面却有着非常重要的意义。对于重量过重和体积过大的产品,采用适当的分解方法可有利于包装

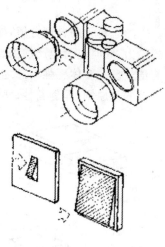

图 5-102

存放及运输,如现代许多家具的设计就采用了这种灵活多变的拆装形式。

图 5-104 所示的除草机,其最大部件为手柄,如果把手柄制成一个整件,所占空间就很大,当把手柄分解为两部分之后,包装和运输就方便多了。

形态单元的分解与组合是在产品基本结构一定的情况下,并以不破坏功能为原则而进行的产品总体形态与单元的变化方法。

组成现代工业产品总体形态和单元形态的大都为抽象的几何形体。正是由于这些几何形体的规整性和条理性,才为形态单元的分解与组合提供了更广阔的空间。尤其对于许多平面立体、不论怎样都可以使平面与平面之间更容易地分解与组合。图 5-105 所示为计算器形体间的分解与组合情况。

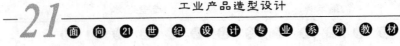

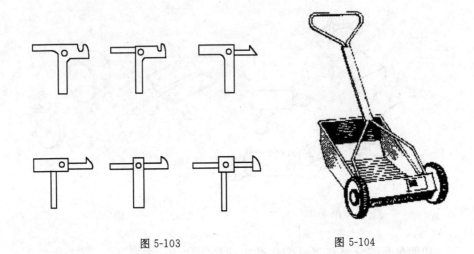

图 5-103　　　　　　　　　图 5-104

　　形态单元的合理分解,能使产品造型生动、活泼、富于变化,增强产品的艺术感染力,同时也为生产加工、装配调试带来方便;有目的的组合也会使产品造型简洁、统一、整体感强。总之,形态单元的分解与组合变化必须把握住产品形态设计的总原则,即创新性、实用性、艺术性和经济性。

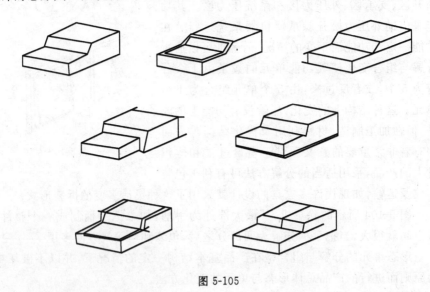

图 5-105

三、新方案的评价与决策

　　一件新产品通过设计构思和设计表现而产生不同的设计方案。评价过程是对不同方案的价值进行比较和评定,而决策则是根据目标选定最佳方案,获得尽可能多的方案,然后进行评价,从中选择合理方案,这是设计过程中的两个重要步骤。

实际上,人们在工作过程中总是自觉或不自觉地对可能的方案进行评价并做出决策。随着科学技术的发展和设计对象的复杂化,有必要采用先进的理论与方法,使评价过程更自觉、更科学地进行。评价过程不单纯是对方案的分析和评定,而往往还伴随着对方案的技术、艺术、经济等方面的补充和完善。因此,广义地讲,评价的实质也是产品开发的优化过程。

1. 评价准则

(1) 功能评价

功能评价是指对所设计的产品体现出来的全部功能进行评价,从而对产品的主要功能、辅助功能以至过剩功能充分了解。然后,通过不同方案的比较而进行决策。

产品的功能评价包括物质功能和精神功能两方面。物质功能的评价准则有:技术方面的先进性、可靠性及有效度;使用方面的安全性、适用性及维修性;环境方面的系统协调性、适应性以及产品的通用化、系列化、标准化程度。精神功能的评价准则有:结构方面的合理性、宜人性;造型方面的审美性、时代性;色彩方面的协调性、舒适性。

(2) 经济评价

经济评价是围绕产品经济效益进行的评价。在通过对设计、研制、生产、使用、流通等整个过程中的成本和实施费用进行估算的基础上来确定功能与费用比值的高低,进而对市场占有率、盈利率做出估计。只有对各方案进行全面细致的经济评价才能对方案做出决策。

经济评价的内容包括成本费用和获取利润两方面。成本费用有:材料费用,设计制造费用,外协费用,包装、运输费用,损失费用。同时,获取的利润也取决于产品的生产数量。

(3) 社会评价

社会评价是评定方案实施后对社会带来的利益和影响。它是通过产品来谋求企业、用户及社会利益的一致性。对于开发的新产品进行社会评价要考虑:是否符合国家科技发展的政策和规划;是否有利于节约能源和新能源的开发;是否有利于促进新技术、新理论的诞生;是否给人们的生活、工作带来方便以及为人们的身心健康带来好处;是否有益于保护环境和美化环境,减少公害和污染。

根据以上三方面的评价准则,通过不同方案的比较,方可对最佳方案做出修正和决策。

2. 评价方法

(1) 经验评价法

当方案不多、问题不太复杂时,评价者可根据自己的经验按评价准则采用简单的评价方法对方案作定性的粗略评价。

① 淘汰法 经过分析比较直接排除不能达到功能指标和经济指标的方案。

② 排队法 经过简单的比较和计分来区别方案的优劣顺序。将每两个方案进行对比,优者给 1 分,劣者给 0 分,最后将各方案得分相加总分高者排前,如表 5-2 中给出五种方案的对比形式。

表 5-2 排 队 法

方案\被比方案	A′	B′	C′	D′	E′	总分
A	—	1	1	1	0	3
B	0	—	1	0	1	2
C	0	0	—	1	1	2
D	0	1	0	—	1	2
E	1	0	0	0	—	1

(2) 数学分析法

运用数学推导和计算的方法进行定量的评价,以供决策时参考。数学分析的方法很多,这里仅介绍一种按各次计分的方法。

通常是由一组专家对几个方案进行评价,每人按方案的优劣排出名次。表 5-3 所示之例为专家 6 人,方案 5 个,方案优评分高,方案劣评分低,最后将得分相加,总分高者为佳。

表 5-3 名次记分法

方案代号\专家代号 评分	A	B	C	D	E	F	总分 X_i
01	5	3	5	4	4	5	26
02	4	5	4	3	5	3	24
03	3	4	1	5	3	4	20
04	2	1	3	2	2	1	11
05	1	2	2	1	1	2	9

第五章 工业产品造型设计与造型艺术

对于比较重要的产品,专家评价的一致程度也很重要,一致性高,对方案的决策就有把握;一致性低,决策的把握性就低,此时还需增加或减少专家数量,重新评价。

对于专家意见的一致性程度可用一致性系数 C 表示。C 值由 0 到 1 之间,越接近 1 时表示意见越一致,$C=1$ 时表示意见完全一致。

一致性系数的计算公式如下:

$$C = \frac{12 S}{m^2(n^3-n)}$$

$$S = \sum X_i^2 - \frac{(\sum X_i)^2}{n}$$

式中:C —— 一致性系数;

m —— 专家数;

n —— 方案数;

S —— 各方案总分的差分和;

X_i —— 第 i 个方案的总分。

例如由表 5-3 中的评分计算一致性系数。

已知:$m = 6, n = 5$

$\sum X_i = 26 + 24 + 20 + 11 + 9 = 90$

$(\sum X_i)^2 = 8\ 100$

$\sum X_i^2 = 26^2 + 24^2 + 20^2 + 11^2 + 9^2 = 1\ 854$

则

$$S = 1\ 854 - \frac{8\ 100}{5} = 234$$

可得

$$C = \frac{12 S}{m^2(n^3-n)} = \frac{12 \times 234}{6^2(5^3-5)} = 0.65$$

可见这组方案的一致性程度不高。

(3) 试验评价法

当分析计算仍不够有把握时,则可对一些重要方案或其中部分环节进行模拟试验以做出评价。如对样机的各种性能进行试验、对样品试销,这样便可以比较有把握地评价产品。产品设计方案的评价是一项细致、认真而又严密、谨慎的工作,对每一个方案的取舍都不能简单从事,要避免简单化和机械化的工作态度。从人们评价的经验看,不少有价值的创新设计方案,乍一看,可能给人以无新意甚至不合常理的印象。此时要防止草率下结论,只要方案有可取之处就要认真慎重分析。例如被评价方案具有较高的经济价值和较好的社会效益,只是技术上还存在一些困难时，不要轻易地否定，而要分析解决的途径，对于方案内容不明确，可行性不确定时，要分析原因，抓住实质，给以补充和完善；对产品预想功能与实现条件不相符合时，要适当调整产品的预想功能，或调整方案的评价标准。因为有时评价标准定得过高、过于严格，就有可能将一些较好的设计方案扼杀。

第五节　工业产品设计的时代性

一、时代性的概念

时代性是工业产品客观地反映某一时期、某地区的科学技术发展水平与人们的审美观念所表现的特点，它具有较强的时间性。每一件产品或多或少，必然具备生产该产品的时代感，时代烙印，不同时代的产品，都具有不同的时代感。如中国商、周时代的青铜器，威严、凝重，充满神秘感；唐代的梅瓶，小口膑腹、端庄、丰满；明式家具，洗练、单纯；清代宫廷用品，繁冗堆砌……同样在西方，古希腊时期的雕塑，质朴、洗练；中世纪的教堂建筑，深沉、庄重；17世纪开始流行的巴洛克风格，繁琐、华贵、富丽堂皇；18世纪流行的洛可可风格，纤巧、华美……总之，一切设计无不印有时代的烙印。

人类进入工业社会以来，生活方式和习惯产生了飞跃的变化，各种节奏的加快，加重了人们的负担，因此现代人更愿意向往简洁、明快、单纯的情韵，这些都构成了现代人的审美情趣。

具有强烈时代感的工业产品是指功能上体现该时代最新的科技水平，造型上体现出现代工业的生产方式、新型材料及先进工艺的水平的运用，整个产品应体现出符合该时代审美观念的形态和色彩设计。

产品的时代性对产品的生命力具有巨大的影响，社会越发展，其影响越大。所谓款式新颖，指的是产品中的新技术（功能）、新材料、新工艺、新造型，这些因素决定了产品在市场上的竞争力。否则产品终将会因款式陈旧而"过时"，最终失去生命力。

二、影响工业产品造型演变的因素

1. 产品物质功能的转化

由于时代的进步，生活水平的提高使得产品原有的物质功能发生转化。如手表原是以记时为目的，因此要求刻度准确、醒目、大小适中。随着社会生活的变化，其记时的功能逐步被装饰功能所取代，而作为装饰品，则要求手表的造型精致、小巧、刻度简化、装饰性强。又如灯具的照明目的也已逐步转化为以装饰为目的。许多日常生活用品,仅仅是由于其物质功能的转化而变得过时。

2. 科学技术的发展

科技的发展是产品造型变化的主要原因。新技术的发展改变了产品的结构,如齿轮传动的运用,改变了过去皮带传动的机床,造型由庞大零乱、敞露变得紧凑、封闭;电子技术和液晶技术的出现,其特有的显示功能打破了传统的指针式结构,使各种记时,记数仪器造型焕然一新。

新材料的问世和新工艺的运用,给创造新的工业产品造型提供了物质条件。塑料的出现,使许多复杂的曲面造型成为可能。见图 5-106,应用蒸气弯曲木材新工艺而产生的曲面座椅比从前的框架式造型更有时代感,这种形式的造型是其他传统材料无法实现的。同样,喷丸、喷塑、发蓝、砂面处理等新工艺,也大大加强了产品的表面质感。

图 5-106

新功能的采用对结构产生了新的要求。如折叠伞、折叠自行车、组合家具,改变了传统的结构及造型。冰箱由单门到双门再到三门,洗衣机由单缸到双缸再到全自动,其结构及形式也不尽相同,其形式也必然发生变化。再如普通机床由半自动发展到数控,直至现代的加工中心,更显现出与传统机床截然不同的形态。

汽车造型的演变说明了科技对造型的影响。19 世纪内燃机的发明,产生了第一辆汽车,但其车箱造型与马车相差无几。后来,理论的发展提出,流线型更符合空气动力学的要求,而焊接、冲压技术的进步,又使得流线型的造型成为可能。大面积曲面玻璃的出现,进一步使造型更加简洁、明快,视野也更加开阔(见图 5-107)。

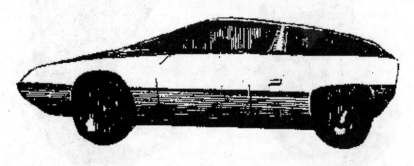

图 5-107

图 5-108 显示了汽车形态变化的历史。

图 5-109 则是日本 SHAP 公司从 1925 年开始生产的不同时期的收音机、电视机、计算器。

3. 审美观念的变化

人们的审美观,作为一种意识和观念,受周围环境的影响及自身生理、心理规律的支配,并随着社会及科学技术的发展而变化。科学技术的发展在给产品提供更高的物质功能和结构、加工工艺等物质条件的同时,也影响着人们的审美观念。近年来,航天技术的突破激发了人们对宇宙的向往,于是在造型上追求轻巧、空灵的造型及透明天窗、镂空、含灰的宇宙色的运用。而微观物质结构的揭示,同样唤起人们对物质世界的更本质的思索,因而追求产品线型简洁和内涵的丰富,以及理智曲线造型获得了广泛运用。社会状态同样会影响人们的审美需求。如战争年代或战后恢复期,人们追求和平安定的社会环境,因而当时的产品多呈柔和感较强的弧线型。而现代社会,随着生活节奏的加快、空间拥挤、听觉

第五章 工业产品造型设计与造型艺术

图 5-108

刺激加重等原因,人们为了摆脱这种紧张、沉闷的气氛,产品多呈小型轻巧、色彩淡雅、含蓄,造型简洁明快。另一方面,人的生理感受的失调与平衡也在影响着人们的审美观念。当产品的形态、色彩、肌理长期处于某一模式时,会让人感到陈旧、单调、乏味,其生理机能表现为:失调 —— 平衡 —— 新的失调 —— 新的平衡。因此,这就促使人们不断追求"新、奇、美",在造型上不断推陈出新,刺激消费。

产品造型的演变还会受到周围环境的影响,特别是"姊妹艺术"如建筑、绘画及雕塑的影响,都会使得工业产品的造型受到各种各样的影响。

1925年的晶体管收音机

1951年的第一台电视机

1960年的彩色电视机

1978年的可同时欣赏两个节目的双画面式电视机

1969年的电子计算机

1979年的超薄型电子计算机

图 5-109

三、产品造型形式的现代感

工业产品造型形式现代感的特征主要表现为：

1. 单纯

由于社会的发展和科学技术的进步以及人们生活节奏的加快，使得人们在心理和生理上要求平时接触到的一切形体显得单纯，以求得精神上的平衡。工业产品本身所具有的特征，亦使得造型设计向着质朴、简洁、大方明快的方向发展成为一种趋势，这也是时代发展的潮流。

单纯化是人们视觉生理的追求。人们观察任何对象，总是以最简单的方式认识它。如图 5-110（a）中的六个点，人们对其理解顺序为：圆周上等距分布的点 —→ 正六边形的六个顶点 —→ 两个相向三角形的顶点(少见)。

单纯化的形态最醒目，最易被识别，因而最便于长久记忆。人们观察一个较复杂的形态时，往往通过形态分解的方法去认识和理解形态，并且按最单纯的形态来分解，如在图 5-111 中，人们往往把（a）分解成（b），而不会分解成（c）或（d）。

单纯、简洁的形态作为审美对象时，能达到明快丰富、抽象的艺术效果。并且，单纯化的形态适合现代工业生产的特点，便于大规模生产，因而产品的生产

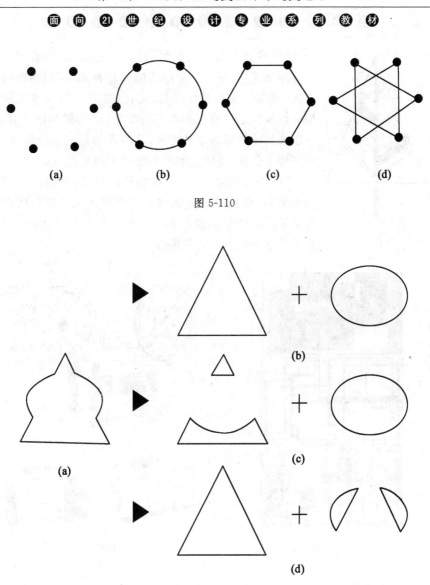

图 5-110

图 5-111

制造成本低,效率高。

产品形态单纯化的实现手法可以分为减弱、加强和归纳三种。其中减弱就是减弱形态的非特征部分或加强形态的特征部分,以使形态趋向统一,个性更加突出。而归纳和概括就是归纳造型物上能统一的因素,省略能省略的部位,以突出重点和加强整体效果。

2. 抽象

人类生活是现实的、具体的,而人的思想却需要发展,通过思维进行创造,因此，抽象的形态适合人类思维这一特点。而抽象的方法主要有两条规律：一是具象形态的简化抽象，即用理性归纳的方法，将自然形象进行概括、简化、舍弃一切具体的东西而构成具象形态的简化抽象。如图5-112为树的抽象形态，它不表现具体的树的个性特征，而表现的是概念的树，仅强调树的枝干条理，秩序美和节奏感等形态美感因素。

二是非具象形态的几何抽象，即以纯粹的点、线、面作基本素材，按照美的法则或者是严格的数学逻辑构成的非具象形态的几何抽象。如图5-113及图5-114所示。这也是绝大部分的工业产品形态。

图 5-112

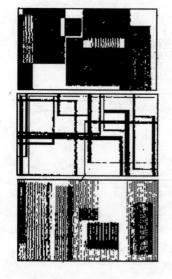

图 5-113

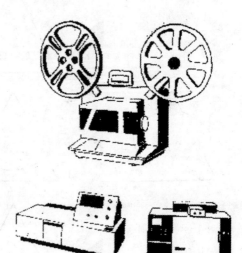

图 5-114

3. 素质美

不需要附加的装饰，不取决于材质本身的高级与贵重，强调材质恰如其分的运用，以产品本身的形式和材料的质感来达到形式美的目的，这就是产品造型设计素质美的含义。这与人们追求真、善、美的需求是一致的。

4. 秩序和条理

秩序就是规律，自然形态的秩序显示出自然物生长的规律性，人为形态的秩序，表现出人对规律的掌握和追求。秩序在日常生活中是非常明显的，如声音只有通过有秩序的组合才能成为语言、音乐或诗歌，才能表达思想。但秩序并不等于美，而美必须以秩序为前提。由于现代生活的繁杂、紧张，使人的精神上难免有烦乱之感。因此人们对于各种造型形式要求具有秩序和条理,通过整洁、明朗、清秀的感受来平衡心理。

秩序和条理的设计主要表现在控制线、控制点及同比例形的运用。如图5-115所示。图5-115中(a)是运用同比例形的设计;(b)是运用控制线的设计;(c)是运用控制点的设计;(d)为没有采用秩序原理的设计,因而显得构图混乱,没有秩序感。

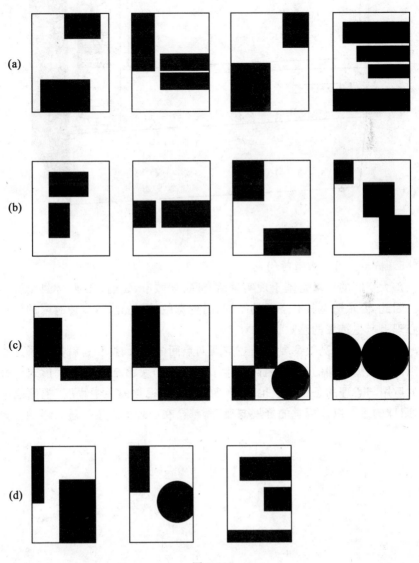

图 5-115

图 5-116 是运用控制线设计的设备。

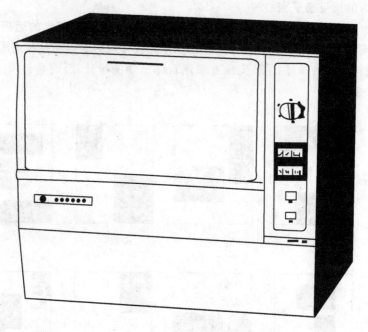

图 5-116

5. 扩大空间和缩短时间

扩大空间的要求是基于现实生活空间,如城市、住宅、交通、休息场所等的拥挤。因此,要求造型具有空灵的结构、门窗宽敞,采光充足,以使有限的形式空间在心理上产生扩展的感觉。

另外,为了提高效率要求缩短空间两点间的运行时间,这就提出了运动空间必须向流线型压缩的问题,因而产生了流线型与块面结合的现代形式。另外空间的运用与心理的条件反应也有密切的关系。视觉的集中程度,视像范围的大小,眼球的运动以及视觉的舒展与疲劳,都会在心理上产生好恶的影响。

第六章 当代工业产品造型设计的特点及发展方向

当代工业设计活动的发展,常常表现为各种设计理念和设计流派的演化、更迭与转换。正是这些理念和流派的变化,促进了设计形态、设计形式、设计风格与设计文化的发展。这种设计形式与设计风格在相当一段时间内将形成一种主流风格倾向,而在新旧世纪交替之际的今天,在各种设计理念和设计流派更迭与转换中,具有主流倾向的设计理念当属人性化设计和绿色设计,它们共同反映了当代设计的基本面貌与发展方向。

第一节 人性化设计

一、人性化设计的概念

1. 产品环境

产品环境通常可分为外环境和内环境。

外环境就是把工业产品世界当做一种环境,一种人们在其中行动的外在世界。工业产品的外环境让人们去注意的是产品与客观世界之间的关系。内环境则指的是产品与使用产品的人之间的相互协调关系。主体与客体在其中相互和谐地自然组合,就像蜜蜂与花朵那样,总是依据各自的生存特点和生态需求,各取所需、相辅相成地生活在一起。这种相互协调的关系,既存在于人的肉体与物体的接触之中,也包括在人与物的交流中所激发的种种愉悦、兴奋、放松的情感之中。

从人类开始造物以来,人们孜孜以求的就是产品外环境的扩张和深化。时至今日,人类仍然在不断地开拓新的设计领域,设计的外环境已经膨胀到了前所未有的程度。但是,在这个日新月异的物质世界,人类突然惊醒,自己所创造的世界是如此的陌生和冷漠、如此的奢侈和浪费、如此地和人类造物的初衷南辕北辙。实际上,设计之路在越过荆棘和沼泽之后,人们方才找到一条通向未来世界的金光大道。在这条大道的入口处树立着一块路标,上面写着"人性化设计"。正是在这条大道上,人类开始更多地关注产品的内环境。

设计者并不是从某个具体的时间或时代才开始关注产品的内环境的。对人体工程学的探索一直隐含在人类造物的历史中,设计者也一直通过各种设计语言和设计方法试图满足使用者的情感需求和美好愿望。然而,当第一架飞机跌跌撞撞地飞上蓝天的时候,设计师还无暇顾及飞机的外形是否应该是流线型、造型是男性化的还是女性化的、驾驶员的座位是否符合人体工程学的要求等。因为,对产品内环境的关注是必须建立在产品功能性得到充分发挥的基础之上的。

2. 人性化设计的理念

在产品设计之初,人们总是疲于奔命地去解决产品的功能问题,千方百计地让产品在改造大自然的战役中发挥更大的作用。然而,随着生产力的发展,人类不仅要去改造大自然,更重要的是要学会如何与大自然和谐相处。同样,随着产品功能的实现,人们也要学会如何与产品亲密无间地进行交流,对于这种交流关系,主要表现在以下四个方面。

(1)产品是为人服务的,在产品与人的交流中,一方面,双方要保持力的平衡;另一方面,更要减少产品给人带来的麻烦和伤害。1949年,有史以来设计得"最漂亮"的飞机之一,世界首架喷气客机"de Havilland Comet"试飞成功。当时,它的造型风格似乎无懈可击,但后来发生的事情却具有特别的意义。这种"漂亮"的飞机在1953~1954年间,曾几次发生飞行事故。调查结果发现,客机的窗孔呈四方形,而方形的直角转角处会形成巨大的应力集中,当压力大于应力时,就会产生裂纹,造成机壳撕裂,最终导致空难。1958年,Comet 4型客机的机窗改成了有圆弧倒角的形状,成为既安全又漂亮的客机。可见,当时的设计师并没有"感觉"到造型上的不和谐性。因此,设计师如果只凭直觉设计产品,而不依靠实验和科学数据,那将是十分危险的。

(2)产品对人应有无微不至的关怀,尤其是在细节上。而且,生理上的关怀往往可以转化为心理上的感动。1996年由荷兰鹿特丹一家名叫Cleverline的厂商设计、制造的具有各种鲜艳颜色的"线龟"缠线器(见图6-1),可以将分散在工作台面及电器设备后面垂下来的混乱的电线归类整理得有条不紊。这个小东西由SBR(一种聚酯基的热塑性人造橡胶)注入模具中制成,使用时将两个小碗向外掰开,电线缠绕到中轴上,

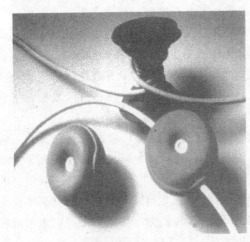

图 6-1

第六章 当代工业产品造型设计的特点及发展方向

直到每一端留下所需的长度,然后将小碗向里翻折,包住缠绕的电线,每个小碗的边缘上都有一个唇口,可让电线伸出来。由于其"独特而简单的革新",它消解了许多人的"电线噩梦",为此,获得了日内瓦国际发明展览会金奖,并在生产的第一年(1997)就销售了80万个。

(3)因为人是有感情的动物,所以产品在人的眼里往往也变成了有情感的物。当然,非人性化设计的产品甚至普通的物品也会激起感情的波澜——假如在博物馆里能看到卖火柴的小女孩的那盒火柴的话,可能许多人都会潸然泪下。但是作为成熟的设计师,更应该将自己的情感倾诉出来并引起消费者的共鸣,尽管感情的接触既难以把握又转瞬即逝。然而,在优秀的作品背后,我们还是可以看到设计师关注产品情感表达的深情一吻。

设计是为人服务的,因此对于不同的人群也应有不同的关怀角度。祖汉娜·格拉伍德(Johanna Grawunder)在1998年接受《雪茄》杂志采访时说:"设计一个烟灰缸得考虑很多特别的地方。首先,烟灰缸应该比较性感,因为抽雪茄是一件性感的事。我打这个比方相信大家都能明白,我很喜欢抽雪茄,觉得是一种美的享受。抽雪茄时会使整个房间弥漫着烟雾,在这烟雾中,灯光变得柔和,一切东西的界限都模糊起来,我喜欢模糊的界限。"于是,她为WMF公司设计了一系列作品,包括"X"烟灰缸(图6-2)。这种烟灰缸是专为抽雪茄的人设计的,用黑色陶瓷制成。很显然,她对雪茄的情有独钟和独特的感觉造就了她的烟灰缸——一个非常性感、非常男性化的烟灰缸。

(4)一个好的产品不论是不是可以再生,至少应该不影响人类的"再生"。"绿色设计"、"废物利用的设计"所制造出来的产品即使现在还缺乏优良的功能性,但是,这已经表达了人类对自己的"终

图 6-2

极关怀"。"白色污染"已成为当今世界普遍存在的环境问题，每天全球消费的一次性塑料制品无法降解，将会成为永远的垃圾。长此以往，地球的未来是令人担忧的。针对这一问题，1995年，波兰人安东尼·捷林斯基（Antoni Zielinski）设计了一种叫做"Mater-Bi"的扁平餐具，这些能够自然降解的一次性餐具是用极普通的材料制造的，它们是淀粉和纤维素添加剂混合成的"Mater-Bi"颗粒，其性质可同一些长分子化合物媲美，它可以在很短的时间里被分解，40天里可分解重量的90%。它们的令人赞誉之处不是它们的设计，而是生态保护的设计理念。在生产的第一年里，它们的产量就超过了2 000万件。这样的产品体现了设计师对人和自然的深切关怀，是一种人性化的体现。

人类在经历了与产品的这一系列亲密接触后，便与设计再也分不开了。设计也和人的心理、生理、风俗、文化、生活环境、物质丰富程度、历史条件等无法剥离。每一件人类创造的用具或道具，都多多少少地渗透着人的气息。但是，从古到今，在不同的历史条件下，人对设计或人性化设计的需要是有局限性的，这和物质文明的发展息息相关。在没有电的年代谈不上灯具设计，人们吃不饱的时候不会普及娱乐活动，每个国家，每个民族，乃至整个人类的发展都是由弱到强，由穷到富，由野蛮到文明。在物质条件不好的时候是不会奢望人性化设计的。

当今世界正处于经济发展的黄金时代，日益增长的富裕已经使昔日勤勉和节俭的观念大为降低。随着生活越来越舒适，人们有了越来越多的时间，价值重心也转移到期望和平与安全以及相伴而来的其他方面。从世界范围来讲，现代人总体上已不再满足温饱或仅仅使用简单的日用品，人们需要丰富多彩的生活，丰富的产品、丰富的娱乐、丰富的科技、丰富的电视节目、丰富的食品、同时还需要有高雅的品位。而这些满足各类人群的社会需要和情感需要的产品在创造出来的同时还需要设计师的设计。如家用厕所，在20世纪末美国有关部门举行了100年来最伟大发明的选举活动，排在第一位的是坐便器。因为它给人带来的方便超过其他任何发明，这个发明也是最具人性化的设计。从普通的到带有柔软纺织品套垫的坐便器，从可调温的到带有自动冲洗功能的坐便器。坐便器人性化的使用功能越来越多，这也反映了人们对产品的基本使用功能感到满意后，还要求产品能够带来更方便、更舒适的使用功能。现在的卫生间内又增加了女性使用的洁身用便池，男性使用的小便池，多功能的淋浴房、冲浪浴缸、暖风机、换气扇、防水电话等，所有这些都反映了人们生活条件的改善和产品的丰富化。

图6-3为科勒公司设计的浴缸。这个浴缸就颇让人出乎意料，居然在浴缸的侧面开了一个门，这是技术发展的结果，也是人性化在设计中的体现。普通浴缸一般较高，对于老人、儿童或身体有残疾的人来说进出浴缸并不方便，甚至有时会因为在进出时滑倒而造成意外伤害。而浴缸是一个很大的容器，其必要条件之一是不能漏水，在防水技术的支持下，这种可以开门的浴缸便在设计师充满

人性化的设计理念中诞生了,它不仅可以方便老弱病残者的使用,就是健康的成年人用起来也十分便利。

图 6-3

设计就是这样让物质从无到有,从简陋到精良,不断满足着人们各方面的需要。

二、人性化设计的形成

自人类诞生以来,就一直为自身的生存和生活而奋斗、奔波。在劳动中,人们发明了各种工具,这种创造、改进和利用工具的能力常被我们认为是区分人类和动物的一个标准,换句话说,潜藏在人类心灵深处的设计意识从人类故事的一开始,就成为情节的需要。

原始社会的设计,就像人类所有的发明创造一样,总是抱着改天换地、方便生活的目的产生的。在混沌的意识中,每一件物品,每一个造物的过程,都是在无意识地探询人性之根本。一个陶罐、一件石器常令我们感动,不仅因为它离我们久远,更因为它所体现出的人性的纯粹。但这种拥有人本和人性化内涵的造物并非真正意义上的人性化设计,因为它缺乏的是人性化的出发点,这在当时是必然的结果。

当人类走过婴儿期,走过单纯和蒙昧,有了更多的欲望和生产的可能;当朦胧的设计意识开始觉醒,开始变得清晰的时候,设计史也随之翻开了新的宏大篇章:这里有层出不穷的产品形态、姿态万千的产品造型、极尽奢华的工艺手段,还有那些集设计与制作于一身的让人尊敬的工匠们。当我们沿着造物的足迹和审美的航程回顾这段历史的时候,我们发现技艺太多了,思考太少了;无名的工匠太多了,成名的"设计师"太少了。更重要的是,"皇家产品"和"民间产品"的分水岭过于清晰（无论是东方还是西方）。这导致了两个极端：一方面，民间用品缺乏足够的专业设计；另一方面，上层社会的用品向极端的豪华奢侈发展，带来了极大的浪费。

人性化设计的理念不是由一场设计运动或一个设计团体提出的，它是人类在设计这个世界时一直追求的目标。因为人是一种爱思考、善变、情感丰富而又敏感脆弱的动物，所以，希望其自身生活的人造环境也让人感到舒适，充满温情。设计可以帮助人们实现这一梦想。在追逐梦想的道路上，人们有时在关注美，有时在享用功能，有时在倾诉情感。而充满人性的产品是让人难以抗拒的，把它们创造出来的欲望更使设计师难以释怀。

人性化设计的理念没有确切的开始，更不会有终结。它一直在设计的星空下闪烁，当工业革命把社会推进资本主义阶段时，人本主义的思想又为它增添了一丝亮度。

三、人性化设计

1. 人性化设计与人情化设计

人性化的设计注重改善产品与人之间冷冰冰的关系，力图将人与物的关系转化为类似于人与人之间存在的一种可以相互交流的关系。这也是人情化设计所要竭力去完成的工作。人情化设计对使用者情感的满足是因为人情化设计虽然是人性化设计很重要的一个方面，但它亦有其自身的特点。

人性化设计常常会以与众不同的面目出现在消费者面前，给消费者带来新奇的感受。这样，人情化设计与时尚之间就产生了非常紧密的联系，同时，也容易落入时尚的漩涡。新款苹果机问世以来，其人性化的造型设计在让人耳目一新的同时，苹果机的造型特征也被到处使用，坐便器、汽车、手表等都被模仿成苹果机的样子。拙劣的模仿使人厌恶，一成不变的形式感也会让人厌倦。后来的G4新款机型尽管更加时尚，却因技术问题而销售不佳。这正说明了人情化设计要建立在产品功能的满足和对人体物理层次的关怀的基础上。

人情化的产品也包括怀旧风格的产品，因为这些产品满足了人们某种情感的需要。但是，这种怀旧风格的产品却不一定是人性化的产品。人情化的产品是不是人性化的产品，除了要建立在功能的基础上之外，问题的关键还在于：产品满足的是一种什么样的情感。《101斑点狗》中的贵妇人想拥有一件由斑点狗的皮制成的大衣，尽管这件大衣会满足她的情感需求，但却与人性化设计的宗旨背道而驰。人性化的产品应该满足人类最朴素、最善意的情感需求。它的出发点可能是为某一具体的群体（比如说老人、残疾人等），却不应该是为某一个阶层（比如说中产阶级等）而服务，更不应该为某个人的利益而去损害他人的利益，当然，这不妨碍设计师为单个消费者提供个性化的设计。

2. 人性化设计与个性化设计

追逐时尚的人往往会误认为自己是领导时尚的人，而领导时尚的人则认为自己是个性化的先锋。因此，在设计领域中，充满着"个性化"的产品。这些"个性化"产品主要分为两类：

一类指的是品牌的个性。在激烈的品牌竞争中，"追求个性"已经成为所有商品对自己的标榜，个性化服装、个性化电脑、个性化小区、个性化家电等，要想获得品牌的消费群，就必须与其他的品牌相区别，形成自己的风格。在品牌个性的背后隐藏的是消费者年龄的细分、文化层次的细分、收入的细分，也就是市场细分的结果。此外，不同的设计师也会形成不同的品牌个性，如夏奈尔的高贵、高田贤三的艳丽、范思哲的浪漫、费雷的庄重、三宅一生的雕塑感和民族气息，这些大师的才华造就了品牌的个性和魅力。

品牌的个性随着消费市场的发展而不断地丰富，给消费者更多选择的余地。从1895年起，"Montgomery Ward"一个专门制造小刀的公司，竟然能够为顾客提供131种不同的产品，这些产品一律都是从母体型号中衍生出来的，这种变化是根据人们的年龄、性别和地位的不同而进行的。在1890年和1900年之间，美国海军军械库的储藏名单上，主人用的餐刀就已经和仆人用的餐刀区别开来。同样，在1933年到1939年期间，一家英国家具制造公司，（E. Gomme公司）就能根据10种母体模型发展出47种不同的餐具柜，以满足不同口味顾客的需要。

然而，这种选择的余地毕竟是有限的，并且越来越不能满足人们的需求。人们害怕与邻居穿着相同的衣服出现；希望自己的汽车能有与众不同之处；幻想着家里的一切都符合自己的想象。这样，"个性化"的另一类产品就出现了，那就是为具体的人定制的个性化产品。这种产品也不仅限于服装、汽车等那种被用来抛头露面、炫耀个性的产品，它也产生了新的类型：既让消费者参与到产品的形成过程中来，比如向消费者出售一种半成品，这种产品不仅更有个性，而且调动了使用者的创造性，使一成不变的造型成为充满灵性的玩具，把产品的形成过程变成了充满趣味的脑力劳动。这样的产品既是个性化的，又是人性化的，是非常优秀的设计。一些人性化的产品为了追求人类普遍的生理、心理需求而忽视了对具体个人创造性的开拓，从这个角度来看，这样的设计极具启发意义。

3. 人性化设计与人文化设计

文化这个词有两种含义：一种是人类学意义上的作为生活方式的文化；另一种是作为艺术的文化，它是文化产品与体验的精神升华。后工业社会中的一个明显的特点就是这两种意义上的文化的界限已经很模糊了，作为艺术的文化所涉及的现象范围已经扩大，它吸收了广泛的大众生活与日常文化，任何物体与体验在实践中都被认定与文化有关。设计作为创造生活方式的手段，越来越与艺术相接近，因此，体现人文特色或蕴涵人文精神的产品也越来越丰富。充满文化内涵的设计会在消费者使用时产生一种情感的认同和情感的投入,就好像茶和咖啡一样,它们不仅会使人产生不同的口感(生理反应),而且会营造出不同的气氛和情调。维纳曾设计了一系列的"中国椅"(图6-4),这些椅子的造型元素来自中国的明式家具,经过西方设计师的诠释后以全新的面貌呈现于世人,但是在中国人眼里,这些椅子仍然具有浓浓的中国风味,即使是一把外国椅子,也会对它产生亲切感。

图 6-4

图 6-5

对文化的关注可以帮助设计师设计出更加人性化的产品,但是有文化内涵的产品却不一定是人性化的。日本有一个传说,一位老人能使枯木开花。于是一位日本设计师据此设计了一种"枯树花瓶"(图6-5)。花插由许多陶质的小"树"组成,可自由地组合在基座上。这是一个很自然化的设计,如果不知道这一传说,这个花瓶给人的感觉是富有自然情趣,可是对于日本人来说,它却代表了日本的传统文化,他们会比外国人看到更深一层的精神内核。但是,值得一提的是,只有少数人能够深入理解的产品是不符合人性化设计要面向大众的宗旨的。

4.人性化设计与产品消费环境

从古典经济学的观点来看,个人从日益扩大的商品范围中购买商品,以最大的程度满足他们的需要,从而使消费成了所有产品的目的。可是,从20世纪的新马克思主义观点来看,这恰恰表明人们控制和操纵消费的机会大大增加了。资本主义生产的扩张,通过构建新的市场、广告及其他媒介宣传来把大众"培养"成为消费者,就成了极为必要的事情。因此,消费已不仅仅是目的和结果,而成为了一种手段。

人性化设计的目标是提升人类整体的消费素质,而不是直接的促销和获利。人性化设计是一种方法和态度,而不是具体的风格和品牌。人性化设计既可能成为善意的探索和缺乏竞争力的商品而被束之高阁,也可能成为畅销和流行的商品被消费者广泛接受。随着科技的进一步发展和消费者观念的转变,在不久的未来,所有市场上的商品都应该是人性化的,都应该是流行的,同时又都是有节制的。1993年,意大利设计师劳尔·巴别利(Raul Barbieli)设计了一种"生态"垃圾桶,设计师说,他设计此款垃圾桶的目的,是创造一个清洁、小巧、有个性的、具有亲和力的东西。这种"生态"垃圾桶使用不透明的ABS材料或透明的聚丙烯材料,内壁光滑易于清理,外壁较粗糙。最引人注意的是它的外口沿,可脱卸的外口沿能将薄膜垃圾袋紧紧卡住。废料桶的上面还有一个"生态桶"的小盒子可用来进行垃圾分类。

5.设计师的角色

在19世纪50年代,雷蒙德·罗维提出这样一个口号:"丑陋=滞销。"这一口号不仅代表着他自身的成功,也代表了当时的设计运动。在当时的情况下,这种说法也许是对的,但到了今天,恐怕这种说法在结构上已经出现了漏洞。我们不得不甩开这种错误,不得不推翻老前辈的话。我们必须认识到,"丑陋=滞销"的概念同时也意味着设计仅仅是工业和生产的奴隶,意味着设计的作用就是使产品更畅销。而在今天,要解决的问题不再是为了卖出更多的产品而去不断生产。最根本的问题是该产品是否应该生产?首先,对产品存在的合理性进行质疑正是设计师的权利和责任,同时也是设计师存在的原因。根据设计师作出的判断的不同,他们能够采取的其中一种最积极的做法就是采取拒绝态度,这常常是不容易的。但是,当该物品已经存在并且正发挥着良好的功能时,他就必须采取拒绝的态度。因为,单一的重复不仅浪费地球宝贵的资源,还使人们的心智枯竭和疲劳,并且后续的还有那些对人们狂轰滥炸,直到他们最终肯买下东西的广告以及公众媒体等。

其次,设计师必须对身边的一切东西进行政治上、社会上、性别上和经济上的重新定位。这并不需要任何实质性的手段,需要的只是设计师的认识和决心。

从政治上来说,必须避免制作出一些表现攻击、暴力的物体和反映事物黑暗面的形式。这就需要大量地反映出我们所做的工作的政治意义,我们必须清除作品中的一切野蛮的表象,而以积极的、有建设意义的元素取而代之。

从社会意识的角度出发,我们创造的物品不应充当向旁人展示金钱的手段,然而,今天生产的大多数产品正是如此。也就是说,产品常常表达的是:"我挣了很多钱,我所拥有的比你的好,你又能怎样?"这是一个大问题,因为你不能够把社会文明建立在这样一种包含负面意义的基础上。

另外,性别问题也是值得设计师深入关注的问题。今天,80%的产品脱离不了一种阳刚之气。然而很清楚的一点是:一个真正的现代社会的智慧必须具有柔和的女性特质。这是由一系列结构上的差异造成的,这些差异的基础是物种的保护、延续的价值以及一种难以解释清楚的原因,它要求人们同时去做多件不同的事,而不是牺牲一切去关注一个焦点。

人性化产品在经济方面的表现,也就是对产品的实惠程度的考虑。绝对重要的一点是,高质品必须降低身份,以让最多的人能够用上最好的东西。如果一个概念是合适的,并且能够不断重复的话,那么不将它重复生产就如同偷窃行为。这就是说,设计师必须努力使"流行"这个词语恢复其原意。

6. 产品存在的合理性

产品存在的合理性最重要的一点就是通过一连串多少有点苛刻的标准来进行判断。第一个相当严厉的标准就是不做出任何对人类有害的事情。这是一个相当简单的标准,有时候这还意味着金钱上的大量损失,然而无论如何这都是我们必须遵守的。

然后,你必须把该物品与另外一套旨在判断其存在的合理性的参数联系起来进行测试。因此,产品必须提供一项新的功能,提供一些比现有产品更为有趣时形式,或者产生一种新的技术……不然的话,我们只需要使用现有产品就行了。

接下来,它必须尽可能忠实地完全发挥它的功能。当然这种忠实有时很难判断,因为它常常有异于它的外在表现。很多物品所起的作用并非它们看上去应该发挥的功能,所以你必须懂得如何判断这两者,必须懂得从你所不留意的地方以及物品难以觉察的部分去读取信息……尽可能抛开原先形成的那些念头,然后尝试发掘它本来的功能。今天,我们有能力通过调查和技术上的努力,以使生产出来的产品不再是只有20%的功能性加上80%的用不上的物质(这种产品只是为了满足生产商的贪婪),而是把程序扭转过来,成为具有80%的功能性的产品。要做到这样,设计师应该停止从物质方面对解决方案的构思。在面对问题的时候,对设计师们来说,最为关键的一点是能够坦诚地不受原有设计或世俗观念的影响,而是从人本主义的角度去寻找答案。而正确的答案应该是生物学意义上的答案,而不是工业意义上的答案;是语义学意义上的答案,而不是物质意义上的答案。这种去除无用之物而以忠实之物取而代之的决心基于一个原则,即所谓的"非物质化"原则。

人性化设计是人类造物的一种理想,是人类设计的乌托邦,就像我们前面所说的,是设计前进的一个"路标",它考虑的是人类社会和个体的切身利益和长远利益,而不是一味地去追随市场的风起云涌和迎合消费者的趣味。当然,在消费社会中,商品的生产和流通必须在市场的指导下进行,完全忽视市场而只关注人性化内容的设计往往起不到很好的推广作用。所以设计师们在设计的过程中虽然仍是看着"路标"不断地前行,却不得不不断地给自己的"汽车"更换包装以吸引更多的目光。

第二节 绿 色 设 计

绿色设计是 20 世纪的最后几十年中兴起的设计思潮之一。从整个 20 世纪设计发展的脉络来看,它总体上属于理性主义设计理想中的一环。其思想起源,与人们重新审视和批判西方工业社会价值观的社会思潮相关联。

从 20 世纪 70 年代起,在欧美工业发达国家率先形成声势,继而向世界各国延伸;经历了 80 年代的活跃与发展之后,逐渐与"人性化设计"、"健康设计"以及"非物质主义设计"等新主张相汇合。

绿色设计出现在新旧世纪的交替之际,是 20 世纪"现代主义"设计理论之后转向新设计价值观的一种过渡。因此,尽管在这百年的最后阶段绿色设计的声势并不算十分浩大,但是,由其阐述的生态价值观却为 21 世纪的设计思想发展确立了一个不可违背的原则,因而人们仍然将其视为 20 世纪末此起彼伏的众多设计思潮中最有影响的篇章之一。

绿色设计的主张,具有包豪斯理想主义设计观的思想基础,也具有更为现代的社会责任感的色彩。今天的人们也许比历史上任何一个时期都更清醒地知道人类生存环境的"完整"、"完善"、"完美"的宝贵价值;因而,今天的人们在考虑地球的过去与未来时的态度,也表现出历史上从未有过的理性与严肃。"绿色设计",正是在这样的历史条件与社会背景之下,形成的一股跨地域、跨时代的设计思潮。

一、绿色设计的概念

绿色设计(Green Design),是一个内涵相当广泛的概念,由于其涵义与生态设计(Ecological Design)、环境设计(Design for Environment)、生命周期设计(Lifecycle Design)或环境意识设计(Environmental Conscious Design)等概念比较接近,都强调生产与消费需要一种对环境影响最小的设计,因而在各种场合经常被互换使用。它是当今世界的"绿色环境"命题,是关于自然、社会与人的关系问题的思考在产品设计、生产、流通领域的表现。

狭义理解的绿色设计,是以绿色技术为前提的工业产品设计。广义的绿色设计,则从产品制造业延伸到与产品制造密切相关的产品包装、产品宣传及产品营销各环节,并进一步扩大到全社会的绿色服务意识、绿色文化意识等。

绿色技术(Green Technology,缩写为GT),有的则称之为"环境亲和技术"(Environment Sound Technology,缩写为EST),是尽可能减缓环境负担、减少原材料、自然资源使用或减轻环境污染的各种技术、工艺的总称。就绿色产品设计的函义而言,它关系到"绿色产品"的概念描述,"绿色材料"的选择与管理,"绿色产品"的可拆卸性结构设计、可回收性设计等。总而言之,绿色设计意味着,产品环境属性在产品整个生命周期内成为主要的设计目标,着重考虑产品的可拆卸性、可回收性、可维护性、可重复利用性等功能目标,并在满足环境目标要求的同时,保证产品应有的基本功能与使用寿命等。

绿色设计日益成为全社会广泛关注的价值观之后,其定义也在不断地扩展,并且派生出多种关系领域,如基于环境保护角度的"绿色计划"、基于市场角度的"绿色营销"、基于防止环境破坏扩展角度的无污染"绿色技术"、基于投资与商品经济角度的"绿色投资"、"绿色贸易"乃至发展中国家农业经济中的"绿色革命"等新概念相继登场。可以说,从绿色设计思潮萌动伊始,就没有一个完整的、确切的定义与范畴,它是社会理性在设计范畴的折射,因此,它的认识根源更多地来自全社会环保意识的发展与企业的市场生存理念。就设计思潮与社会发展思潮的关系而言,在设计运动的各个发展环节中,绿色设计表现出其独有的面貌与属性。

今天,我们或许可以用这样的语言来描述 20 世纪"绿色设计"之树:绿色设计的土壤是全社会的环境保护与资源保护理想,其根基是扎根于这片土地的绿色设计意识,其主干是基于"绿色"意识的设计业、制造业与流通业,其果实是千姿百态的绿色产品与绿色服务。在企业与产品之间,则还存在着企业、市场与消费行为的绿色营销、绿色消费作为连接。从这个意义上说,"绿色设计"是一个牵动着全社会的生产、消费与文化的整体。

二、绿色设计的兴起

罗马俱乐部报告:20 世纪 60~80 年代初,一批社会活动家、经济界人士与社会学家、哲学家、物理学家、生物学家、未来学家组成一个后来闻名全球的组织

"罗马俱乐部",他们撰写的关于人类社会的未来与命运的研究报告,至今仍然对今天的人们有着重要的提醒作用。

已故的罗马俱乐部总裁、中国人民的老朋友、意大利实业家奥雷利奥·佩西在他的著作《未来的一百页》中这样说:"现代的人类是远非完善的,我们已经有了惊人的成就,把我们的知识、力量和影响推到了前所未有的高度。但是我们也一直在愚弄自己,认为自己已经进入物质丰裕和永久安乐的新世纪,不需要进行变革和以极大的努力去调整我们周围的环境。结果,我们仍然得不到发展,而落后于现实。惟一有效的拯救方法,是集中我们的力量如上述那样反省自己,也就是说,要学会在我们创建的一个崭新的、奇妙的、并非完全人为的世界中协调地生活下去。"

然而,现在人们距离这样的目标还差得很远,尽管历史已经把21世纪的钥匙交到这一代人手中,然而这个地球所面临的问题一点也没有为此而减少——1995年3月22~25日在马德里召开的第二届国际卫生和生态城市会议的报告说,直至今天,世界的人口仍在无序地增长,在公元初全世界大约有2~3亿人,到2000年,地球人口已达63亿,即使把粮食问题排除在外,如此众多的净人口对于地球的环境也是个巨大的威胁,英国环境部1995年发表的一份研究报告表明:5 700万英国人每年通过排汗和呼吸向大气释放的氨多达2 500吨到1.4万吨,占英国全年所排放的氨总量的1/20甚至1/6。原来人体也是氨污染大气环境的一个重要来源。通过人的呼吸,人每时每刻都在吸入氧气,而呼出的二氧化碳、水蒸气等废气中至少有25种有害物质,如二氧化碳、二甲基胺、丙酮、酚、苯、四氯乙烯等,人体本身就是一个污染源。另一方面,自从人类出现以来,大约已有700亿人在这个地球上生活过,而今天的人口代表着曾经生存过的人口的6‰以上,有人作过这样的测算,现在地球上的人在一生中所消耗的资源已经超过了他们的祖先在以前的一万个世纪中所消耗的。不管这个数字是否准确,现代人口的绝对数字庞大、寿命延长,而且对于资源的要求无止无尽,这一事实在威胁着地球资源对人类生命的维系,这一点是毫无疑问的。

城市在急速地膨胀。资源分配的不协调迫使人口大量地离开乡村进入城市,最终产生人口密集于城市,而周边出现经济"真空地带"的事实,而且出现经济越落后、城市人口越倾向于畸形密集的趋势。1995年马德里国际会议的报告估计,到2015年,全世界20~30个城市人口将超过2 500万,其中有大部分属于发展中国家。城市人口过度密集之后,将导致居住环境进一步恶化、食品供应紧缺、卫生设施与社会治安、废弃物处理等方面的问题。

环境与资源问题的复杂性,是绿色设计形成世界性潮流的大背景,如果不是在这样的背景之下,绿色设计不会形成今天这样声势浩大的规模并成为引人注目的焦点。如前所述,绿色设计并不是一种单纯的设计风格的变迁,也不是一般的工作方法的调整,严格地讲,绿色设计是一种设计策略的大变动,一种牵动世界诸多政治与经济问题的全球性思路,一种关系到人类社会的今天与未来的文化反省,绿色设计思想的缘起是与这种全球性环境污染的现实与文化反省的思潮密切相关的。

三、保护环境与绿色设计

1980年的《世界自然保护大纲》,第一次把"可持续发展"作为一个当代的科学术语明确提出并给予系统阐述。许多国家的政府和非政府组织以及个人,参加了这一大纲的起草工作,这一文件虽然主要是针对自然资源的保护提出的,但其涉及范围已远远超出了单纯的自然资源保护领域,把保护与发展看做是相辅相成、不可分割的两个方面,而且,书中第一次提出了"可持续发展"(Sustainable Development)的概念及其实现前景和途径。

1981年的世界自然保护联盟推出了第一部具有国际影响力的文件——《我们共同的未来》,对"可持续发展"的概念作了进一步阐述,指出:从严格意义上说,没有任何自然事物可以无休止地、持续地增长。在这一纲领性的文件中,对"可持续发展"给出了明确的定义:"改进人类的生活质量,同时不要超过支持发展的生态系统的承受能力。"

与此同时,在产品设计领域,绿色设计就成为可持续发展理论具体化的新思潮与新方法。绿色设计的目的,就是要克服传统的产业设计与产品设计的不足,使所创造的产品既能满足传统产品的要求,又能满足适应环境与可持续发展需要的要求。产品从概念形成到生产制造、使用乃至废弃后的回收、重复使用及处理处置的各个阶段,涉及到整个产品生命周期的每个环节,都在绿色设计的视野之内,在具体的产品设计过程中,绿色设计既是一种价值观的集中体现,一种设计技巧的天才发挥,也是一系列新技术指标的集成。如,绿色设计要求,在设计产品中必须按环境保护的指标选用合理的原材料、结构和工艺,在制造和使用过程中降低能耗、不产生毒副作用,其产品易于拆卸和回收,回收的材料可用于再生产。如现行的"末端处理"(End-to-Pipe)概念那样。

从"可持续发展"的理论到"绿色设计"理论的形成,可以说是产品生产领域的设计理性进一步成熟、责任意识产生新的质变的标志。

一批设计师与设计理论家对于"绿色设计"思潮的兴起产生了直接的影响,如美国设计理论家维克多·巴巴纳克(Victor. Papanek),早在20世纪60年代末,他就出版了一部设计理论专著《为真实世界而设计》(Design for the real world),因为其新颖而富于针对性的思想与观点而引起过极大争议。该书强调设计工作的社会伦理价值,认为设计师应认真考虑有限的地球资源的使用问题,并为保护地球的环境服务。巴巴纳克还认为,设计的最大作用并不是创造商业价值,也不是在包装及风格方面的竞争,而是创造一种适当的社会变革过程中的元素。当时能理解他观点的人并不多,直到 20 世纪 70 年代开始的一系列"能源危机"爆发,证实了他的"有限资源论",才使他的提醒得到普遍的认同。

四、绿色设计的特征

以往的产品设计理论与方法,单纯地是以满足人的使用需求为中心,以功能形式、功能结构、功能输出的宜人化目标为满足,却忽视了产品使用中与使用后的能源、环境诸问题。因此,在现代设计观念中,产品的"设计制造——流通——消费——弃置"是一个完整的循环过程,整个生产流、物流、资金流的过程中都必须考虑一个"能量流"的合理配置关系问题。绿色设计针对传统设计的种种不足而提出了全新的设计理念与方法。其核心思想是将防止污染、保护资源的战略自觉集成到产品开发中,是物品生产与流通过程中能够同时实现其宜人价值、生态价值与经济价值的主动方法,因此,作为一种新设计方法论,它日益受到学术界与工商界的普遍重视与认同。

作为一种设计思潮与方法论,它着眼于人与自然的生态平衡关系,在设计过程的每一个决策中都充分考虑到环境效益,尽量减少对环境的破坏。绿色设计不仅是一种技术层面的考虑,更关键的是一种观念上的变革,要求设计师放弃那种以产品在外观上标新立异为宗旨的习惯,而将设计变革的重心真正放到功能的创新、材料与工艺的创新、产品的环境亲和性的创新上,以一种更为负责的态度与意识去创造最新的产品形态,用更科学、合理的造型结构使产品真正做到物尽其材,材尽其用,并且在不牺牲产品使用性能前提下,尽可能地延长使用周期。

简而言之,绿色设计方法体现着"环境亲和性"、"价值创新性"、"功能全程性"的基本特征。

1. 环境亲和性

所谓环境亲和性,是指产品开发与使用的整个过程中,对于人类生态环境与资源环境的有益性尺度。为了达到这样的亲和程度,绿色设计必须"从开始就要想到终结"。从产品的襁褓阶段就一直设想到它"寿终正寝"的设计,并且遵循一定的系统化设计程序,如:环境规章的评价,环境污染的鉴别,环境问题的提出,减少污染、满足用户要求的替代方案,替代方案的技术与商业评估等。设计人员必须将这样的问题与产品的性能、造型设计等问题共同考虑;制造过程中可能产生的废弃物是什么,有毒成分的可能替代物是什么,报废之后的产品将如何管理,结构设计对产品的回收性能有何影响,用户怎样有效地、安全无误地使用产品等。

特别是在产品零部件设计策略方面,绿色设计在关心传统设计所关注的功能目标之外,更注意防止影响环境的废弃物产生,注意良好的材料管理。要避免废弃物产生,就要注意用再造加工技术或废弃物管理方法协调产品设计,使零件或材料在产品达到寿命周期时,以最低的成本、最高的再生值回收并重复利用。

2. 价值创新性

在这样一种设计方法的指导之下,绿色设计意味着产品的价值形态起了新的变化。传统的产品设计注重于产品的直接使用价值,忽视产品价值与环境价值之间的关联与互动影响,忽视由于环境影响导致的产品制造成本与使用成本。而绿色设计思想要求将所有这些因素作为一个整体来考虑,并以此为标准来权衡产品的价值创新问题。

德国环境问题研究人员最近提出一项称之为"MIPS"的产品、环境衡量指数标准,为人们运用定量评估方法解决这一难题提供了一个有效的思路。所谓"MIPS",是指人类每项生产制造活动的"物质强度"的德文缩写,它的值越小,该件产品或该项服务活动对环境的影响也就越小。根据这一标准,"MIPS"值小的解决问题途径是比较好的一种途径。

有了这一标准,我们就可以对人类一切活动给环境造成的影响进行"标价"。如纸和塑料等包装材料的再循环使用一直被认为是节约的办法,但是,以 MIPS 指数来衡量就发现问题了。包装材料在循环使用时的能量流比制造新的材料要大得多。因此,从保护环境的角度来看,包装材料的再循环使用是毫无意义的。以这样的角度来认识产品开发与制造过程中的价值创新,人们对于产品物流与能量流中的价值认识就将上升到新的高度。

由此可见,绿色设计是可以在不同层面上进行的价值创造过程,其创造与设计可以在三个层面上进行:即在结构与零部件设计中体现的结构技术与产品设计的层面;在材料与工艺选择中体现的污染防范技术与产品设计的层面;在人与环境整体关系中体现的创新设计、提高产品总体价值的层面。综上所述,绿色设计的命题本身就包含着创造性内涵,是价值创新性的设计。

德国是较早以法律形式明确对于产品包装标准加以限制的国家。1991 年 12 月,德国《资源再生法》法令开始生效。该法令规定从工厂到销售商店过程中所有的打包捆扎材料不允许直接作为垃圾烧化或掩埋,必须经过资源回收或重复使用。1992 年 4 月该法令适用范围扩大到包装盒,也就是说如牙膏盒、化妆品盒这一类供人们将制品从柜台拿回家的过程中起保护作用的包装盒及一切产生商品附加价值的辅助性包装都有重复使用及资源回收的义务,只要是直接从购物袋到垃圾桶的材质都必须经过资源回收或重复使用的过程。1993 年 1 月,这一法令的适用范围再一次扩大,这一次规定了部分制品本身也同样承担遵守《资源再生法》的义务,如易拉罐的空罐、酸乳酪的塑料容器、铝箔盖等,也不允许直接烧化或掩埋,并且规定了到 1995 年德国将实现 1 000 万吨作为垃圾废弃的包装材料中有80％还原成原材料或商品的目标。

3.功能全程性

绿色设计是将这种新的功能认识与价值认识贯穿到产品开发直至废弃全过程的设计思想与策略。与传统的设计相比,其根本区别在于:绿色设计要求设计人员在设计构思的开始阶段就要把降低能耗、易于拆卸、再生利用和保护生态环境与保证产品的性能、质量、寿命、成本的要求列为同等重要的设计目标,并保证在生产与流通的全过程中能够顺利实施,因此而拓展了产品生命周期。传统的产品生命周期只包括从产品制造到投入使用的各个阶段,即"从摇篮到坟墓"的过程;而绿色设计将产品的生命周期延伸到了"产品使用结束后的回收利用及处理处置"的阶段,即"从摇篮到再生"的过程。这种拓展了的生命周期,便于在设计过程中从整体的角度理解和掌握与产品有关的环境问题及原材料的循环管理与利用、废弃物的管理和处置等,便于绿色设计的整体过程的优化,所以是一种"全程性"功能目标的实现。在绿色设计的各个主要阶段,如跟踪材料流、确定材料输入输出平衡阶段、对特殊产品或产品种类核算环境费用并确定相应的产品价值阶段、对设计过程进行系统性研究阶段,都不只是将注意力集中于产品本身,而是要从产品的整体质量与全过程中的功能实现来考虑,在设计过程中不应只有物理功能的目标,还包括为用户提供服务的完善程度或损害程度为测定依据的设计目标,这样才能真正将产品的功能实现成为一个贯穿于产品生产与流通、消费全过程的基本目标。

五、绿色设计的三"RE"原则

绿色设计所要解决的根本问题,就是如何减轻由于人类的消费而给环境增加的生态负荷。这里所谓的生态负荷包括:生产过程中能量与资源消耗所造成的环境负荷,由能量的消耗过程所带来的排放性污染的环境负荷,由于资源减少而带来的生态失衡所造成的环境负荷,由于流通与销售过程中的能源消耗所造成的环境负荷,最后还包括产品消费终结时废旧物品与垃圾处理时所造成的环境负荷。

因此,起始于20世纪最后几十年的绿色设计运动提出"从今天的设计师手中开始新的设计"的口号,这是实实在在的为新世纪着想的设计,为未来社会造福的设计。

绿色设计将这一目标具体地归纳在三个"RE"之中。即:"Reduce"、"Reuse"、"Recycling"。这三个"RE"也被称为绿色设计运动的三个主题词,或三个设计原则。

"Reduce"是"减少"的意思,可以理解成物品总量的减少、面积的减少、数量的减少;通过量的减缩而实现生产与流通、消费过程中的节能化。这一原则,可以称之为"少量化设计原则"。

"Reuse"是"回收"的意思,即本来已经脱离产品消费轨道的零部件返回到合适的结构中,继续让其发挥作用;也可以指由于更换影响整体性能的零部件而使整个产品返回到使用过程中。这一原则,可以称之为"再利用设计原则"。

"Recycling"是"再生"的意思,即构成产品或零部件的材料经过回收之后的再加工,得以新生,形成新的材料资源而重复使用,这一原则可以称之为"资源再生设计原则"。

以上三个"RE"设计原则,可以简称为"少量化、再利用、资源再生"的"物尽其能"三原则。

其中,难度最大,也是进展最为缓慢的就是塑料材质的回收与再加工。迄今为止,人类对于石油产业的开发,石油的廉价供应市场,已经长时间地鼓动人们以石油化工产品取代金属,作为工业生产中的常规材料。但是对于石油化工产品的回收又尚未形成如同金属材料回收那样便利的实施系统,因此而留下了无穷的后遗症。对此,石油化工企业,尤其是为工厂提供塑料产品原料的企业,如果不为塑料材质的回收制定相应的运行机制,这种僵持的局面毫无疑问还将长期延续下去。

1. "少量化"——物尽其能的设计

"少量化"的原则,已经在一些欧洲企业成功运用。如瑞士一家食品百货超市连锁企业"米格罗"公司,长期贯彻运用"少量化设计"原则,取得了优异的成绩。在米格罗公司独创的经营方法"环境保全方法论"中,列举出的第一个工作环节是从"经济学"的角度审视产品开发计划,其中重要的一条,就是"对一切材料与物质尽最大限度地利用,以减少资源与能量消耗"。事实上,"物尽其能"的原则,是防止过度使用与过度生产而造成环境破坏的第一道防护线。

"少量化"的设计原则,包含了从四个方面减少物质浪费与环境破坏可能的内容,这就是:产品设计中的减小体量,精简结构;生产中的减少消耗;流通中的降低成本;与消费中的减少污染。

如产品的"小量化"改进是日本等工业发达国家的企业与产品设计界的强项。多年以来,这些企业一直在从事着对已达到的产品成就精益求精的改造,产品的体量尺寸也以各国特有的方式,不断地突破"轻、薄、短、小"的极限,使产品结构不断地趋向小型化、简捷化,也有人将这种设计称之为"负设计",即从复杂臃肿的产品结构与产品功能中减去不必要的部分以求得最精粹的功能与结构形式的设计。

而减少生产中的消耗,不是简单地减少国家或企业的生产目标,而是减少个人消费所需要的产品量的生产,对过度消费人群实行"减少生产"的约束,使产品资源分配更加合理、更加有效。

运输过程中的能源消耗少量化设计,包括减少运输距离、减少运输过程中的能量消耗,如保温能源的消耗,是用常温运输还是用低温运输,是常态运输还是特别方式运输等。

消费过程中的"少量化设计"则是通过设计引导有节制的消费行为来保护环境的努力。

2. 再利用化设计

再利用化设计是绿色设计中一项亟待开发的新设计课题,在"物尽其能"的三项设计原则中,这一原则的实现最需要设计思想的突破。再利用化设计包涵了三个方面的要求,即:

第一,产品部件结构自身的完整性。在不增加生产成本的前提下,每个部件,尤其是关键部位、易损部位的零部件结构自身的完整性对于再利用化有着关键的意义。

第二,产品主体的可替换性结构的完整性。在实现了产品部件的结构完整性之后,意味着产品部件可以不破坏其结构从产品主体上拆除,但是这也要求产品主体的结构具有对部件的可替换性结构,如电池对于照相机的关系,电池是一个完整的结构,而如果照相机本身不具备可装卸电池的空舱,则可更换电池的功能无法实现。

第三,产品功能的系统性。在这里,系统性的涵义是针对系统的可替换性特征而言的。作为一个工作系统的基本函义,是局部与局部之间以某种确定的关系连接起来的整体,而且这种关系确立起来之后,就可以实现局部个体的替换。犹如一个石块与一张木凳,都有可以"坐人"的功能,但石块打碎之后,其功能不复存在。我们称之为不具有系统性;而一张木凳拆去一条凳腿,可以再换上一条凳腿继续实现其作为凳子的功能,我们就可以称之为具备了"功能的系统性"。

要实现"再利用化"的设计原则,上述三个方面的要求是缺一不可的。同时,也因为其涉及到从产品的具体部件开始重新设计结构的思路,因此对于技术的要求、对于设计新思路的要求也是最高的,是绿色设计中起步最为艰难的一部分,也是必须集中最新的尖端科技加以攻克的部分。

3. 资源再生设计

"资源再生设计"是目前三个"RE"设计原则中呼声最高、反应最强烈、进展也最明显的一个发展趋势,但又因为其涉及面最广,因此也是工作内容最繁杂的一项设计改革。"资源再生设计"的工作内容,归纳起来大致包括以下几个方面:

通过立法形成全社会对于资源回收与再利用的普遍共识;

通过材料供应商与产品销售商的联手建立材质回收的运行机制;

通过产品结构设计的改革,使产品部件与材质的回收运作成为可能;

通过回收材料并进行资源再生产的新颖设计,使得资源再利用的产品得以

进入市场;

通过宣传与产品开发的成功,使再生产品的消费为消费者接受与受欢迎。

从中不难看出,这一项"资源再生设计"原则的实现,牵动了从社会最上层的立法机构到社会最下层的普通消费者,其中还包括作为社会经济运行命脉的企业生产体系与商品流通体系,因此,"资源再生设计"原则必然是整个社会协调运作。同心同德为环境保护的目标共同努力才能实现的。

六、绿色产品的设计方法

1. 产品的简约设计

产品的简约设计对于降低能源与资源消耗有着直接的促进作用,但是这种"小量化"又必须是建立在真正减少材料与成本消耗的基础之上,因此,它不仅表现在产品体量的"轻、薄、短、小",还体现在产品结构的优化与品质的高性能化。

比如在微型录音磁带推出之前,录放机的机身尺寸一般认为以盒式磁带大小为最小极限,因为电机与录放磁头部分的设计再精简,可以放入一盒磁带的盒带舱总是必要的,看起来这就决定了盒式录放机的最精简尺寸也必须以磁带盒的长与宽为限。但是设计人员的智慧再次打破了这个极限。"卡式单放机"的设计就巧妙地利用了贝壳含珠的结构原理,用一个像两片贝壳似的夹卡"咬住"磁带,省略了磁带舱结构,这样使得整个录放机的体量只剩下电机与磁头部分的体积。美国 Zanussi 公司设计的 Zanussi 牌滚筒洗衣机带有水流喷射,可大大降低耗水量,尺寸也适当缩小,减少占地面积。另一家美国通用电器公司出品的第二代节电型充电器,只用一个小时即可完成 8 节电池的充电,其效能是普通充电器的 5 倍。

在向着产品体量的"轻、薄、短、小"方面努力的企业中,日本的产品是最富于成果的。有学者曾经论证,日本民族的审美,心理特征中就包含着"以小为美"的倾向,而国土资源的限制、人口的稠密、电气化的普及与流通性生活方式的出现等因素都从文化的涵度更加促进了产品的"轻、薄、短、小"倾向。20 世纪 90 年代以来,照相机、摄像机、彩电、计算机、笔记本电脑、游戏机,一直到旅游产品、文化用品等,微型化趋势越演越烈。如光、电、磁技术与自动化最为集中的家用摄像机,自 8mm 袖珍摄像机问世之后短短几年,更小型化的,整机尺寸确实仅为护照本大小,而成像性能更加完美的缩微型摄像机也投放市场了。在这新一轮微型化浪潮中,日本生产的照相机可以小到眼睛无法看清视镜,计算机可以小到手指无法触到按键的程度,而最近生产的一种仅有小型邮票大小的微型游戏机,一只指头就可以同时控制两只键钮了。

应当承认,微型化的设计风潮,在包涵节省资源动机的同时也包涵着商业竞争,以"新、奇、特"吸引消费的因素,只要这种趋势不超出实用的限度,不影响产品性能,不刻意地利用尺寸的更新缩短产品使用周期,不因加快更新频率反而增加物质消耗,那就是有积极意义的。当然,产品结构的精简化还只是减少生产性消耗的一方面,另一方面,则是"减少生产"的少量化设计。

2.减少生产的少量化设计

以减少生产,避免环境的破坏,包含着两层意义:其一,是宏观的,"减小生产规模"就会减小环境破坏程度;其二,是微观的,在生产过程中减少对环境的破坏与能源的消耗。

生产减少,污染也就会减少,能源消耗也就会减少,就是最简单的一个原理。但这个原理却也是最不容易实现的,因为无论什么制度,什么国家体制之下,发展生产是国民经济增长的一个基本标志,没有一个国家会接受以减少生产来保护环境的做法。事实上,这却是一个现实的目标。当然,这里说的减少生产,不是简单地减少国家或企业的生产目标,而是减少个人消费所需要的产品量的生产,在现实的情况下,是使产品资源分配更加合理,更加有效的问题。如果这个世界上,消费资源的分布要进一步趋向合理的话,就要对过度消费人群实行"减少生产"的约束,让这一部分社会生产能力转向为消费品不足的人群服务。因此市场运作的自然规律对无视环境的企业的强行调控,是"环境自我保护"的自然行为。

3.流通过程中的少量化设计

流通过程包含运输过程、宣传过程、销售过程。

运输过程中的能源消耗少量化设计,包括减少运输距离、减少运输过程中的能量消耗。这些方面的能源消耗与产品开发之初材料的选择有密切关系,与产品生产地及销售网点的分布也有密切关系,对这些方面的调整,是关系到产业结构及产品结构的调整,在企业决定经营方针时,就必须加以通盘的考虑。

宣传过程中的少量化设计已经成为工业发达国家,或者说:"商业发达"国家的一个重要社会问题。为了加快商品营销周期与争夺市场份额,相当多的企业,尤其是家电产业、化妆品产业、食品加工产业、制药业、房地产业、制酒业等与日常生活消费密切相关的产业,用于宣传方面的成本已经过分膨胀,导致商业成本直线上升,商品价格与实用价值严重背离,同时也造成了资源浪费的另一个主要出口。

销售过程中的过分消耗资源主要体现在用于宣传媒介与用于商品的宣传性包装上。包装本来是用来保护商品的,但是过度的包装不仅脱离了保护商品的本意,而且成为一种社会负担,过度的包装是造成生活垃圾急速膨胀的主要原因之一。一包普通的巧克力,包装可以达到7层以上,一本作为礼物的书籍,包装可以达到13层,这些都已经是屡见不鲜的例子。环境意识发达的国家已不得不运用法律的权威来限止包装过度化趋势的蔓延。

4. 消费过程中的少量化设计

消费过程中的少量化设计是通过设计引导消费行为保护环境而努力,如名牌家具Aero办公椅的设计就充分体现了人机关系,其生产能源也大大降低;丹麦的Knud Holscher工业设计公司设计的省水型抽水马桶,十分便利而且可以节约大量厕所用水;西门子绿色环保节能冰箱,是无氟冰箱;还有丹麦生产的天然彩色棉花等,都可以从不同的角度减少或降低生产消费过程中的能源消耗。

但是在各国产品生产与消费过程中,"自杀性"政策也时有发生。20世纪60年代初,在欧美国家兴起过一种"垃圾化战略",一度曾非常流行。所谓"垃圾化战略",就是以促使商品加快废弃化来促销的"战略",这在当时还处于物质贫乏阶段的日本在内的亚洲国家看来,有如天方夜谭。"一用即丢"的消费方式这一过程大概延续了30年,从一次性使用的碗筷、口杯、可乐杯、易拉罐、衣物、鞋帽到圆珠笔、打火机、签字笔、剃须刀,甚至连不久前还是高档消费品的手表、照相机等也都进入了这个五光十色的垃圾桶。但是,一次次能源危机带来的经济萧条,与冷战结束后欧洲国家由于东西欧统一而带来的经济负担,终于使若干年前的那种物质丰裕、奢侈挥霍的消费成为历史,人们开始意识到"垃圾化战略"只是个美丽的怪物,30年被人们丢进垃圾桶的东西已经太多太多。绿色设计的少量化设计观念形成也与这种消费观念的变更有关。消费过程中的少量化设计就是要把这种消费观念重新打破,"把被颠倒的历史再颠倒过来"。

今天一些北欧国家已经禁止小学生使用一次性的圆珠笔,教师重新拿起了蘸水钢笔与自来水笔,在德国的一些地方,一次性的签字笔也在被禁用之列。一次性使用产品的兴衰是绿色产品观念普及的一个缩影。它表明消费过程中减少浪费的设计要求已经提上了议事日程。

总之,面对新的消费趋势与生活方式,设计师必须提出自己新的设计思想与方法。各国设计师也纷纷就信息时代与环境时代的设计使命提出了自己的观点。日本著名工业设计评论家竹原秋子提出未来世纪的设计方法论是"知、护、体、环"四字方针。其中:"知"是知识、信息、智慧的集中,设计工作是智慧的创造与知识的累积,"知"是决定设计方向的前提;"护"是安全性的要求,21世纪产品设计的安全要求,包涵了对消费者个人与消费者整体利益的防护与安全性能的设计,随着消费者生活质量与健康质量的提高,对产品"安全、防护"性能的需要也必然随之提高,"安全"性能必然是下一世纪产品的重要前提;"体"是随身使用的日用品的开发,21世纪产品与人的亲和关系将进一步密切,更加适合于人类日常生活各种功能的需要与各种场合的需要,"人机关系"也将变得更加协调。"环"即环境的要求,人与环境的关系尺度将成为21世纪产品开发的重要基准之一,"环"的评价标准,既包含着对未来产品开发的经济标准,也包含着技术标准;

既包含着道德的标准,也包含着创造性的标准,可以说是 21 世纪产品的基本价值形态的集中体现。"知、护、体、环"四个方面的设计观念,提出了对产品开发的真、善、美各方面的要求,对展开 21 世纪的设计思路不无启示。

附录一 色彩构成基础

第一节 为什么要进行色彩构成的研究与学习

一、色极能给人以深刻的视觉印象

我们知道,当一个物体在我们眼前移动时,我们首先感觉到的是它的色彩,其次是形态,最后才是质感。即视神经对于产品造型的三个基本要素(色彩、形态、质感)是按色彩→形态→质感的关系依次感知的。

二、色彩能美化产品和环境

色彩能美化产品和环境,满足人们的审美要求,提高产品的外观质量,增强产品的市场竞争力。

三、色彩能对人的生理、心理产生良好的影响

合理的色彩设计,能对人的生理、心理产生良好的影响,克服精神疲劳,心情舒畅,精力集中,降低差错,提高效率。例如,夏夜庭院里的水银灯,其银白色的灯光,能够给人以凉意;冬季室内的碘钨灯,橘黄色的光芒使人感到温暖;室内色彩设计、车身设计、服装设计,如上部用明快色,下部用灰暗色,常常给人以稳定、轻快的感觉。在英国泰晤士河上有一座以自杀场所而闻名于世的桥,该桥栏杆因涂黑色,给人以阴郁感,似乎有一种诱人自杀的恐怖气氛。后该桥改用淡绿色涂盖之后,据报道,自杀者减少了三分之一,因为明快感驱赶死神。

第二节 色彩概述

一、色彩的定义

色彩是光刺激眼睛所产生的视感觉。要使我们感到有色,必须具备光、物、

人眼三个条件，如附图 1-1 所示。

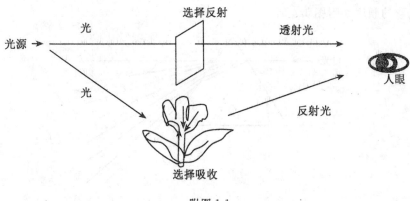

附图 1-1

无光是黑暗。物体选择性地吸收或反射部分光，只将可见光中的部分反射或透射到人眼。眼感受物质反射或透射来的光形成色感。

二、波、光、色

波是能量传播的一种方式，在我们周围存在着两种形式的波，即弹性波和电磁波。波长不同决定了不同波的性质，色彩的光波只是电磁波中极少的一部分，如附图 1-2。

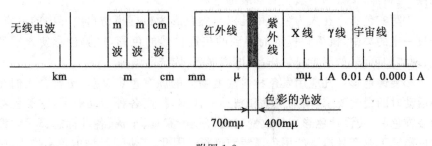

附图 1-2

光波的波长为 400～700nm（mμ、毫μ）。在这波长范围内包含了红、橙、黄、紫等单色光，如附图 1-3 所示。

附图 1-3

当太阳光(由于等量包含了全部波长的可见光,因而感到无色)通过三棱镜,由于各色光的折射率不同,因而显现出一条有序排列的色带——光谱。光谱中色彩的顺序如附图 1-4 所示。

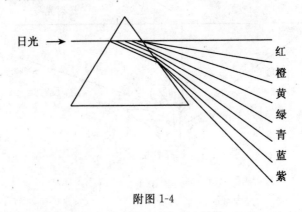

附图 1-4

三、色彩的认识与分类

1. 色彩的分类

(1)自然色彩　由大自然本身所呈现出来的不以人们意志为转移,不受人的力量所影响的色彩,称为自然色彩。自然色彩统一、和谐、丰富,是艺术作品创作的源泉。

(2)人为色彩　在天然色彩的启发下,通过人为加工所得到的色彩,如颜料、油漆、染料等,又分为写实色彩和装饰色彩。

①写实色彩　在人为色彩中凡以自然色彩为根据模仿自然界中的色彩,或经过一定的集中、概括和提炼而得到的接近自然的色彩,这类色彩使人感到逼真、现实和可信,如彩色摄影作品、电视屏幕、传统油画等。

②装饰色彩　凡应用发色材料改变物体的原有色彩,使之更符合人们在不同活动时的视觉要求,增加视觉和精神的快感,提高各种活动效率,这类色彩称为装饰色彩(或设计色彩),如改变房屋、环境、家具、车辆、各种标志、玩具、设备的色彩。工业产品造型的用色属装饰色彩。因此,工业设计中的色彩构成(色彩设计)就是探讨装饰色彩在造型物上的使用,使之与产品使用功能一致、与环境一致,以满足人们在生活和工作时生理上和心理上的需要。

第三节　色彩的基本性质

一、色彩混合

色彩混合可分为加光混合、减光混合与中性混合。

1. 加光混合（色光混合）

见附图 1-5。

红＋绿→黄

绿＋蓝→青

红＋蓝→品红

黄＋青＋品红→白

混合后的色光比混合前的单一色光更明亮。这种不同色光混合得到另一种更为明亮的色光称为加光混合。

2. 减光混合（颜料混合）

见附图 1-6。

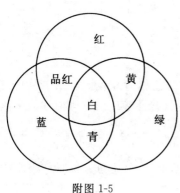

附图 1-5

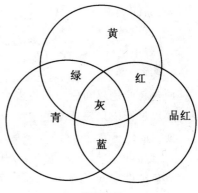

附图 1-6

品红＋黄→红

青　＋黄→绿

品红＋青→蓝

红　＋绿＋蓝→灰

混合后的色彩比混合前的色彩都暗。这种混合后颜料变暗的混合称为减光混合，如颜料的混合，彩色玻璃的叠加等。

3. 中性混合（空间视觉混合）

不同色彩的色点并列放置在一幅画面上相隔一定间距，通过空间距离透视效应，色点混合产生新的色彩、如旋转色盘时，几种不同的色彩混合成新的色彩。这种色彩的变化只是色料的空间视觉混合而色彩的明度在混合前与混合后均不发生变化，因而称这类混合为中性混合。

二、三原色

1. 原色

无法用其他色彩（或色光）混合得到的色称为原色。原色纯度高、鲜明，是色彩中的基本色。在人的眼睛内有分别感受三原色光的视神经,并能感觉种种复合色。

(1) 色光三原色(加光三原色)　见附图1-5(或彩图)分别是红、绿、蓝。将这三原色光作适当比例的混合,基本上可得到全部色光。

(2) 颜料三原色(减光三原色)　见附图1-6(或彩图)分别是品红、黄、青。同样通过对这三原色作不同比例的混合,基本上可得到所有的色光,但在实际应用时并不局限于用三原色来调合其他一切色彩。

2. 间色

三原色中任意两色混合所得到的新的色称之为间色(第二次色)。

即:原色＋原色→间色

如:品红＋黄→红

　　青＋黄→绿

　　青＋品红→蓝

3. 复色

原色与间色或间色与间色混合所得到的新的色称为复色(第三次色)。在混合复色过程中只要三原色中任一色数量稍不同,就会呈现出有倾向性的灰色。

如:(品红＋青)＋(品红＋黄)→ 橙紫(红灰)

　　(品红＋青)＋(黄＋青)→ 紫绿(蓝灰)

复色纯度较低,因此色彩感不鲜明,但由于含色丰富,因此,与原色相比,有谐调、统一、雅致之感。

4. 补色

三原色中,一原色与另外两原色混合成的间色叫补色(互补色)。互补色在色彩关系中,其对比关系最强,因而表现力强、响亮明快。

三、色彩三要素

色彩的三要素是指色彩的色相、明度、纯度,是研究色彩的基础。

1. 明度

明度是指色彩的明暗程度(也称亮度)。每一种色彩都有其自身的明暗程度。这是因为每种色彩(料)对光线的反射率是一定的,同样,每种材料对色光的通透率也是一定的。实质上明度是色料对光线的反射程度。由于白色颜料反射率最高,因此,在某种材料中加白色颜料,其反射率增加,明度增加,而黑色颜料反射率最低,因此,在某种材料中加黑色颜料,其反射率降低,明度降低。

明度色标(明度序列)　用黑、白二色混合出9个明度不同而依次变化的灰色,加上黑、白就可得到11个不同明度的明度序列,用以衡量各种色彩的明度差别,见彩图。如果把白色的明度定为100,黑色为0,则根据测定下列各色彩的明度分别为：

白色 ——100		橙色 ——27.33		蓝色 ——0.36	
黄色 ——78.9		青色 ——4.93		紫色 ——0.13	
绿色 ——30.33		红色 ——4.93		黑色 ——0	

这样的色彩排列，不仅形成明度秩序系列，而且也是色相环上的色相序列。

2. 色相

色相指色彩的相貌，实际上是依波长来划分的色光（反射光）相貌。

色相环 人眼可见光的波长约在 400～700nm（纳米）之间，在这段波长之间，人眼可分辨出数十种不同波长的色光（色相），但在诸色光中（色相）红、橙、黄、绿、蓝、紫是 6 个具有基本感觉的标准色相（即人眼对这 6 种色辨认最为清晰）。因此，人们常以它们为基础，依圆周等距离环列得到高纯度色的 6 色色相环，见彩图。在这 6 种高纯度的标准色中，有原色也有间色和复色。除 6 色色相环外，实际应用中还有 5 色、10 色、8 色、24 色等色相环。

3. 纯度

纯度是指色彩的饱和程度，也叫彩度，实质上是指色光波长的单一程度（纯度）。色相环中各个颜色是纯度最高最鲜艳的标准色。在标准色中混入其他色彩，那么混合后的色彩的纯度就降低。这样我们就可以在标准色中加入其他色的不同分量而得到该色相的不同纯度的众多色彩，这些色彩按其纯度高低依次由外向内沿径向排列便有该色的纯度色标。另外。不同色相的色光及色料，所能达到的纯度是不同的，其中红色可达到的纯度最高（当明度为 4 时，可饱和到 14 级）蓝绿色纯度最低（明度为 5 时，只能饱和到 6 级）。黑、白、灰是没有色彩倾向的色，即无彩色，只有明度，没有纯度。如果在高纯度的色彩中加白色或黑色后将会提高或降低它们的明度，同时也降低了它们的纯度，如果加同明度的灰色，则只降低它的纯度。

四、色彩的表示方法

采用自然命名法无法准确表达众多的色彩，更不能从色彩的称呼中体现出色彩的色相、明度、纯度三者的内在联系，为了较准确地表示色彩，人们做了大量的研究工作，目前比较成熟的主要有以下三种色彩表示方法：孟氏色立体、奥氏色立体及色研色立体。

1. 孟赛尔色立体

孟赛尔，美国美术教师（Albert H. Munsell，1858～1918）。

（1）中心轴（明度色标） 孟赛尔色立体的中心轴由非彩色构成，又称无彩轴，上白下黑，垂直放置，并依明度序列从黑到白等分为 11 个间隔，每一间隔的明度分别用 N0，N1，…，N10 表示。参看附图 1-7（b）或彩图。而有彩色则用与此等明度的灰色表示明度，记为:1/,2/,3/,…。

(2) 色相环(色相)　在孟赛尔色立体中以红(R),黄(Y),绿(G),蓝(B),紫(P),5色为基础等距离布列在圆周上,再将它们5个的中间色:橙(YR)、黄绿(YG)、蓝绿(BG)、蓝紫(BP)、红紫(RP)分别插入上述5色中间,这样就得到一个具有10个主要色相的基本色相环。再进一步把这十个色相各自从1到10等距离划分为10小格,每小格之间的色相也有细微差异,因而最终形成了具有100个色相的孟氏色相环。见附图1-7(c)(或彩图)。每一色相中的小格用1R,2R,…,10R来表示,而每一色相的第5号是该色相的代表色相,共有10个基本色相,概略地表示成R,RY,Y,…。

孟氏色相环属补色色环,即过色相环直径两端的色彩为互补色。

(3) 径向轴(纯度色标)　把孟氏色相环水平放置与无彩轴(明度色标)垂直,用直线把每一色相与无彩轴相连,见附图1-7(a),即得到该色相的纯度色标。纯度以无彩轴处为0,用等间隔距离划分纯度等级,每一等级用/0,/1,/2,…表示。从彩图可以看出,愈接近无彩轴,色彩纯度愈低,离无彩轴愈远纯度愈高。要注意的是各色相能达到的最高纯度和相应的明度是不同的,红色能达到的纯度最高(纯红色R4/14),而蓝绿色最低(BG5/6)。10种基本色相所能达到的最高纯度及与明度的关系见附表1-1。

附表1-1

色相	红	橙	黄	黄绿	绿	蓝绿	蓝	蓝紫	紫	红紫
明度	4	6	8	7	5	5	4	3	4	4
纯度	14	12	12	10	8	6	8	12	12	12

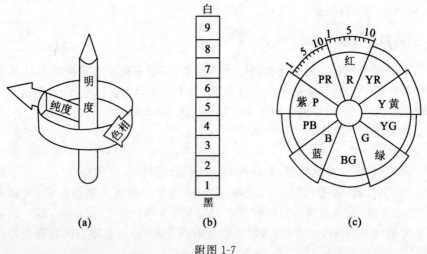

附图1-7

孟氏色立体包含了所有的色彩,反之,每一色彩都可在这个色立体中找到它的相应位置。在孟氏色立体中用"色相、明度／纯度"的标记来表示某种色。如:5R4/14、5Y6/5、5Y8/12 等。由于各色所能达到的纯度不同,孟氏色立体不是完全规则的。附图 1-8 为孟氏色立体的示意图。

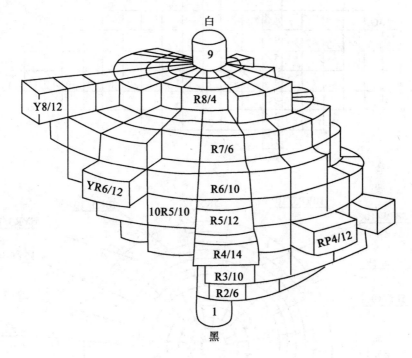

附图 1-8

附图 1-9 中,上图为用包含无彩轴的平面剖切色立体所得到的以无彩轴为分界线的互成补色关系的两组同色相(红、蓝绿)不同明度、不同纯度的所有色彩;下图为用垂直于无彩轴的平面剖切色立体所得到的同明度不同色相、不同纯度的所有色彩。

2.奥斯特瓦德色立体

奥斯特瓦德,德国化学家,诺贝尔奖金获得者。(Wilhelm.Ostwald, 1853～1932)。

(1)色相环　奥氏色立体的色相环由黄(Y)、橙(O)、红(R)、紫(P)、蓝紫(BP)、蓝(B)、绿(G)、黄绿(YG)作为 8 个基本色相,然后再把每个色相等分为 3 个色相,分别用 1、2、3 表示,见附图 1-10。

(2)中心轴　奥氏色立体的中心轴由非彩色构成,其明度从白到黑分为八个等级,分别以 a、c、e、g、i、l、n、p 表示。见附图 1-11。其中:

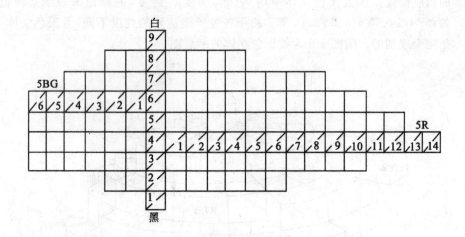

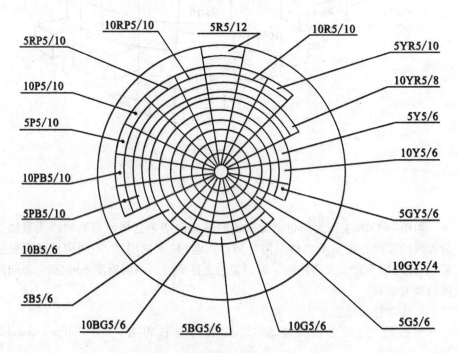

附图1-9

a —— 最亮的白色　　　　　含11‰的黑
p —— 最暗的黑色　　　　　含3.5‰的白
c~n —— 六个等级的灰　　　含不同比例的白和黑

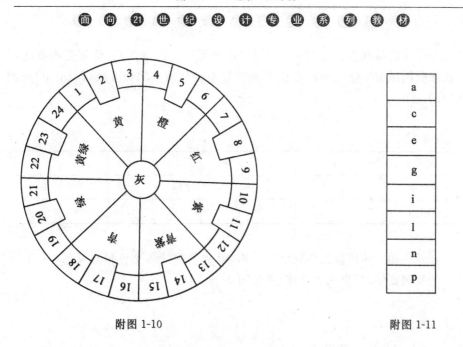

附图 1-10　　　　　　　　　附图 1-11

（3）纯度色标　奥氏色立体的纯度色标是以明度色标（中心轴）作垂直轴，以此轴为一边作等边三角形，在垂直轴外的顶点配以纯色，作为各色相的色标，此三角形即为等色相三角形。再将三角形的两条边划分成八等分，把三角形划分成二十八个菱形，每个菱形分别以记号表示该色标所含的白、黑量，见附图 1-12。

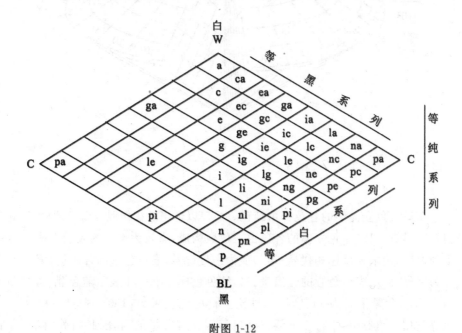

附图 1-12

各记号的含白量和含黑量见附表1-2。这些无彩色所含的白、黑量是根据光以等比级数增减时明度以眼睛可以感到的等差级数增减的法齐奈(Fechner)法则确定的。

附表 1-2

记号	a	c	e	g	i	l	n	p
含白量	89	56	35	22	14	8.9	5.6	3.5
含黑量	11	44	65	78	86	91.1	94.4	96.5

让等色相三角形绕无彩轴旋转一周,就构成包括各个色相的等色相三角形在内的复圆锥体,即奥氏色立体,见附图1-13。

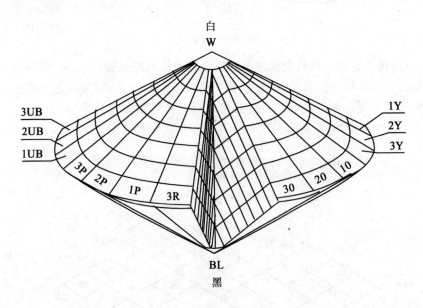

附图 1-13

在奥氏色立体中的各色都由纯色、白、黑以适当的比例混合而成,即纯色量+白量+黑量=100。色立体的各色由三位数构成,有较为准确的表示方法。第一项为数字,用来表示色相代号;第二项为字母记号,表示色彩的含白量;第三项同样为字母代号,表示色彩的含黑量。如纯色色标14pa,14表示蓝色相,含白量p为3.5%,含黑量a为11%,所以理论上蓝的纯色量为:100-3.5-11=85.5。在等色相三角形中,平行于下斜边的色行因含有等量的白,因此叫等白系列;平行于上斜边的色行,因含有等量的黑,叫等黑系列;平行于垂直轴的色行,因含有等量的纯色,因此叫等纯系列。

3. 色研色立体

(PCCS)Practical Color Coordinate System ,1966年由日本色彩研究所发布。其特点是吸取孟氏、奥氏色体系两者的长处,并考虑在实际配色时方便。在色立体中:色相环为包括心理四原色红、黄、绿、蓝;色光三原色红、绿、蓝,颜料三原色品红、黄、青在内的24个色相为基本色相,见附图1-14。明度以黑为10、白为20、中间分为9个阶段,共11级。纯度类似于孟氏色立体,色相明度不同,色彩的最高纯度也不一样,如纯红色最高为10度。附图1-14所示为色研色立体。

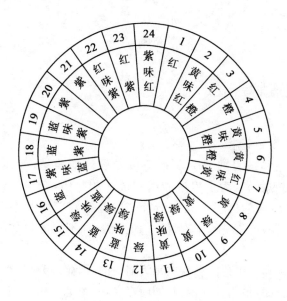

附图 1-14

在色研色立体中,色彩的表示方法是以色相——明度——纯度的顺序分别以数字表示。如12-15-6表示色相为12的绿,明度为15,纯度为6的纯绿色。该体系的特色是由色调来表示色彩。所谓色调,是指色的明暗、强弱的调子。如考虑同一色相内的色彩时,有强烈的色,淡色、浓色等各种各样的色。从明度和纯度的关系考虑时,又将色调区分为无彩色(共有5种色调)及有彩色(共有11种色调),见附图1-15。

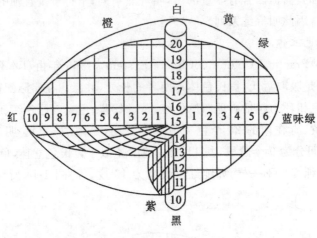

附图1-15

五、色彩的调和与对比

1. 色彩的调和

(1) 色彩调和的概念

讨论色彩调和的目的是为了取得色彩设计的美感。色彩调和有两种概念：一是有差别的色彩，为了组成和谐和统一的整体，必须经过调整与组合的过程，即如何将不同的色组合成和谐统一的整体。二是有差别的色彩组合在一起时能给人以和谐、秩序、条理、统一的感觉，即不同的色怎样组合才具有美感。

讨论色彩调和是以色彩存在差别为前提的，因此，调和与对比是构成色彩诸多关系的两个方面，他们相互依存、同时存在，一个是变化，一个是统一。

(2) 色彩调和的方法

按照穆恩—斯番萨的配色理论，色彩的调和主要有同一、近似、秩序三种方法。

① 同一调和法

这种调和法是色彩要素中（明度、彩度、纯度）的一个或两个要素相同，而达到调和的一种方法。一般地说，色彩的两个要素相同的调和法比一个要素相同的调和法所取得的调和感要强，色相更加谐调。

② 近似调和法

选择性质和程度较为近似的色彩进行组合或增加对比色双方的同一因素，缩小色彩间的差别，以取得或增强色彩的调和称为近似调和法。这种调和法有如下规律:将孟氏色立体上相距较近的色彩进行组合都能得到调和感较强的近似调和,相距越近(色彩差别越小、对比越弱)越显得调和。色立体中心区域的色,因与周围相邻的色较多,与之组合成近似调和的色数也多,因此,明度中等纯度底的色其调和区域较大(与之组成的近似调和的色数较多),而纯度高的色其调和区域较小。

③秩序调和法

秩序调和法是通过选择有秩序的色彩进行组合(使所选择的色彩在色立体中按照某一种线形排列)以增强对比色的秩序感来达到调和的目的。附图 1-16 为各种秩序调和法的色彩排列示意图。

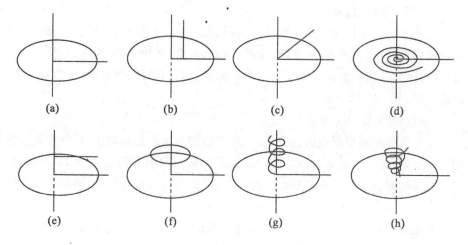

附图 1-16

2.色彩的对比

(1)色彩对比的概念

当两个或两个以上的色彩放在一起,通过观察比较,可以清楚地辨别出它们之间的差异,这些色彩之间的关系就称为色彩对比。色彩对比实际上是色彩调合的法则之一,对比是相对的,对比的目的是形成整体的调和。色彩通过对比,能起到影响或加强各种表现力的效果,产生新的色彩感觉。

必须指出的是,色彩对比是指在同一色彩面积内,进行明度与明度、色相与色相、纯度与纯度等方面的比较。

色彩对比按程度可分为最强对比、强对比、弱对比及最弱对比四种,不同的对比能造成不同的色彩感觉。如强对比显得响亮、生动、有力;弱对比则柔和、平静、安定。

(2)明度对比

由于明度的差异形成的色彩对比,称为明度对比。通过明度对比能使明的色更明,暗的色更暗。同时明度对比还能产生光感、清晰感、明快感。

在进行明度对比时,常根据孟氏色标把明度分为低调色(0~3度的色);中调色(4~6度的色);高调色(7~10度的色)。而明度对比的强弱决定于对比色的明度差别。3度差以内的对比称为短调对比;3~5度以内的对比称为中调对比;而5度差以上的对比,称为长调对比。

对比时面积大的色又称为主导色。主导色决定对比的基调。根据主导色的不同以及对比的强弱不同可以组成八种不同的明度对比调子,见附表1-3。一般说来,高调给人以愉快、高贵、活泼、柔软、弱、轻、不足的感觉;低调有朴素、丰富、迟钝、重、雄壮、寂寞之感。

在明度对比设计时还应注意对比的强弱。对比太强会有生硬空洞、眩目、简单化的感觉;对比较强时,光感强、清晰、锐利、活泼、明快、识别性强,不易出现差错;弱对比常会使人感到光感弱、不明朗、如梦、柔和、单薄、静寂;而且形象不清、识别性差。

(3) 色相对比

由于色相差别所形成的色彩对比,称做色相对比。色相对比时,色相差以色相环为基础(奥氏),通常分为24个色相间隔,每一间隔的圆心角为15°,而色相对比的强弱取决于色相在色相环上的距离,距离越近对比越弱,距离越远对比越强。

色相对比又分两色对比和多色对比。附表1-4为各种色相对比及其特点。

(4) 纯度对比

由于纯度差别而形成的色彩对比称做纯度对比。由于各种色彩所能达到的最高纯度差别较大,因而难以像明度那样划分一个高、中、低纯度的统一标准,只能将零度色(无彩色)定为低纯度,纯色定为高纯度,其余均称中纯度。因此纯度对比也只能根据具体情况大致确定出纯度对比的强、中与弱。

一般来说,纯度高的色,色相明确,对视觉有较大吸引力,色彩心理作用明显,但易使视觉疲劳,不能长久注视;纯度低的色,色相含蓄,不易分清,视觉兴趣少,注目性低,能长久注视。色相,明度相同时的纯度对比,配色时显得柔和、谐调、纯度差越少越柔和。在进行纯度强对比时,高纯度色的色相愈鲜明,整体配色愈趋于艳丽,生动,活泼,但过强则生硬、杂乱。如纯度对比不足,则配色显得灰、闷、单调、含混。

附表 1-3　　　　　　　　色彩的明度对比

色调名称	底色	组合间隔	配色举例	配色效果
高明基调		W、HL、L 的明色组合		优雅纯洁的明亮调子
中明基调		LL、M、HD 的中明色组合		抑制性的高尚调子
低明基调		D、LD、B 的暗色组合		暗黑的沉静调子
高长调	以高明基调色为底色	一色为 5 段以下间隔的暗色 另一色为 3 段以下间隔的明色	1/9　8 以 HL 为底、上配 W 和 B	明快、爽朗、有积极气氛
高短调		一色为 5 段以下间隔的暗色 另一色为 3 段以下间隔的明色	5/9　8 以 HL 为底、上配 W 和 M	微妙、轻拂有柔和气氛
中间长调	以中明基调色为底色	一色为 5 段间隔的明色 另一色为 5 段间隔的暗色	1/9　5 以 M 为底、上配 W 和 B	鲜明、形成强烈的配色
中间短调		一色为 3 段间隔的暗色 另一色为 3 段以下间隔的明色	3/7　5 以 M 为底、上配 L 和 D	柔和形成不强烈的配色
中间高短调		一色为 5 段间隔的明色 另一色为 3 段间隔的明色	7/9　5 以 M 为底、上配 W 和 L	淡雅、微有明亮气氛
中间低短调		一色为 5 段间隔的暗色 另一色为 3 段以下间隔的暗色	3/1　5 以 M 为底、上配 D 和 B	微暗气氛
低长调	以低明基调色为底色	一色为 5 段以上间隔的明色 另一色为 3 段以下间隔的暗色	1/9　2 以 LD 为底、上配 M 和 B	形成庄重威严的气氛
低短调		一色为 3 段以下间隔的明色 另一色为 3 段以下间隔的暗色	1/5　2 以 LD 为底、上配 M 和 B	形成压抑、忧郁的气氛

附表 1-4　　色彩的色相对比

配色数目	配色性质		图例	角度关系	间隔关系	配色效果	备注
二色配置	同一色相				将同一色相的明度、纯度变化形成浓淡组合	成为极雅致具有统一感、温柔感的配色，感觉安定单调	
	类似色相			30°	2 间隔	得到稳重、温和、素雅连续的效果、但有平淡之感	
	邻近色相			60°	4 间隔	具有沉着、镇静、统一、柔和的调和感，易得到鲜明温柔、甜美的效果	
				90°	6 间隔	易产生不爽快的感觉，因此要注意明度与纯度的对比关系，才能得到较好的效果	
	中间色相			120°	8 间隔	既不变化又有一定程度的温和统一感，易得到自然明快、新颖、生动、活泼的色感效果，若改变明度更显柔和	
	对比色相	近似补色		150°	10 间隔	得到较强烈的对比效果，有丰富、鲜明、饱满、刺激的感觉	面积不宜对等，宜适当改变明度和纯度
		补色		180°	12 间隔	产生强烈的对比效果，具有明亮、热烈响亮、饱满、辉煌、醒目、刺激的效果。适当改变明度、纯度，可获得既对比又较柔和、朴素的感觉	

续表

配色数目	配色性质	图例	角度关系	间隔关系	配色效果	备注
三色配置	90°内二色		45°与45°	3:3	易产生不爽快、枯燥及厌恶之感,一般配色效果较差	减弱90°关系的对比,使配色柔和、效果较好
			30°与60°	2:4		
	120°内三色		30°与90°	2:6	易得到统一、自然、鲜明的调和效果	若改变明度变化更易获得柔和明快的感觉
			60°与60°	4:4		
	180°±30°内三色		60°与120°	4:8	具有对比又有和谐感,得到鲜明、饱满、爽朗、热情的效果	应注意加大一色的对比,减弱另一色的纯度,效果更好
			120°与30°	8:2		
			120°与90°	8:6		
	互为120°三色		120°与120°与120°	8:8:8	能获得有变化的调和,具有圆满、轻快、欢乐的感觉	若变化明度、纯度,能取得温顺、清晰、洁净的优美感

续表

配色数目	配色性质	图例	角度关系	间隔关系	配色效果	备注
四色配置	180°±30°内四色		30°与60°与90°	2:4:6	具有鲜明、爽朗的调和感,对比调和关系自然、爽快,一般配色效果较好	注意减弱90°关系色相间的对比
			30°与60°与120°	2:4:8		
	相距60°四色		60°与60°与60°	4:4:4	效果大致同上,但不够自然	注意明度与纯度的变化以及面积大小的差异
	相距90°四色		90°与90°与90°	6:6:6:6	能获得强力、明快、兴奋的效果	注意明度与纯度的变化以及面积大小的差异
	夹角60°之二对补色		60°与120°与60°与120°	4:8:4:8	产生既有对比强又有调和感的鲜明、刺激、爽快的效果	注意明度与纯度的变化以及面积大小的差异

第四节 色彩的功能

一、色彩与视觉生理、心理的关系

人们观察色彩时在生理和心理上会产生各种各样的感受,人对色彩的感觉大致可分为两类,即功能性的感受和感情性的感受。功能性的感受是人们对色彩的生理反应,它是人类在长期的生活中形成的,如人们对色彩的轻重、软硬、冷暖、进退等感觉,这种感受带有集体遗传的因素,基本上不因人而异,而感情性的感受是人们对色彩的心理反应,往往与联想有关。各种因素(民族、出身、年龄、职业、性别、教育)会造成人与人之间的联想差异,因而人对色彩的感情性感受往往是不一样的。

二、色彩的生理性功能

色彩越近似越同一,感觉就越调和,越能被视觉所接受。然而,明度太高、太低、纯度太低的色进行同一或近似调和时,尽管可以调和,但难以辨认,易引起视觉疲劳。因此必须考虑视觉平衡。通过研究发现,人的视觉生理平衡具有以下特点:

(1)中间明度的灰色能使视觉生理产生一种完全平衡的状态,缺少这种灰色,视觉和大脑会不适。

(2)色彩的面积和明度直接影响色彩的综合效果,因此色彩设计应遵循这样一条原则:

小面积使用强色 —— 明度高、纯度高的色;

大面积使用弱色 —— 明度低、纯度低的色。

(3)在进行色彩设计时,要使其总体的感觉是中间灰色。

1. 色彩与知觉

(1)色彩的易见度

色块与背景色的关系,特别是两者的明度差的强弱,左右着视觉的辨认效果。如果明度差强,虽为同一色相,仍易于辨认;明度差弱,即使为同一色相,仍难以辨认;色彩的易见度主要受明度和色相的影响,随着明度差的增加,辨认率亦会增加。即便是同一色相,明度差大也易辨认,因此易见度受明度差影响最大。

附表1-5给出了容易辨认顺序的色组。附表1-6给出了难以辨认顺序的色组。

附表1-5　　　　　　　　　　容易辨认的色组

易辨认顺序	1	2	3	4	5	6	7	8	9	10
底　色	黑	黄	黑	紫	紫	蓝	绿	白	黄	黄
形的色	黄	黑	白	黄	白	白	白	黑	绿	蓝

附表1-6　　　　　　　　　　难以辨认的色组

难辨认顺序	1	2	3	4	5	6	7	8	9	10
底　色	黄	白	红	红	黑	紫	灰	红	绿	黑
形的色	白	黄	绿	蓝	紫	黑	绿	紫	红	红

(2)色彩的前进与后退

从色相上来看:　　暖色系 —— 前进　　冷色系 —— 后退

从明度上来看:　　高明度 —— 前进　　低明度 —— 后退

从纯度上来看： 纯度高 —— 前进 纯度低 —— 后退

(3)色彩的膨胀与收缩

一般来说,前进色有膨胀感;后退色有收缩感。白纸黑字,黑字看起来小一点。黑纸白字,白字看起来大一点。前进常用于提醒注意、危险、警惕等。低纯度、高明度、冷色系可产生宽阔感。

2.色彩与感觉

(1)色彩的冷暖感

色彩的冷暖感觉差别是一种客观的色彩作用于心理而产生的另一种感觉,冷暖色的提法来源于人们对色彩的印象和心理联想。由于人们生活经验的积累,在人的视觉与触觉之间通过心理活动建立了一种联系,使视觉成为触觉的先导。

如:橙红色的火炬,火红的太阳、炉火等灼热的物体常给人留下热的印象,因此,生活经验在人们心理上产生条件反射,当人们看到橙红色、红色时,通过联想即会产生热、温暖的感觉。蓝色的大海、天空,是比较冷的,因此,当人们看到蓝色,通过联想也会有冷、凉快的感觉。

色彩的冷暖感主要是由色相决定的,而感觉到温度高低的顺序依次是:红、橙、黄、绿、紫、黑、蓝、白。在无彩色中,白色和灰色具有冷感,黑色具有中性感。明度对冷暖感几乎没有影响,纯度以 C8 为限,纯度低具有冷感;纯度高具有暖感。色彩的冷暖主要用于调节视觉环境。如夏夜庭院的水银灯,蓝白色的灯光能使人产生凉意;冬季室内的碘钨灯,其橙红色灯光具有温暖的感觉;朝北的房屋使用暖色,朝南的房屋使用冷色,都能改善人们对环境的感受。

(2)色彩的轻重感

①色彩的轻重感主要是由物体的明度决定的:

V5 以下低明度 —— 重感;

V6 以上高明度 —— 轻感。

②明度相同时,纯度高的色轻;明快色 —— 轻;灰暗色 —— 重。

③色相冷的色也有轻的感觉,如天蓝、淡黄、乳白等。

色彩轻重感的运用,主要是通过色彩平衡视觉重心。如室内设计时,天花板、吊灯、吊扇等易用轻的色;对于大型工业产品设计,为追求造型的稳定,应呈现上轻下重的感觉,其基座亦使用具有重感的色彩;汽车的设计一般应上淡下浓,上明下暗,能使人产生稳定感。

(3)色彩的软硬感

色彩的软硬主要与明度和纯度有关。

V4 以下 —— 硬 V6 以上 —— 软

V6 —— 中性 V9 以上 —— 变白,软感略微降低

中纯度的色彩 —— 软感　　高或低纯度的色彩 —— 硬感

色相对色彩的软硬感几乎无影响。在无彩色中，黑色显得硬；灰色显得软。色彩的软、硬感主要用于调节视觉感受。如含白色成分的明快色大多具有柔软感，如奶油色、粉红色、淡蓝色等，即所谓的婴儿色彩。

3. 色彩与其他感觉

有时候，从视觉角度来观察，色相的调和是好的，但却往往有某种不舒畅的感觉。这时，就有可能由于色彩与听觉、触觉、嗅觉、味觉等除视觉以外的其他感觉不调和而引起。

(1) 色彩与听觉

由声音的刺激而联想到色彩这一现象叫做色听。自古以来，对色彩与音乐之间的关系有许多研究。实际上也有音乐与色彩相结合的色彩音乐(Color Music)。

色彩与音响，配色与和声之间都有着美的共同感觉，比如，有时看到某种花草，从花草的色彩感而引起旋律、和声和节奏感，相反，有时听到快乐的旋律时，也会联想到快乐的颜色(如玫瑰色、浅蓝色、嫩绿色、橘黄色等)。

(2) 色彩与嗅觉

在人们的心理上，还存在着生活经验中的由色到香、由香到色这种共同感觉，嗅到花的香味，就联想到与此香味有关的色彩来。比如玫瑰花香和玫瑰色相联系。

(3) 色彩与味觉

由于生活经验的积累，人们在色彩与味觉之间建立了关系，但这一种感觉因人而异，略有差别，这主要是各人的体会有所差异之故。由于色彩与味觉间存在着一定的关系，食品包装和药品包装设计中必须慎重用色。在国际贸易中，许多国家把色彩设计作为商品竞争中包装战略的重要手段来研究和应用。

通常，各种食品包装均用暖色，使人感到食用后可增添热量和营养。而药品包装用色，除一些补益药品用暖色外，其他药物常用蓝、绿、灰等色。尤其是止痛、退热、止血、镇静类药品，其包装多是蓝色或绿色，目的是让使用者的心理感应与药品功能达到一致。

三、色彩的心理性功能

1. 视觉心理与色彩

对于同一组色彩组合，不同的人往往会作出不同的评价。有时，所作的评价相差很大，甚至相反。这是由于人们的客观存在不同，其审美的能力也不同，视觉心理和需求不同，因而形成了各自不同的审美标准。因此，研究色彩的视觉心理特点(对于特定的人群，其心理感受基本是一致的)，对于色彩设计是非常必要的(满足特定人群的需要)。

(1) 色彩与形象的关系

人眼与照相机不同,人眼是通过心来观察物体的,因此,当我们感知某一色彩或形体时,通过联想与丰富的生活经验相联系,我们会感到色彩孕育着某种形体。不同的色彩暗示着什么样的形体,自古以来莫衷一是。但较权威的理论研究结果是德国画家康定斯基(W. Kandinsky)的理论。他认为:作为色彩的运动:黄色暗示离心运动;青色暗示向心运动;红色暗示稳定。从线条方向来看:水平线暗示黑色或青色;垂直线暗示白色或黄色;斜线暗示灰白、绿色或红色。从线的夹角来看:30°具有黄色性质;60°具有橙色性质;90°具有红色性质;120°具有紫色性质;150°具有青色性质;180°具有黑色性质。从形体方面来看:红色暗示正方形、正方体;黄色暗示正三角形、三棱锥;橙色暗示梯形、长方形;绿色暗示圆弧三角形;紫色暗示圆弧长方形等。

(2) 色彩与审美评价

人们对色彩美的审美标准是不同的,影响这种标准统一的因素主要有:

① 国度与民族

不同国家和地区、不同民族对色彩有着不同的爱忌。如:

红色:在中国,被认为是吉祥、喜悦的色彩;在新加坡表示繁荣和幸福;在日本表示忠诚;但在英国,红色则被认为不干净,不吉祥。

黄色:在信奉佛教的国家中,黄色受到欢迎;而在埃及,是举办丧事时穿的服装,因而被认为是不幸的颜色。

绿色:在信奉伊斯兰教的国家中最受欢迎;而在日本,则被认为是不吉祥的色彩。

青色:在信奉基督教的国家中,意味着幸福和希望;而在乌拉圭,则意味着黑暗的前夕,不受欢迎。

紫色:在希腊,被认为是高贵、庄重的象征;而在巴西,认为紫色表示悲伤。

黑色:在欧美许多国家中,被认为是消极色;而在傅茨瓦纳,认为黑色是积极的色(因此国旗上也有黑色)。

白色:在很多国家都表示纯洁、善良和爱情;而在摩洛哥,则被认为是贫穷的象征。

② 年龄

儿童,正处于生长时期,天真、幼稚、没有逻辑推理的能力,缺乏联想、推论、象征的能力,完全依靠直觉。色彩的复杂心理作用对他们不起作用,他们只能欣赏一些最简单、最鲜艳、最明快、最活泼的色彩。复杂的色彩对他们没有一点吸引力。因此,儿童用品的设计可考虑采用鲜明的纯色调,或甜美的柔和色调。

成年人见多识广,有广泛的社会见识和较丰富的色彩经验,审美能力强。其中的年轻人,从生理上看是发育期,心理状态复杂多变,充满了浪漫色彩。活泼、好奇,往往促使他们对于一些对比度大、构思奇特的色彩设计表现出极大的兴趣。因此,他们往往是新色彩、新设计、新构思的热烈拥护者和崇拜者,成为色彩创新的主要力量。但是,又由于青年人的审美能力和经验的局限,往往使得少数青年人盲目地追求一些怪而不美的色彩组合,也往往把"怪"的形与色误认为美。

中老年人,有丰富的阅历和经验,也有一定的欣赏能力。青年时期对理想的追求与奋斗,使他们对青年时代的色彩感受有极深的印象。因此,他们往往欣赏已过去的较为成熟的色彩,与他们的精力相协调的色彩,求实的思想促使他们常去追求传统的色彩,因此,他们往往喜爱沉着、朴素、含蓄、丰富的色彩。当然,也有例外的情况。一些中老年人因职业与兴趣的关系,对于新奇感的追求仍然像青年人一样,如文艺工作者,喜爱运动的人,性情开朗的人,有时也能像青年人一样喜爱色彩鲜艳的各种工业品,特别是生活用品。

③居住地域

居住在城市里的人,由于居住环境的影响,经常受到对比强烈的色彩刺激(如广告、海报、霓虹灯等),加上生活节奏的加快,他们对简单、兴奋、强烈的色彩感到厌倦,他们往往喜欢一些淡雅、含蓄、沉静的色彩,以便能得到欣赏和休息。

④性别

以青年人为例,青年女性受内在性格的影响,她们喜欢沉静、淡雅、软、轻、透明、理智的冷色调,而青年男性却对强烈、活跃、浓重、硬、富有情感、热烈的暖色感兴趣。

⑤职业、爱好

由色彩引起的联想和好恶感,往往首先与人的职业、爱好有关,如红色,炼钢工人会联想起炉火,医生会想到血液,而民警则会想起信号灯……因为,人们偏爱自己职业中接触最多的色彩,或追求职业环境中缺乏的色彩,这两种现象是同时并存的。

此外,不同性格、气质,不同文化水平,不同的经济地位,不同的风俗习惯,都会使人们对色彩的审美需求有所不同。上述分析说明,造型设计师要想设计出绝大多数人能接受的色彩,惟一的办法就是通过调查研究,向产品使用者了解他们喜欢什么样的色彩,只有这样,设计的产品才能适销对路,为广大顾客所欢迎。

2. 色彩的联想

因色彩刺激而引起与此相关联的某种事物,称为色彩的联想。

在色彩的名称中有橙红、草绿、天蓝、桃红……这表示人们是通过联想到橙子、青草、天空……而为色彩命名的。色彩的联想,受欣赏者的经验、记忆及知识等制约,也随着欣赏者的民族、年龄、性别、个性、生活环境、教育及职业以及时代的变迁而有所差异和变化,但人们的色彩联想却具有相当大的共同性,是一种客观倾向性。

色彩的联想有具体联想和抽象联想。如见到红色,通过具体联想而联想到太阳,通过抽象联想而联想到热情;见到绿色,通过具体联想而联想到草原,通过抽象联想而联想到青春。

一般地,儿童多有具体联想;成人常联想到与社会生活密切相关的抽象概念。同样,男性和女性的具体联想也是不大相同的,男性多联想到与女性有关的事物,女性多以自我为中心。

3.色彩的感情象征意义

色彩的联想,对于特定的人群来说具有共同性,这种共同性一旦与传统相结合即变为普遍性。就如同某种色彩赋有特定的含义那样,通过色彩能表示一定的象征性,适当地注意色彩的这种象征性,通过色彩处理,就可表达出设计的蕴义。

色彩的象征性在世界范围内存在一定的共性,同时因民族、地区不同也有差异。色彩的感情象征意义也称色彩的功能。功能指的是作用能量,色彩的功能指色彩对人的眼睛及心理产生的作用。这种作用包括色彩对眼睛的明度、色彩、纯度、对比等刺激作用,以及这种作用给人们心理的印象、触发起来的情感及联想的象征意义等,还包括因色彩间的对比和调和所产生的不同变化与效果。如同一色彩及同一对比色组在不同的情况下可能具有多种功能,而多种色彩及各种对比在某些场合下,可能有较相近的功能。

研究色彩的感情象征意义。目的是进一步掌握色彩的特点,尽可能使所设计的产品达到形式美,从而给人们以精神上的享受,并激发良好的心理状态,提高工作效率。色彩的象征性,作为色彩词汇的一般含义大致如下:

(1)红色

红色光由于波长最长,给视觉以逼近感和扩张感,常称为前进色。

发光体辐射的红色光传导热能,使人感到温暖。这种经验的积累,使人看到红色都产生温暖的感觉,因此,被称做暖色。

红色容易引起人们的注意,兴奋、激动,也容易使视觉疲劳。

红色给人以艳丽、芬芳、甘美、成熟、青春、富有生命力的印象,是能联想到香味,引起食欲的色。

红色是兴奋与欢乐的象征,不少民族均以红色作为喜庆的装饰用色。

由于红色具有较高的注目性与美感,使它成为旗帜、标志、宣传等的主要用色。

由于血是红色的,于是红色也往往成为预警或报警的信号色。

红色是革命事业的象征色。

红色是既具有强烈的心理作用,又具有复杂的心理作用的色彩,使用时一定要慎重。工业产品中,大面积红色的使用很少见,原因是其过于兴奋、热烈的感觉使人感到烦恼和易于疲劳。但是纯色的红在小面积的商标上使用较多,以增加商标的注目性,并能增添主调的趣味性。低纯度、高明度的红色有一定的美感。

(2) 黄色

与红色光相比,眼睛较容易接受黄色光。黄色光的光感最强,给人以光明、辉煌、灿烂、轻快、柔和、纯净、希望的感觉。

由于许多鲜花都呈现出美的娇嫩的黄色,使它成为表示美丽与芳香的色。希腊传说中的美神穿黄色衣服,罗马人结婚的礼服也为黄色,因而,黄色有神圣、美丽的含义。

成熟的庄稼、水果,精美的点心呈现出黄色,于是黄色能给人以丰硕、甜美、香酥感,是引起食欲的色。

由于黄色又具有崇高、智慧、神秘、华贵、威严、素雅、超然物外的感觉。所以帝王及宗教系统以黄色作宫殿、家具、服饰、庙宇的装饰色。

黄色光的波长较短不易分辨,有轻薄、软弱特点。

由于植物、人的面部成灰黄色时常意味着病态,所以黄色也有酸涩、颓废、病态和反常的一面,但土黄色能给人以朴实、浑厚、实惠的印象。

工业产品造型设计中,直接用高纯度的黄色较少,常用低纯度高明度与低纯度低明度的黄色,尤其是土黄色(通常与黑色相配),体现出一种雅致、朴素、沉静的效果。

(3) 橙色

橙色光的色性在红、黄二者之间,既温暖又明亮,许多作物、水果成熟时的色均为橙色,因此给人以香甜、可口的感觉,引起食欲并使人感到充足、饱满、成熟、愉快。

橙色具有明亮、华丽、健康、向上、兴奋、温暖、愉快、芳香、辉煌的感觉。

橙色也给人以庄严、渴望、贵重、神秘、疑惑的印象。

橙色的注目性也相当高,也常被用做信号色、标志色和宣传色,但也容易造成视觉疲劳。

橙色属前进色和扩张色。

橙色在工业产品上的使用较广,特别是装饰面较小的产品。

(4) 绿色

人眼对绿光的反应最平静。在各高纯度色光中,绿色能使眼睛得到较好的休息。

绿色是农业、林业、畜牧业的象征色。

绿色是最能表现活力和希望的色彩,因此是表现生命的色。植物种子的发芽、成长、成熟,每个阶段都表现为不同的绿色。因此,黄绿、嫩绿、淡绿、草绿等象征着春天、生命、青春、幼稚、成长和活泼,并由此引申出滋长、茁壮、清新、生动等意义。植物的绿色,不但能给视觉以休息,还能给人以清新的空气,有益于镇定、疗养、休息与健康,所以绿色还是旅游、疗养、环保事业的象征色。

绿色还是和平事业的象征色。

高纯度的绿色在工业产品上有所使用,但较少。低纯度、低明度的绿色则用得较多,往往用在大型设备的下部,以增加稳定感。

黄绿与橙色并列,有生机勃勃的感觉,绿色与青色相并列则有畅快的感觉,与黑色在一起使用,则有神秘或恐怖的感觉,而灰绿色则有衰退感。

(5)蓝色

蓝色使人联想到天空、海洋、湖泊、远山、冰雪、严寒,使人感觉到崇高、深远、纯洁、透明、无边无涯、冷漠、缺少生命活动。最鲜艳的天蓝色是典型的冷色。

宇宙和海洋都呈蓝色。在这些地方,人类的了解还是比较少的,是令人神秘莫测的地方,成为现代科学探讨的领域。因此,蓝色成为现代科学的象征色。

蓝色还给人以冷静、沉思、智慧和征服自然的力量感。

人们还习惯用纯洁美丽的蓝色比喻青年。

在商业美术中,蓝、白二色成为冷冻食品的标志色。

(6)紫色

眼睛对紫色光的知觉度最低,纯度最高的紫色明度也很低。在自然界和社会生活中,紫色较少见。紫色可给人以高贵、优越、奢华、幽静、流动、不安等感觉。

灰暗的紫色意味着伤痛、疾病。因此给人以忧郁、阴沉、痛苦、不安、灾难的感觉。不少民族把它看做消极和不祥之色。但是,明亮的紫色如同天上的露光、原野上的鲜花,使人感到美好和兴奋。高明度的紫色,还是光明与理解的象征,幽雅且含有美的气氛,有很大的魅力,是女性化的色彩。

在某些场合,紫色还具有表现苦、毒、恐怖、低级、荒淫、丑恶的功能。

黄与紫的对比含有神秘性、印象性、压迫性和刺激性。

(7)土色

土色指的是土红、土黄、土绿、赭石、深褐一类可见光谱上没有的混合色。它们是土地的色彩,深厚、博大、稳定、沉着、保守、寂寞。它们又是动物皮毛的颜色,厚实、温暖、防寒。它们还是劳动者和运动员们的肤色,刚劲健美。

土色是很多植物的果实与块茎的色,充实饱满、肥美,给人以温饱和朴素的印象。

土色经适当调配,可得较美的色彩,有朴实、素静的特点,为工业产品装饰所常用。

(8) 白色

白色是非彩色，是光明的象征色。白色具有明亮、干净、卫生、畅快、朴素、雅洁的特性。

白是冰雪的色、云彩的色，因此使人觉得寒冷、轻盈、单薄、爽快。

卫生事业中大量应用白色，便于保持干净卫生，因此白色是医疗卫生事业的象征色。

中国在举办丧事时，以白色作为装饰色，表示对死者的尊重、同情、哀悼和缅怀。由于白色与丧事具有这种联系，因此，白色有哀伤、不祥、凄凉、虚无的感情。

西方，特别是欧美，白色是结婚礼服的色，表示爱情的纯洁与坚贞。

在工业产品中，医用仪器、设备等多采用近似于白色的色彩，或者用白色与其他色的组合色。

(9) 黑色

黑色，是非彩色。黑色对人心理的影响有消极与积极两大类。

消极类：如黑夜，往往令人感到失去办法而产生阴森、恐怖、烦恼、忧伤、消极、沉睡、悲痛、不幸、绝望、死亡等影响。

积极类：黑色能使人得到休息，因此有沉思、安全、坚持、准备、考虑、严肃、庄重、坚毅的印象。黑色又可象征权力和威严，经转化可为严肃尊贵的意义。旧社会的黑漆衙门和刑吏的制服，均取此义；国外神甫、牧师、法官，都穿黑衣。西方上层人物的黑色燕尾服，作为礼服则又有渊博、高雅、超俗等含义。

介于两者之间，黑色还有捉摸不定、阴谋、不卫生之感。

黑色与其他色组合时，往往能使组合得到较好的效果，可以使另一色的色感、光感得到充分的显示，因此是很好的衬托色。黑白组合，光感强，朴实、分明，但有单调感。

黑色在工业产品中应用较多，但往往是小面积。有时起调和作用，有时起稳定作用，有时起分割、产生层次作用，有时起衬托作用。

(10) 灰色

介于黑白之间，属中等明度的非彩色或低纯度的色。在生理上，它对眼睛的刺激适中，属视觉不易疲劳的色。由于明度的中等及无纯度或低纯度，因此心理反应平淡，给人以乏味、休息、抑制、枯燥、单调、沉闷、寂寞、颓丧的感觉。

灰色可以用三原色来混合，因此灰色的成分较丰富。含有某种色彩倾向的灰色给人以高雅、精致、含蓄、耐人寻味的感觉，因而具有较高的审美价值。

在我国，许多电子仪器多使用纯灰色作为装饰色，虽然有耐脏、安静的特点，但也由于过分的朴素而使产品失去美感。但只要在这种灰色中微露某一种色彩的倾向，往往马上会产生高雅的美感。这种含灰的隐艳色正逐渐成为当代的流行色。产品装饰使用灰色时，只有与较好的质感相联系，灰色的高雅才能体现出来，否则，效果并不理想的。

(11) 光泽色

光泽色是质地坚硬、表层光滑、反光能力很强的物体色，主要指金、银、铜、铬、铅、塑料、有机玻璃等表面所呈现的色。这些物体反光敏锐，在某一角度，它的亮度很低，换一个角度会产生很高的亮度。

金、银属于贵重金属，它们的色给人以辉煌、高贵、华丽、活跃的印象。在宗教方面，金色又象征神圣与超俗。此外，金色还有欢乐、庆祝的含义。塑料、有机玻璃、电化铝是现代工业技术的产物，它们的色彩有强烈的现代感。因此，光泽色属于装饰功能较强的色彩。

工业产品造型设计中，要特别重视光泽色的运用。过多使用光泽色，会带来过多的反光点和反光面积，使产品外观感觉支离破碎，非但没有高贵、华丽的感觉，反而使人感到俗气。使用光泽色时，要注意与底色的对比。底色的低明度、低纯度会显示光泽色的特点，使得整体有高级、素雅、别致感。底色明度过高、纯度过高都会使与光泽色对比显得过于活跃而产生庸俗感。

前面讨论的各种色彩的功能，并非是虚无缥缈的抽象概念，也不是任何人主观臆造的产物，而是人们长期认识、运用色彩的经验积累与习惯造成的，是任何人凭借正常视力和普通常识都能感受到的实际存在。

四、色彩的好恶

由于时代、国度、民族、文化教育、风俗习惯、宗教信仰、政治因素的不同，世界各国和各地区对色彩的需求也不同。即使同一国度的人民，也因年龄、性别的不同而有所不同。

工业产品造型设计中的装饰色彩，对产品外观的美感起决定性作用，因此有必要了解不同国度、地区、年龄、性别的人对色彩的好恶情感，以便使设计的产品能受到绝大多数人的欢迎。

我国作为一个多民族的国家，对色彩的爱和忌在各民族中有着很大的差别。产品造型应注意到不同民族对色彩的不同爱好。

汉族	一般喜用红色，表示喜庆和幸福。黄色具有伟大、神圣的气魄。绿色象征着繁荣和年轻。黑白色多用于丧事。
蒙古族	一般喜爱橘黄、蓝、绿、紫红色。
回族	喜爱黑、白、蓝、红、绿色。白色用于丧事。
藏族	认为白色是尊贵的色彩。喜爱黑、红、桔黄、紫、深褐色。忌淡黄、绿色。
苗族	喜爱青、深蓝、墨绿、黑、褐色。忌黄、白、朱红色。
维吾尔族	喜爱红、绿、粉红、玫瑰红、紫红、青、白色。忌黄色。

朝鲜族　　喜爱白、粉红、粉绿、淡黄色。
彝族　　　喜爱红、黄、蓝、黑色。
壮族　　　喜爱天蓝色。
满族　　　喜爱黄、紫、红、蓝色。忌白色。
京族　　　喜爱白、棕色。
傣族　　　喜爱白、棕色。
黎族　　　喜爱红、褐、深蓝、黑等色。

不同国度、地区、年龄、性别的人对色彩的好恶情感,可以通过查找有关世界各地区对色彩的不同好恶感的资料,在产品色彩设计或商标设计时作为参考。

附录二　形态构成基础

第一节　概　　述

　　形态构成艺术是现代视觉传达艺术中的基础理论,它的基本规律适用于所有构成设计。在形态构成艺术中,把一切能观察到和触摸到的物象称为形态。把所需要的诸形态要素(如点、线、面、体等)按照美的形式法则"组装"成一个新的形体,则称为构成。

　　形态构成,是一种视觉形象的构成,它的研究对象,主要是在设计中,如何创造形象,怎样处理形象与形象之间的联系,使设计人员掌握美的形式规律和法则,提高审美能力,进而提高创造"抽象"形态和构成的能力。

　　设计离不开生产。它不像绘画那样,画家所创作出来的是作品,仅供欣赏或表达画家情感。而设计师所创造的是产品,而产品的生产受材料、生产工艺、使用者需求的制约。因此,在工业设计中,设计的产品应能适应于大工业生产的特点,尽可能多地采用标准化,以提高生产率,尽量发挥材质本身具有的美感和大的造型美。

　　从人接受信息的效能来看,简练明了的造型,易于被人接受。因为,这有利于减轻人的精神疲劳,而构成理论正适应了近代大工业生产的这些特点。

第二节　平面形态要素

　　把一切形态分解到人的肉眼和感觉所能觉察到的形态限度,这就是形态要素。在平面形态构成中最基本的形态要素是:点、线、面。

一、基本形态要素:点

1. 点的概念

　　点有概念的点与实际存在的点之分。概念的点(几何学中的点),只有位置没有形状、大小、线段的起点和终点、两线的交点。实际存在的点(造型设计中点),具有空间位置的视觉单位,没有上、下、左、右的连接性与方向性,其大小不能超过当做视觉单位"点"的限度,即设计中的点是由感觉中产生的,具有相对性。如:大海中的一叶小舟、夏夜闪烁的繁星、天空中的飞鸟,都具有点的特征。中国画表现技法中的"远点树近点苔"最能表达这种点的含意。

2. 点的性格

从造型设计来看,点是一切形态的基础,如附图2-1及附图2-2。

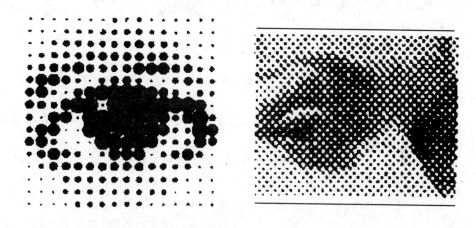

附图2-1　点是构成形象的基础　　　　附图2-2　印刷网版的图像

点的性格主要表现在:

(1)点的基本特征与其形状关系不大,不会引起重点的心理效果(如安定、刚强之类),主要在于大小问题,与形状无关,见附图2-3。

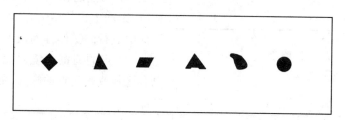

附图2-3

(2)点是力的中心,是视线的集中点。点具有紧张性。因此点在画面的空间中,具有张力作用,在人们心理上,有一种扩张感。如在装潢设计中,利用点的张力作用,发挥其点占据空间的作用;商标设计中,常将其置于较宽的空间,以突出商标自身的形象;中国花鸟画手法中,常在大片的空间中,画上两只蝴蝶或蜜蜂,以使画面显得充实,都是采用了点的张力作用。

(3) 当空间中有两个同等大的点,各自占有其位置时,其张力作用就表现在连接此两点的视线上,在心理上产生吸引和连接的效果,见附图 2-4(a)。

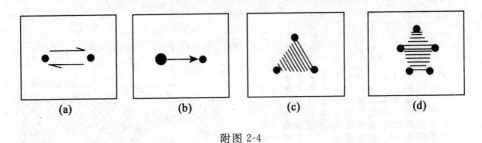

附图 2-4

(4) 如果平面上两个点大小不等,则会诱导人们的视线由大点向小点移动,产生强烈的运动感,见附图 2-4(b)。

(5) 平面上不在一条直线上的三个点,则会看成三角形,如附图 2-4(c)。

(6) 不在一条直线上的点,则会形成消极的面(虚面),在广告设计中,广告中说明文字的排列,在整个构图中常能起到色块的效果,如附图 2-4(d)。

(7) 奇数点能形成视觉停歇点,在心理上产生稳定感,但点不宜太多,否则不易捕捉到视觉停歇点,如附图 2-5。

(8) 当点的排列,以等间隔连续排列时,则产生线的感觉,这在广告、包装设计中成行的字体排列极为常见。

(9) 点的周围环境对比发生变化,也会增强或丧失点的特征,如附图 2-6。

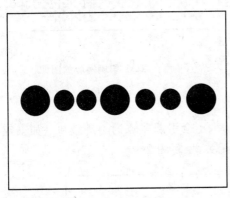

附图 2-5

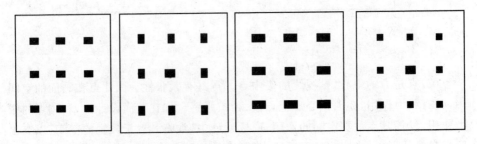

附图 2-6

3. 点的错视

错视是指感觉与客观事实不相一致的现象。点的错视,指点所处的位置,随着其色彩、明度和环境条件等变化,便会产生远近、大小变化的错视。点的错视主要表现在以下几个方面:

(1) 黑地上的白点较白地上同等大的黑点感觉大些。白点有扩张感,黑点有收缩感,如附图 2-7。

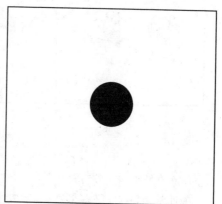

附图 2-7

一般地,明亮的暖色会接近眼睛,因而有前进和膨胀的感觉。同理,桔黄色点比蓝色点感觉大些。

(2) 同一大小的点,由于周围环境的变化,也会产生不同大小的错视,如附图 2-8。

附图 2-8

(3) 在一个两直线的夹角中,同一大小的两个点,其所处位置不同亦会有不同大小的感觉。如附图 2-9(a)。

(4) 同一大小的两点,由于空间对比关系的作用,紧贴外框的点(c),较离外框远的点(b)感觉大,且具有面的感觉,如附图 2-9。

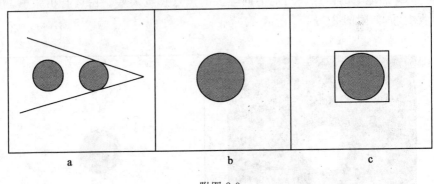

附图 2-9

4. 点在设计中的应用

在日常生活中,好多事物,是直接用点来表现的,如早期电子计算机用的纸带,盲文,印刷用的网板等。附图 2-10 为反对原子武器的示威海报。点有秩序的渐变排列,形成一种很强的韵律感,并显示一种闪光的效果,意味着群众力量的象征。附图 2-11 为马克萨制药公司的 VB12 杂志广告。点渐变成椭圆,表现

附图 2-10

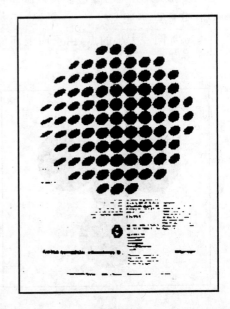

附图 2-11

其空间感,同时椭圆形又意味着药丸。

二、基本形态要素:线

1. 线的概念

几何学中的线是点运动的轨迹;只有位置、长度、方向,没有宽度、厚度,是面的交界;即所谓概念的线。而实际存在(造型设计中存在)的线,则具有位置、长度、方向和一定宽度。在画面上宽度与长度之比悬殊的称为线,因此说,实际存在的线也具有相对性。线分直线与曲线。在直线中又分无机线与有机线。无机线是由人徒手描出,带有特定的人情味。有机线是用直尺画出的,具有冷淡而坚强的表现力。

2. 线的性格

在造型中,线比点更具有较强的感情性格。其性格主要表现在线的长度(点的移动量)、线的流畅性(点的移动速度)及线的方向(点的移动方向)三个方面。线的性格,一般地说,直线表示静,曲线表示动,曲折线有不安定感。

(1)直线

具有简单明了,直率的性格,它能表现出一种力的美感。

①直线的形态(见附图 2-12)

粗直线 —— 表现力强、厚重、强壮和粗笨

细直线 —— 表现秀气、锐敏和神经质

锯状直线 —— 有焦虑、不安定的感觉

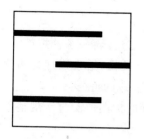 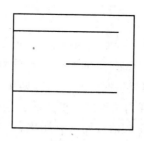 

附图 2-12

②直线的方向

水平线 —— 安详、静止、稳定、永久、松弛等感觉。这是因为水平线符合均衡原则,如同天平的两侧相等时呈现出的水平状态。水平线让人联想到长长的海岸线、平静的海面、宽阔的地平线,大片的草原。

垂直线 —— 严肃、庄重、硬直、高尚、雄伟、单纯等感觉,含有奋发进取之意。这与人们希望克服地心引力,摆脱各种束缚,奋力向上的思想有关。

斜直线——不稳定、运动、飞跃、向上、前冲、倾倒的感觉。因为斜直线能让人联想到飞机起飞,运动员起跑、溜冰的姿态等,好像把力的重心前移,有一种前冲感。一对向外倾斜的直线能引导人的视线向无限深远发展;而一对自内倾斜的直线能引导人的视线向交点处会焦。

必须指出,线的这种感情性格的产生,不是凭空想像出来的,而是唯物主义的心理反应,见附图2-13。

 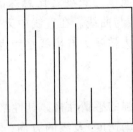 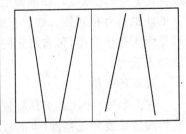

附图2-13

③直线的空间视觉

由于近大远小,近实远虚的透视现象的反映,因此,粗的、长的和实的直线,有前进感和近感,细的、短的和虚的直线,有后退感和远感。

(2)曲线

曲线具有温和、柔软、弹力、运动的性格。能表现出一种幽雅、丰满和运动的美感。

①几何曲线

指用规矩绘制而成的曲线,如圆弧线、二次曲线、三角函数、各种螺旋线等。几何曲线有直线的简单明快和曲线的柔软运动的双重性格,给人以理智明快之感和一定的弹性紧张感,犹如弯曲的钢丝。常见几何曲线的特征:

a. 圆——具有对称、规则和秩序性的美感。但圆的构图由于过于规整而略显柔软;变化后,显得较活泼而又有变化。

b. 椭圆——具有圆的规则性,又有长短轴的对比变化的特点,更受人的喜爱。

c. 抛物线——具有流动的速度感。

d. 双曲线——具对称美和流动感。

e. 正弦曲线——具有连续流畅和富有韵律的美感。其波动和方向上的变化能够产生一种悠远沉静的效果。使人联想到茫茫大海;滚滚波涛;以及曲径通幽的遐想。

f. 螺旋线——具有理智和神秘的美感,极富动态和趣味性。

②自由曲线

没有一定的规矩，自由绘制的曲线。曲线自然地伸展，并具有圆润及弹性，柔软流畅，奔放丰富之感，犹如抒情诗一般的优美。设计中运用自由曲线时，应注意发挥其美的特征。如钢丝、竹线，因具有对抗外力的力感，能够给人一种力的美感；而像毛线、铅丝状曲线，不具有弹性和张力，缺乏韵律，因此，难以给人带来美感，如附图2-14。

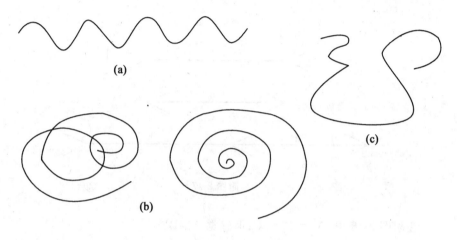

附图 2-14

3. 线的错视

（1）长度相等的横线和竖线，在感觉上，竖线比横线长一些。这种横短竖长的感觉还与其相对位置有关，见附图 2-15，由 a 到 c 渐强。

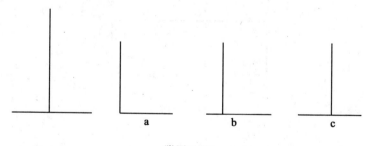

附图 2-15

（2）附加物对线段长度感觉的影响。在附图 2-16 中，a b ＝ a c，但感觉 a c＞a b。这是由于面积不等而造成的错视。

而在附图 2-17 中，a ＝ b，但感觉 a＞b；这是由于附加物占据空间的影响。

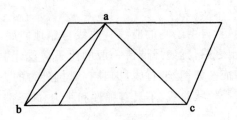

附图 2-16

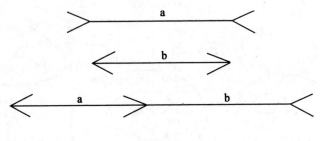

附图 2-17

在附图 2-18 中，A ＝ B ＝ C；但感觉 A＞B＞C。

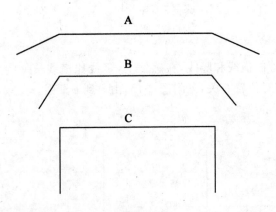

附图 2-18

(3) 一条斜向直线，被两条平行线断开，会产生不在一条直线的错视。

交角越小，错视感越大，附图见 2-19(a)

平行线越开，错视感越大，附图见 2-19(b)

(4) 两条平行直线，受斜线角度的影响，会使平行线呈现曲线的感觉，见附图 2-20(a)、(b)。这是由于斜线与直线相交时，在小于 90°一则的两线间，会产生向

附录二　形态构成基础

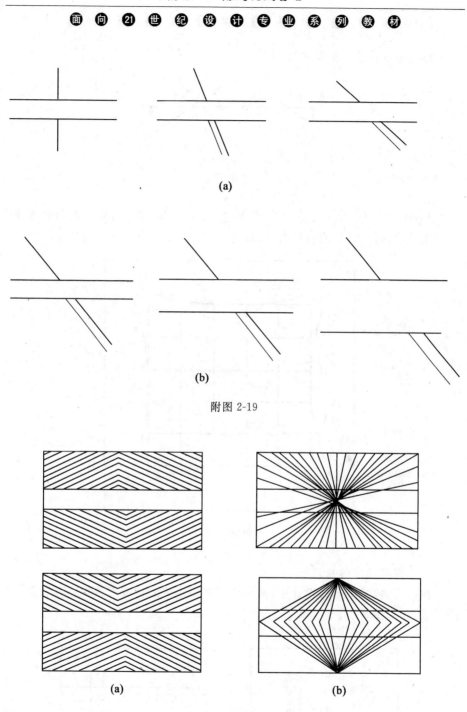

附图 2-19

附图 2-20

Design ———— 303

外推移的视觉作用。如附图 2-21。

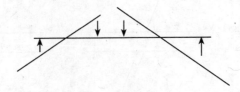

附图 2-21

(5)在一个用直线组成的正方形周围,加入曲线因素,会使正方形的直线产生弯曲的错视效果,其原理同上,如附图 2-22。

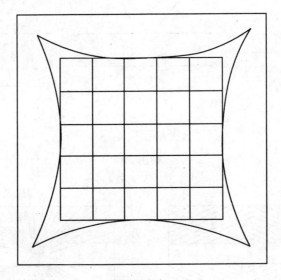

附图 2-22

4.线在设计中的应用

在广告、包装或产品设计中,某些作品直接用线的构成来表现也可取得良好的效果,如附图 2-23。

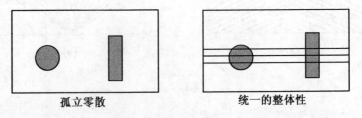

孤立零散　　　　　统一的整体性

附图 2-23

如附图 2-24,装饰线使大面积不再空乏无趣,并与顶部的扁条形产品标志形成呼应,消除上部偏重之感。

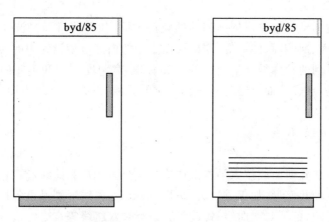

附图 2-24

附图 2-25 为运用线的特性而制作的海报、广告。

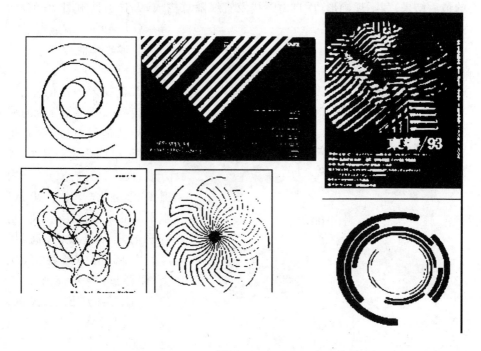

附图 2-25

三、基本形态要素：面或形

1. 面（形）的概念

面是线移动的轨迹。依据移动的轨迹不同，如平移、回转、波动而形成不同的面，如平面、回转面、曲面等，亦即几何学中的面。造型设计中的面（形）必须有视觉所感受到的轮廓线。平面上的形具有长、宽两度空间和不变的轮廓线。必须指出的是，点、线、面（形）之间没有绝对的界限，点扩大可成为形，线加宽也能构成形。

2. 面（形）的种类

（1）几何形

由直线或几何曲线按数学方式构成。又分直线形和曲线形。直线形是由直线构成的各种几何形，如正方形、三角形、梯形等；曲线形则是由各种几何曲线构成，如圆、椭圆、各种二次曲线、螺旋线、心形线、双纽线等。

（2）自由形

由自由曲线、自由曲线与直线或直线与直线构成。又分有机形（由自由的弧线构成的形）、偶然形（用特殊技法，意外偶然所得，设计者无法完全控制其形状的最后结果）和不规则形（用自由弧线及直线随意构成）。分别见附图 2-26(a)、(b)、(c)。

3. 形的性格

（1）几何形

① 直线形 —— 给人以明朗、秩序、端正、简洁的感觉；醒目、信号感强；同时也有呆板、单调之感。其中，正方形：大方、单纯、安定、规则但缺乏变化、单调。矩形：水平向的矩形稳定、规则，垂直向的矩形挺拔、崇高、庄严。梯形：正梯形稳定、庄重，倒梯形：轻巧、动感。三角形：正三角形稳定、灵敏、锐利、醒目，倒三角形不稳定、运动。

② 曲线形 —— 比直线形柔软，有理性及秩序感。

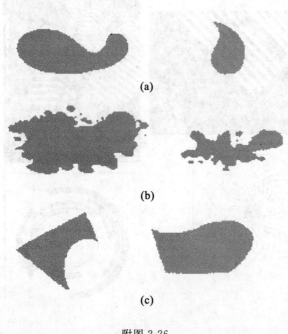

附图 2-26

圆:饱满、肯定和统一感,但过于完善而缺少变化,显得呆板。椭圆:有长短轴的对比变化,更具有安详动态的美感。

(2)自由形

能较充分地体现出作者个性,在心理上可产生幽雅、柔软和带有人情味的温暖感觉。

①有机形 —— 活泼、大胆,但会引起散漫、无序、繁杂的效果。

②偶然形 —— 具有一种朴素而自然的美感。

4.形的错视

(1)明度影响面积的大小。明度高、显得大,见附图 2-27。

(2)附加线的干扰影响面积大小。相交的附加线干扰,近角处显大,见附图 2-28。余白越小越显小。见附图 2-29。

附图 2-27　　　　　　　　　　　　附图 2-28

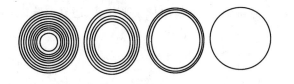

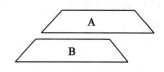

附图 2-29　　　　　　　　　　　　附图 2-30

(3)方向位置影响面积大小。

附图 2-30 中,B 显得比 A 小。错位后,右斜边左移,长边变短。

附图 2-31 中,b 显得比 a 大。把 b 的对角与 a 的边长比较。

附图 2-32 上边的圆比下边的圆显得大,视平线偏高的原因。

(4)形状影响面积大小

附图 2-33 中,为五个图形面积相等而形状、方向不同的几何体。给人的感觉是:三角形面积最大,圆面积最小。

(5)用宽线条横向或竖向等分同面积的正方形,则横向分割时显长,竖向分

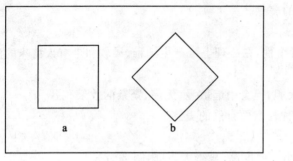

附图 2-31

附图 2-32

附图 2-33

割时显高,如附图 2-34。设计中,将较高的机箱,进行横向分割(如喷涂不同的色块或采用金属等装饰条等),使其显得稍宽,不仅增加了平稳感,还具有装饰美感。

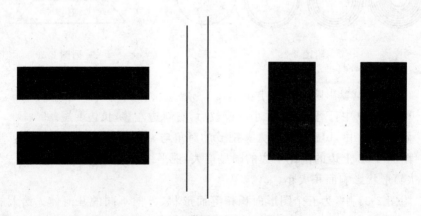

附图 2-34

(6)用等距离的垂线和水平线组成同等面积的正方形,则水平线组显高,垂直线组显宽,如附图 2-35。这是由于线端的虚边产生收缩感。过去说的横条衣服显胖,不一定符合客观观察结果。

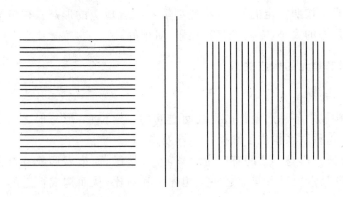

附图 2-35

5.形在设计中的应用

附图 2-36 为利用形的特征创作广告作品。

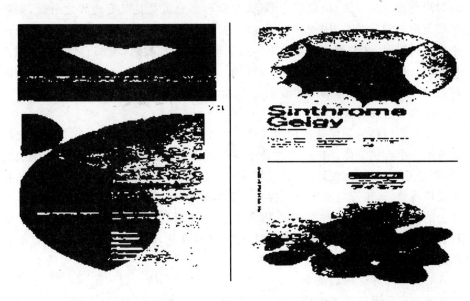

附图 2-36

第三节 平面构成基础

构成是指按照一定的原则,将造型要素组合成美的形态。构成要素所要讨论的是诸形态的大小、方向、明暗、色彩、肌理等。

一、形态单元的构成关系

1. 形与形的关系

平面构成中各种形象都占据画面空间的一定位置,形与形之间都存在着一定的联系,这种联系构成了画面的不同效果。

(1) 分离　形与形之间有一定距离,互不接触,而依靠形象各自存在的共同特点和不同特点取得形与形之间互相呼应和对比,从而构成特定的画面统一与变化的效果。

(2) 接触　形与形的边缘接触,产生两形相连的组合形,以此构成丰富多彩的新的形象。不同的接触形式构成不同的画面格局。

(3) 重叠　形与形重叠,包括部分重叠和全部重叠。部分重叠,且无边界之分时形与形连为一体,构成新的形象,当两形部分重叠且又有边界之分时,则产生形与形的前后关系,构成具有深度感的形象;当两形部分重叠,且重叠部分形象产生透明时,这种透叠现象就更丰富了形象的表现效果,增强了形与形的对比与变化。形与形的全部重叠,在于两形的大小与形状不同,且黑与白的填色不同时,也构成富有艺术感染力的形象关系,如附图2-37所示。

2. 形与空间的关系

除形象以外的画面背景称为空间。在平面构成中,形象与空间是互相交织而成的一个有机整体。它们往往处于整个画面上相对等同的位置,也无主次之分,而是互相衬托、互相联系,又互相补充。在画面上,有时会产生形与空间的互相易位现象,即正形与负形相互衬托。形也是空间,空间也是形,这就构成了视觉上的一种反转图形,如附图2-38所示。这种形与空间奇特关系就构成了奇异、闪烁的视觉效果。在设计填色时,进行各种变化,则构成了形式多样、富于变化的画面。

3. 基本形与骨格的关系

基本形是设计构成编排中的一个基本形象单位。基本形可以是点、线、面,也可是两个或多个简单形的复合形。基本形较为简单,依靠不同的排列和组合,寻求和建立形与形的分离、接触、重叠、反转等关系,从而构成画面的各种统一与变化格局。

骨格就是编排基本形位置及组合规划画面格局的一种形式,也即为达到预

附录二　形态构成基础

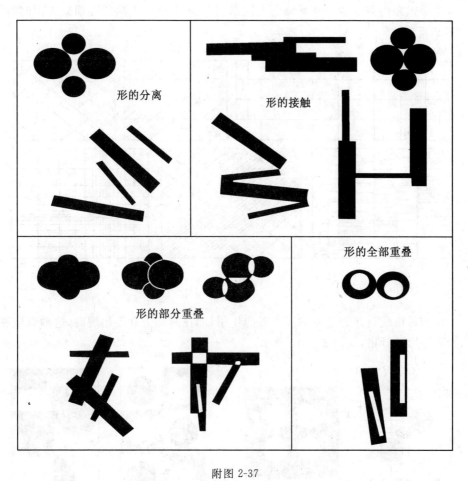

附图 2-37

附图 2-38

定画面效果而搭建的一种骨格。不同的骨格方式产生不同的画面效果,如附图2-39所示。

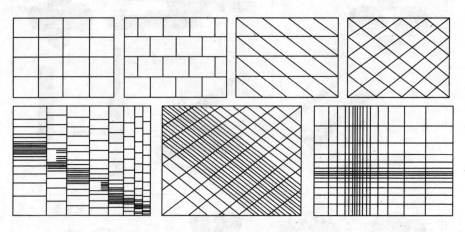

附图 2-39

当骨格线只起固定基本形位置的作用,而在画面上并不出现时,这种骨格称为无作用性骨格,如附图2-40所示。

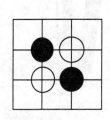 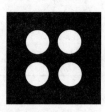  

附图 2-40　　　　　　　　　　附图 2-41

当骨格线在画面上出现,而又与基本形有逾切关系时,称这样的骨格为有作用性骨格,如附图2-41所示。

4. 分解与组合原理

分解与组合原理是平面形象创造的基本原理。分解与组合是将单一形象分解后按艺术美的规律重新组合,继而产生新的、具有艺术感染力的形象创造过程。分解组合方式有定量分解组合和不定量分解组合两类。

定量分解组合是将单一形象分解后,每一部分不得弃舍,而将原分解后的每一部分全都重新组合起来,从而建立起新的形象。如附图2-42所示。

不定量分解组合是一种较自由的分解组合形式。单一形象通过分解后,可

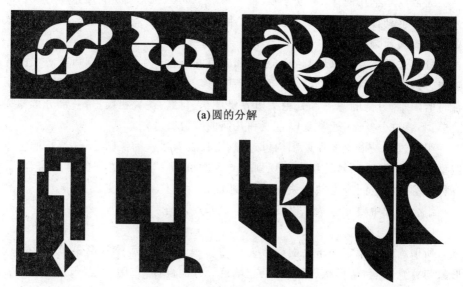

(a) 圆的分解

(b) 矩形的分解

附图 2-42

自由取舍,将优选部分进行组合,而建立起新形象。在这里,也可以是不同的形象单元间的组合排列,无需分解过程。如附图 2-43 所示。

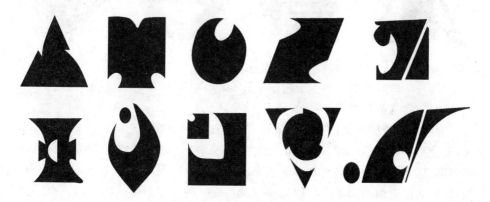

附图 2-43

分解组合构成所用的材料为两色反差大的卡片纸,如黑卡纸和白卡纸。其目的是创造形象与背景对比关系,给人以明显的视觉效果。所用工具有小刀、剪刀和浆糊。

通常以基本几何形(如正方形、长方形、三角形、圆形等)作为分解对象。因为几何形不具备自然形的具象性,在设计构思中不受约束,使分解与组合的形式更为自由和开阔。

分解过程主要是以切割线的长短和曲直的变化产生具有一定审美意义的轮廓线。这里要特别注意:分割的部分不宜过多、过碎,以免形象过于零乱,造成组合时的困难;分割的每一部分轮廓边界要规整、自然,避免粗糙;每一部分形象要简单,不宜过分复杂,通常是以直线和几何曲线进行分割。

组合过程是形象的设计和构思过程,不仅要有严密的逻辑性;还要按照艺术造型的美学规律,巧妙地组织和规划形与形之间、形与空间之间的排列组合,使各种轮廓线与空间产生共生关系,这样才能设计出优美的视觉现象。

组合过程中要充分考虑以下几个美学因素。

(1) 均衡与稳定

所谓均衡与稳定是指平面形象设计中从视觉的角度,使各形象单元之间或形象与背景之间,从形状、大小、位置、填色等方面设计,布局要匀称,避免某一方面过于沉重或过于拥挤,而另一方面则显得过于轻飘或空旷。合理而有秩序的布局才能达到人的视觉与心理上的平衡感,如附图 2-44 所示。

附图 2-44

(2) 节奏与韵律

形象的组合创造如同音乐曲谱一样,没有节奏和统一韵律的音乐只能是噪音,不会给人以美的享受。形象的分解组合要呈现出一定的节奏和韵律主要靠形与形、形与空间的共同点和不同点来构成。因此形的本身变化要有一定规律,如:以相同或近似的形象有规律地排列就构成一种重复韵律;以形的大小有规律变化而构成一种渐变韵律;不同形象按一定节奏有规律地排列和组合就构成一种起伏韵律,如附图 2-45 所示。

(3) 对比与变化

形象的对比与变化是相对统一而言,具有节奏和韵律的形象组合就是一种统一而不杂乱的构成格局。形象的分解与组合就是对单一形象进行分解而达到

附图 2-45

变化有序、对比而又不乱的形象组合过程。对比与变化强调在协调统一的基础上形与形、形与空间的互相衬托,有主有次,突出特点。给人以形象鲜明、醒目、活跃的气氛。对比与变化主要包括:形与形的对比,如曲线轮廓与直线轮廓的对比变化、形象大与小的对比变化和不同方向的对比变化;形与空间的对比,如正形与负形、黑与白、虚与实等等,如附图 2-46 所示。

附图 2-46

二、平面形态的构成形式

平面构成是一个有目的的视觉形象创造过程。其表现形式是以客观现实的众多规律和现象为内容,以表现自然界中的本质美为目的。但是,平面构成不是对自然界的如实描绘,而是运用抽象的手法,将这些内容高度提炼和概括,并进行归纳,从而构成具有统一和变化的、给人强烈视觉感受和心理共鸣的艺术形象。

1. 重复

重复即同一基本形连续和有规律地排列。表现出形象的一致性,使构成的画面效果整齐、规律、安定,具有一定节奏和韵律的美感。

重复现象在自然界中比比皆是。如建筑楼房的窗格、室内地板、并置的栅栏等都是同一形象的有规律重复排列。

平面构成的重复形式是将这些自然界的重复现象概念化、抽象化,以形象单元的组合变化与排列而表现出来。重复构成具有加深对形象的印象,强化视觉记忆的作用。

重复构成的骨格是最常见的一种规律性骨格,骨格线将画面划分成形状、大小相同的骨格单位,如正方形、长方形、三角形、六边形。重复构成的基本形为单一基本形。当基本形在骨格单位中作不同方向、位置、正负形变化及与骨格的逾切变化时;都能构成极丰富而又有秩序的画面效果。如附图2-47所示。

附图2-47

2. 近似

近似构成是在重复构成的基础上,做轻度变化,它没有重复构成中基本形的不变性和规律性,但又不失规律感。大自然中很多事物都有近似的特征,如冬天的雪花,它们形态近似却各不相同。再如树的叶子,河滩上的卵石,都具有近似的因素。

近似变化虽丰富多样,但又保持整体统一感,是一种既有变化又有统一的构成形式,切忌过分变化而显得杂乱。

近似构成分骨格近似和基本形近似,通常基本形近似是构成近似效果的主要形式,如附图2-48所示。

3. 渐变

渐变构成是基本形或骨格方面作逐渐地、有规律地循序变动,从而构成具有一定节奏和韵律美感的画面效果。渐变的效果构成了空间运动感,疏密有序的变化可以形成画面高潮,给人以强烈的视觉感受。按一定的数列比例进行渐变则更富于理性化。

渐变的形成也是现实生活中常见到的视觉现象,渐变产生了岩洞中钟乳石的万千姿态,山石的渐变风化形成了自然界中各种景观。而铁轨的枕木排列在

附图 2-48

人的视觉内,由于透视的近大远小也形成了一种渐变效果。附图 2-49 是由于骨格作单向或双向渐变而产生的渐变画面。

附图 2-49

附图 2-50 为由于基本形的大小、形状渐变而产生的渐变画面。

4. 发射

发射是渐变的一种特殊形式。渐变构成是以一条或两条线为渐变方向的基准,而发射则是以一个点作为渐变方向基准。发射构成是骨格单位环绕一个共

附图 2-50

同中心的构成,所以中心点是发射构成的主要特征,是骨格方向变化的依据。

发射也是一种常见的自然现象,如太阳的光芒、怒放的花朵、孔雀开屏等,都是发射状态。发射也具有渐变的特殊视觉效果,发射更容易引人注目,给人以强有力的视觉吸引力。发射构成主要是以发射骨格的形成而构成画面效果,基本形的变化主要靠正负形来体现。发射既可以一点为中心,也可以多点为中心。发射中心的位置也可多变,如附图 2-51 所示。

附图 2-51

5. 特异

特异是规律的突破,在整齐的布局中出现的明显变化,借以突出重点,传达一定的信息,引起人们的注意。

在自然界中,特异的现象很多,如夜空星群中的明月,绿叶丛中的红花,荒漠中的绿色植物等。

特异存在于规律之中,相对比较而产生,但在杂乱的形象中无法体现出特异。因此特异的形象与有规律形象之间的数量比要适当,当特异形象过多则会引起画面杂乱、不协调,当特异形象过少或过于同类也会失去特异效果。

骨格特异可以在重复、近似、渐变的骨格中产生,它是在规律性骨格当中改变其中一部分规律性骨格为不规律性,被改变或被破坏的部分形成特异形式。如附图 2-52 所示。

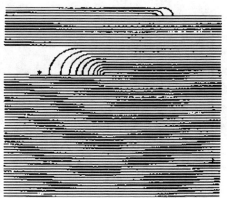

附图 2-52

基本形特异可使画面解除单调感,在具有统一规律的基本形中,明显改变其中少量基本形的形状、大小等,就会得到满意的特异效果。如附图 2-53 所示。

6. 密集

数量众多的基本形,不循严谨的骨格编排而作自由结集,构成疏密有致的画面,称之为密集构成。密集给人以视线集中,感觉强烈的效果。

密集现象也是常见的。如广场上的人群,都市里集中的车辆,天空中的鸟群等。

密集构成的骨格不遵循一定的规律性,而是通过疏与密来强调方向性、目的性和整体性,强调集中感的画面形式。集中的形式包括趋于点的密集和趋于线的密集。

密集构成的基本形较为简单,且数量较多,常以重复基本形、近似基本形和渐变基本形为表现形式,如附图 2-54 所示。

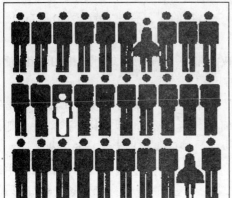 

附图 2-53

 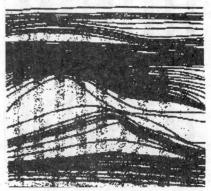

附图 2-54

7. 对比

形象与形象之间,形象与背景之间表现出来的明显差异就是对比。

对比是一种自由的构成形式,它不以骨格为限制,而是依据形象单元各种不同因素及给人以不同的各种感觉来构成对比效果。其中有:形状对比,即简单形与复杂形、直线形与曲线形、几何形与自然形等的对比;大小对比,即同类基本形的大与小及所给人以远与近、轻与重的不同感觉的对比;位置对比,即形象的上与下、左与右、前与后的对比及所给人的空间感、均衡感的不同所带来的对比感觉,等。

对比因素不限于此,在自然界中,许多因素都可形成对比关系。如事物的正确与错误、人的健康与疾病、成长与衰老等等。

对比是相对统一而言。强烈的对比就形成视觉上的张力,给人以鲜明、强烈、活跃、刺激的感觉。对比也是对重点的强调。以主次分明的对比关系,衬托重点。但是在处理对比构成时,还要注意统一的一面。在对比的诸因素中,适当增加共性因素,减少不必要的对比,从而达到既有对比变化又有统一协调的构成格局,如附图 2-55 所示。

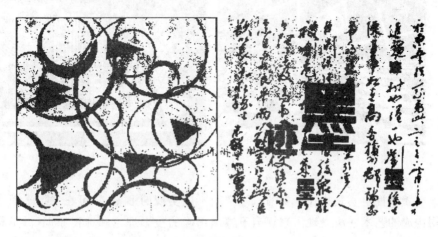

附图 2-55

8. 空间

空间构成即在二维平面上表现具有深度和广度的空间形象。基本形式有平面性空间、幻觉性空间和矛盾性空间。

平面性空间即利用形象的基本构成关系,如基本形象的前后之分、虚实之分、远近之分等来体现出画面的深度感,如附图 2-56 所示。

附图 2-56

幻觉性空间是利用透视原理在二维平面上表现出立体感。在二维平面上产生的立体图形如透视图、轴测图都是幻觉性的,如附图2-57所示。

附图2-57

矛盾性空间是指在真实的三维空间不能实现的形象,却可在二维平面上利用构成的艺术手法表现出来。当不遵循正确的投影理论和透视原理,做不合常规的变化时,都会产生矛盾空间。矛盾空间也是一种错视艺术,如附图2-58所示。

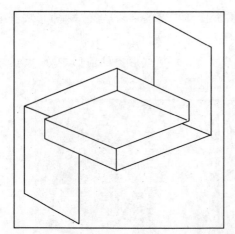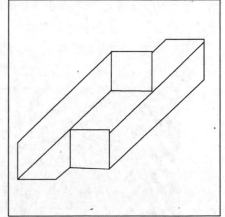

附图2-58

第四节　立体形态构成基础

一、概述

将形态要素(点、线、面等)按照一定的原则,组成一个立体的过程,称为立体构成。立体构成是使用各种较为单纯的材料,进行形态、机能和构造的研究,探索造型新理论。对新造型的探求,包括对形、色、质等美感(心理效能)的探求和对强度、构造、加工工艺等(物理效能)的探求两个方面。立足于工业造型设计来研究构成,就是从美学法则、数理逻辑、几何形态等方面追求新的造型。

立体构成是一门训练造型能力和构成能力的学科,在造型设计过程中具有重要作用。因为立体构成可为造型设计提供广泛的构思方法和方案,为设计者积累大量形象资料,所以立体构成是工业造型设计的基础。

1. 立体构成的特征

(1) 分析性

绘画和图案的创作活动,其特点是从自然中收集素材,把对象作为一个整体来进行研究,通过夸张、变形而成为作品。构成则不模仿对象,而是将一个完整的对象分解为很多造型要素,然后按照一定原则(也加入作者主观情感),重新组合成新的设计。

(2) 感觉性

构成是理性与感性的结合,是主观与客观的结合。构成作为一种视觉形象,它必须把形象与人的感情结合在一起,只有把人的感情、心理因素作为造型原则的重要组成部分,才能使构成的形态产生艺术感染力。构成的抽象形态,都是具有一定内容的,并与现实生活有一定联系。尽管构成的分析性具有较强的理论性,但要实现最终的构成方案,必须依靠感觉性来决定。

(3) 综合性

立体构成作为造型设计的基础学科与材料、工艺等技术因素有着密切的联系。不同的材料和加工工艺,能使那些用相同的构成方法创造的形态,具有不同的造型效果。因此,构成必须结合不同的材料、加工工艺,创造出具有特定效果的生动形态。

2. 立体构成与设计

立体构成与造型设计是有区别的。构成是排除时代性、地区性、社会性、生产性等因素的造型活动。造型设计则是包括立体构成在内,并综合考虑其他多种因素,使之成为完整、合理、科学的造型活动。立体构成与造型设计的区别如下:

(1)立体构成是把设计者的灵感与严密的逻辑思维结合在一起,通过逻辑推理方法,计算出由有限的构成要素所组成的形态可能存在的几种方案,并确定出各种方案的组合形式。这种冷静的理智与丰富的感情相结合,使得立体构成具有科学的内容。设计者可在这些组合方案中,按照美学、工艺、材料等因素,筛选出优秀方案,提供于立体造型设计,以提高设计质量。

(2)立体构成可为设计者积累大量的形象资料。立体构成的目的,在于培养造型的感觉能力、想像能力和构成能力。在基础训练阶段创造出来的构成作品,可作为形象资料收集起来,为今后具体造型设计提供大量的、丰富的素材。

(3)立体构成是包括技术、材料在内的综合训练。在立体构成过程中,必须结合技术、材料来考虑新的造型可能性。

(4)有些立体构成的作品,可以直接用于造型设计,并体现出一定的独创性。

二、立体构成的美学原则

与形式美法则不同,立体构成的美学原则不仅要考虑形式美的知觉、心理因素,而且还要考虑到造型物的功能、构造、材料、工艺、技术等一系列的物质基础。因此,立体构成的美学原则,对于造型设计更具有直接的实践意义,它包括:

1. 单纯化

规律性很强的形态所具有的特征称为单纯化。规律性指的是构成形态的要素的大小、方向、位置等。

单纯化的形态是指构成要素少,构造简单,形象明确。单纯化的形态,虽然构造简洁,但也可以构成意义深远的形态。

单纯化的美学原则,容易理解、记忆和印象深刻,是人的生理和心理特征对形态构成提出的要求。

2. 秩序

秩序是形态变化中的统一因素,它指的是形态中的部分与形态整体的内在关系。一个简洁的形态是以秩序为前提的。在此意义上,"造型"就是将各具特性的形态要素予以新的秩序,使之体现为一个总的规律和特征的活动。而秩序是通过对称、均衡、节奏、比率等形式表现出来的。

3. 意境

作为主体构成的一项美学原则,意境是造型学术上所追求的一种美好理想,也是人们对形态外观认识的心理要求和长期生活积累的综合结果。抽象的形态,也同样具有感情效果,因为人们在感受形式美时,往往产生理想化的联想。

使形态达到理想(意境)的具体方法有移情法和夸张法。移情法是设计者将自己的感情注入形态,并使其与造型物具有的功能相一致。夸张法是对造型物进行典型性格夸张,创造出形态的动感。

4. 稳定

形态的稳定概念,包括实际稳定和视觉稳定。

实际稳定是从造型物的物质功能和使用功能出发,对设计提出的要求,也是造型物必备的物理性质。

视觉稳定是根据人的心理感受和视觉习惯来追求的稳定。

三、构成形态的艺术感染力

立体构成的形态,还应该具有艺术感染力,以加深人们对形态的认识和理解,并从中得到美的享受。增强形态艺术感染力的方法有:

1. 生命力的表现

在自然形态中,有很多是以其旺盛的生命力而给人以美感的,如黄山的松树,无垠的草原等。立体构成所创造的是抽象的几何形态,但由于人们思维联想的作用,在创造没有生命的形态时,往往把自然形态所具备的生命力"移植"过来,使其具有生命力的美感。生命力可以通过下列几种感觉表现出来。

(1) 对外力的抵抗感

对外力的抵抗是生命力的一种表现。球体、正方体等基本几何形体,具有最单纯的形态,如果它们变了形,则令人们产生这种变形是因外力作用的联想,因此感到形体本身具有一种对外力的抵抗感。这就是形态体现出来的一种生命力。古代"龟驮石碑"的形态,就表现出强烈的生命力。

(2) 自身生长感

自然形态在生长过程中所呈现的不同形态,表现出自然形态的生长感。创造的构成形态如能反映出事物生长的特征,就会使无生命的形态呈现出活力。

(3) 运动感

运动能表现生命的活力,运动着的形态具有前进、发展的精神美。静止的造型形态,通过斜线和曲线处理,以及形体在空间中的部位的转动等,可表现出动感。如正方体用斜面切割后便产生了动感。

2. 量感的表现

量感包括物理量感和心理量感。如前所述,物理量感指的大小、轻重、厚薄等。除形体因素外,影响心理量感的因素还包括:材质的粗细、色彩的深浅、光泽的明暗等,都能形成心理上的轻重、强弱等。构成形态的艺术感染力,还包括空间感的表现,如紧张感、进深感等。

四、立体形态构成的基本方法

立体形态构成是创造占据三维空间的立体,也是从任何角度都可以触及并感受到的实体。它与在二维平面上表现的视觉立体感是完全不同的,一个美好的立体形态,要能经得起任何视点变动的检验。因此,形态的构成必须注意整体效果,而不能只满足于在特定距离、特定角度和特定环境条件下所呈现的单一形状。

1. 组合构成法

组合法是采用积木式"加法"进行的一种构成方法,是造型设计中经常采用的一种方法。附图 2-59 中,图 a 是电子计算机的组合造型,图 b 是操纵台的组合造型。

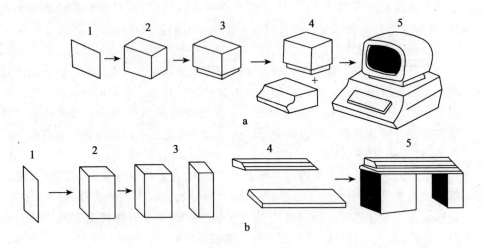

附图 2-59

根据形体组合时的相对位置的不同,组合分为相接、相切和相交等形式。

在形态构成过程中,最重要的是构成技能和构成技巧,两者的掌握有赖于理论指导下的大量的构成实践。如附图 2-60 所示,同是三个立方体,通过不同的组合形式,则给人不同的视觉效果。

2. 切割构成法

切割构成法是采用"减法"形式的一种构成方法。它的特点是将形状简单的基本形体,切割掉多余部分而构成形态实体。如附图 2-61 所示,以正方体为基本形体,采用不同切割形式,构成了不同的形体。

3. 层面构成法

层面构成法,首先是把简单的基本形体连续分割成一个个基本形,然后将这些基本形分别作某些变化,再将其重新组合,便构成了一个崭新的形态实体。层

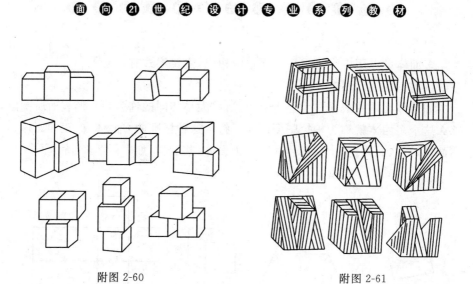

附图 2-60　　　　　　　　　　　　附图 2-61

面构成法实质上就是先分解后组合的构成法。以载重汽车形体构成为例，首先将长方体连续分割成多个基本形层面，然后根据造型需要，将基本形进行大小、方向、形状的变化（载重汽车只作形状变化），再将其重新组合成汽车的形态实体，如附图 2-62 所示。

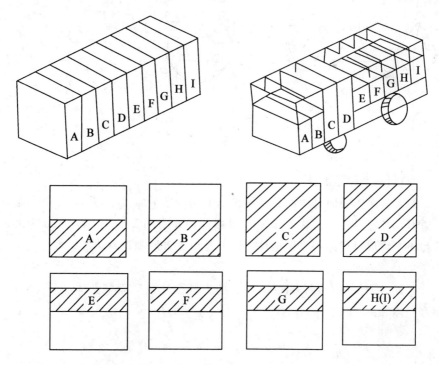

附图 2-62

4.多面体平面构成法

多面体可以用多个基本形平面包围构成,主要形式有:

(1)柏拉图多面体

如果多面体的表面是由等边等角、形状大小相同的许多基本形表面所围成,那么这个多面体就称为柏拉图多面体。符合这种标准的多面体有:正四面体、正六面体、正八面体、正十二面体和正二十面体,共五种,如附图2-63所示。

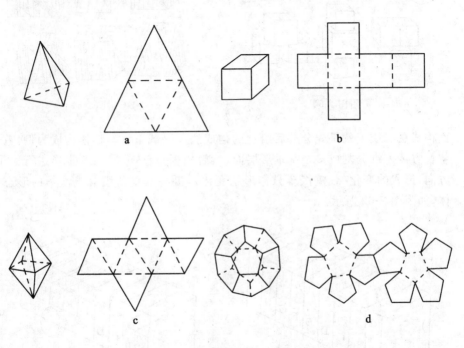

附图 2-63

(2)阿基米德多面体

如果多面体表面是由两种或两种以上基本形平面(正方形、正三角形、正多边形)重复组成,便称阿基米德多面体,如附图2-64所示,图a为由正方形和正三角形组成的正十四面体,图b是由正方形和正六边形组成的正十四面体。

此外,还有三角形面多面体,常见的有等腰三角形面多面体,不等边三角形面多面体等。

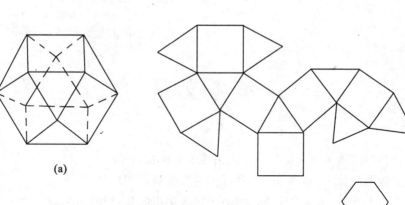
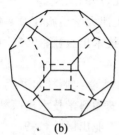
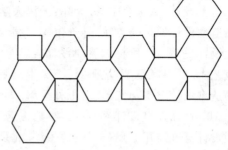

附图 2-64

参 考 文 献

1. 设计.效益.陶济著.杭州:浙江人民美术出版社,1995
2. 工业造型设计.许喜华.杭州:浙江大学出版社,1991
3. 工业造型设计.谢庆森主编.天津:天津大学出版社,1992
4. 产品造型设计原理与方法.陈士俊等主编.天津:天津大学出版社,1994
5. 工业设计史.蔡军,梁梅编著.哈尔滨:黑龙江科学技术出版社,1996
6. 构成艺术.赵殿泽编著.沈阳:辽宁美术出版社,1994
7. 产品造型设计材料与工艺.王玉林等编.天津:天津大学出版社,1994
8. 创意100产品造型设计.张福昌,吴翔编著.合肥:安徽科学技术出版社,1996
9. 机械设计标准应用手册(3).王恺主编.北京:机械工业出版社,1997
10. 工业产品形态设计.吴永健等编.北京:北京理工大学出版社,1996
11. 人性化设计.何晓佑,谢云峰编著.南京:江苏美术出版社,2001.8
12. 绿色设计.许平,潘琳编著.南京:江苏美术出版社,2001.8
13. 机械工程材料.沈莲主编.北京:机械工业出版社,1999.5
14. The Meanings of Modern Design：towards the twenty—first century/Peter Dormer.——London：Themes and Hudson,1990
15. Industrial Design in Engineering：A marriage of techniques.——London：The Design Council,1983
16. A choice Over Our Heads：A guide to architecture and design since 1830/Lawrence Burton.——London：Talisman Books,1978
17. Storia del disegno industriale italiano/Anty Pansera —— Gius. Laterza & Figli Spa,Roma— Bari,1993
18. The International Design yearbook —— London 2000